沐曦GPU技术系列丛书

**MetaX Advanced Compute
Architecture Software Stack**

沐曦异构并行计算软件栈

——MXMACA C/C++程序设计入门教程

杨建　严德政　王沛　詹源　著

電子工業出版社

Publishing House of Electronics Industry

北京 · BEIJING

内 容 简 介

本书深入浅出，层层递进，构建了一个系统全面的知识结构，介绍了异构并行计算和 GPU 编程的基础知识与高级应用。本书的内容覆盖基础理论、实际应用、编程模型到内存管理、性能优化等多个层面。本书不仅详细阐述了 MXMACA C/C++编程语言的特性和应用，还通过丰富的示例代码展示了在沐曦高性能 GPU 平台上开发计算加速应用程序的全过程。

本书不仅为读者提供了深入学习 GPU 编程和异构计算的资料，也为科学计算、大数据分析、人工智能等领域的专业人士提供了宝贵的技术资源。无论是相关专业的老师和学生，还是对并行计算感兴趣的研究人员和工程师，都能从这本书中获得实用的指导。

图书在版编目（CIP）数据

沐曦异构并行计算软件栈 ： MXMACA C/C++程序设计入门教程 / 杨建等著. — 北京 ： 电子工业出版社，2024. 7. -- （沐曦 GPU 技术系列丛书）. -- ISBN 978-7-121-48470-4

Ⅰ. TP311.11

中国国家版本馆 CIP 数据核字第 2024YN4895 号

责任编辑：魏子钧（weizj@phei.com.cn）

印　　刷：北京捷迅佳彩印刷有限公司

装　　订：北京捷迅佳彩印刷有限公司

出版发行：电子工业出版社

　　　　　北京市海淀区万寿路 173 信箱　邮编　100036

开　　本：787×1 092　1/16　印张：19.5　字数：515 千字

版　　次：2024 年 7 月第 1 版

印　　次：2024 年 11 月第 2 次印刷

定　　价：128.00 元

凡所购买电子工业出版社图书有缺损问题，请向购买书店调换。若书店售缺，请与本社发行部联系，联系及邮购电话：（010）88254888，88258888。

质量投诉请发邮件至 zlts@phei.com.cn，盗版侵权举报请发邮件至 dbqq@phei.com.cn。

本书咨询联系方式：（010）88254613。

序

在过去的十几年里，算力的高速发展与科学计算、大数据和人工智能等技术的高速发展彼此推动，通用和专用加速处理器不断发展，GPGPU（General-Purpose computing on Graphics Processing Units）技术始终是计算领域的热门。越来越多的应用领域开发者开始关注 GPGPU 技术，并尝试利用该技术在所从事领域的项目中实现加速计算，以提升计算性能来寻求新的突破。然而，对于很多从事传统编程的程序员来说，以并行为基本特征的 GPGPU 编程依然是一件相对困难且陌生的事情。他们需要花费大量的时间和精力去学习诸如 CUDA、OpenCL 等 GPU 编程技术，同时还需要掌握并行计算和计算机体系结构等相关的知识。良好的软件生态已经成为异构加速计算发展的关键要素。在使用任何加速处理器时，一本好的编程入门教程对于新入门者来说都是尤为重要的。

近几年来，我国的加速器芯片厂商发展迅速，纷纷推出了各自的产品。沐曦集成电路（上海）有限公司（简称沐曦）作为高端芯片厂商之一，一直致力于在 GPGPU 领域与时俱进、不断创新，推出了与其处理器配套的 MXMACA 编程框架，为应用开发者提供了一种全新的创新平台，使开发人员能更加便捷地实现高性能的并行计算。

本书就是沐曦面向感兴趣的新入门者而撰写的一本编程入门教程，从编程 API、内存管理、执行模型等方面全面地介绍了 MXMACA 编程的基本原理和方法，并给出了性能优化的方法指引。本书具有较强的可读性和易用性，提供了丰富的图解和示例代码，使得读者可以快速地了解 MXMACA 编程的全貌。值得一提的是，本书还专门讲解了多 GPU 编程方法，便于使用者通过多卡并行的方式来处理更大规模的计算问题。为配合本书的讲解，沐曦还提供了详细的推荐阅读材料和丰富的在线资源，有助于读者更进一步了解相关的知识和开展实践操作。

总之，本书是一本全面而实用的 MXMACA 编程入门教程，为广大的计算机爱好者和技术人员提供了很好的学习和实践指引。我们相信，通过阅读本书，读者在掌握 MXMACA 编程的同时，也能更加深入地了解 GPGPU 编程的核心思想和方法，学会应用 GPGPU 技术来加速所从事领域的计算任务。同时，也希望有越来越多的应用开发者参与国产加速处理器的应用，为国产加速器软件生态建设贡献力量。

中科计算技术西部研究院副院长

目　　录

第1章 MXMACA 编程简介

本章内容
- 本书写给谁
- 本书结构
- 学习 MXMACA 编程的基础
- 相关的背景知识

MuXi MetaX Advanced Compute Architecture（MXMACA）是沐曦推出的一款采用通用并行计算架构解决复杂计算问题的异构计算平台，其包含沐曦自研指令集架构（ISA）、图形处理器（GPU）并行计算硬件引擎和 GPU 软件开发平台。沐曦于 2020 年 9 月在上海成立，致力于打造全栈高性能 GPU 产品，推出了用于人工智能（AI）推理的 MXN 系列 GPU（曦思）、用于科学计算及 AI 训练的 MXC 系列 GPU（曦云），以及用于图形渲染的 MXG 系列 GPU（曦彩），以满足数据中心高性能、高能效、高通用性的算力需求。

MXMACA 提供了一种简单易用的类 C/C++编程语言，供程序员为沐曦 GPU 编写 MXMACA 程序，使其在沐曦 GPU 上以超高性能运行。MXMACA C/C++编程语言语法简单灵活，易读易写，表达能力出众，同时，其能够兼容主流的 C/C++异构计算语言，为程序员提供便捷的软件适配和高效的客户算子开发服务。

MXMACA 支持多种开源技术，包括 AI 神经网络框架（TensorFlow/PyTorch 等）、数学计算库（BLAS/DNN 等）和 Linux 内核等，并通过不断的优化来实现更高的性能和可扩展性，以帮助用户更好地用 AI 赋能社会进步。同时，MXMACA 提供了丰富的系统工具和应用管理工具，以方便用户能够更高效地进行灵活的开发、验证、现场部署及运营维护等。

本章主要介绍本书的目标读者群体、学习 MXMACA 编程的基础、本书的内容组织结构及相关的背景知识。希望更多对编程有兴趣的读者朋友们一起踏入 MXMACA 编程的神奇世界，用 MXMACA C/C++编程语言让沐曦 GPU 如虎添翼！

1.1 本书写给谁

本书是沐曦第一本全面介绍沐曦 GPU 软硬件体系架构的专著。它全面介绍了使用沐曦 GPU 进行通用计算所需要的硬件架构、软件编程及程序优化技巧等方面的知识，是进行沐曦 GPU 通用计算程序开发的入门教材和参考书。

如果你是一位经验丰富的 C/C++程序员，通过阅读本书和在沐曦提供的云端编程环境进行实践，你可以拓展 GPU 编程方面的专业技能，为进入通用并行计算相关的行业和领域打好扎实的基础。MXMACA 云端软硬件平台、编程模型、工具和库将使 GPU 异构编程的学习变得更高效。

如果你是并行计算相关行业的专业人士，且想通过 GPU 上的并行编程来最大限度地提高应用效率和性能，进而提升工作效率，那么本书正是为你量身打造的。本书不仅囊括了 GPU 硬件架构和软件编程方面的专业知识，也提供了精心设计的配套示例代码。这些都将帮助你深入了解 GPU 编程，迅速了解行业应用如何在异构编程中扬长避短，并充分发挥中央处理器

（CPU）和 GPU 的优势效应，让二者有机地协作和互补。

如果你是科学或工程技术领域的研究人员，希望通过 GPU 计算推进科学发展和创新，你将从本书中找到解决方案的捷径。

如果你是 C/C++语言的初学者且有兴趣探索 GPU 异构编程，本书也完全适合你。本书既不强求读者有丰富的编程经验，也不需要读者有太多的计算机知识和并行计算的概念。虽然 MXMACA C/C++语言和标准的 C/C++语言的语法相同，但二者的抽象概念和底层硬件是截然不同的。即使是精通标准 C/C++编程的人，他的编程经验对学习 MXMACA C/C++语言的帮助也是有限的。所以，只要你对异构编程有浓厚的兴趣，只要你乐于学习新知识且愿意尝试全新的思维方式，对相关的话题有深入探索的热情，本书也完全适合你。

即使你有不少使用其他异构编程语言的 GPU 编程经验，本书也还是有助于你的知识更新。本书也介绍了沐曦 GPU 全新的硬件架构设计、推陈出新的 GPU 程序性能优化实践（例如第 8 章 MXMACA 程序优化）、最新的 GPU 编程范式（例如第 9 章 MXMACA 图编程）等新知识、新技能和新方法。虽然本书旨在从零开始培养 MXMACA 编程的专业人才，但它也提供了许多先进的 GPU 编程概念、与时俱进的 MXMACA 编程调试优化手段和工具等，这些对你的知识图谱更新将大有裨益。

1.2 学习 MXMACA 编程的基础

如果具备以下条件，那么恭喜你，你可以加入 MXMACA 编程俱乐部。快来加入我们，写出你的专属 GPU 程序吧！

- 熟悉 C/C++语言程序设计。
- 对计算机系统有基本的了解。
- 使用过 Linux 环境和一些基本的 Linux 命令。

如果学过以下内容，你会对理解本书的 MXMACA 编程执行模型及 MXMACA 程序的性能调优等相关内容有帮助。

- 学过计算机体系结构或了解计算机基础原理。
- 有良好的数学基础。

MXMACA 编程入门并不难，难的是如何用好沐曦 GPU。如果想通过 MXMACA 编程把沐曦 GPU 的使用效率优化到极致，那就需要进一步学习和理解更多的内容。

- 沐曦 GPU 的硬件特性和 MXMACA 软件的特性。
- 并行计算思维和应用程序数据分组。

关于如何用好沐曦 GPU 这个专题，我们将会在 MXMACA 编程丛书的下一本《沐曦异构并行计算软件栈——MXMACA C/C++程序设计高级教程》中详细阐述。

1.3 本书结构

本书共 11 章，各章的具体内容如下。

- 第 1 章 MXMACA 编程简介：本章介绍目标读者群体、学习 MXMACA 编程的基础、本书的内容组织结构及相关的背景知识。

- 第 2 章 MXMACA 编程环境：本章介绍 MXMACA 编程环境，MXMACA 程序员可以根据自身的条件和喜好，选择自己手动搭建本地开发环境，或直接使用沐曦官网提供的云端集成开发环境。本章最后以打印"Hello World"为例，让 C/C++语言初学者可以快速切入 GPU 编程的赛道，也可让其验证自己的 MXMACA 编程环境是否能正常工作。

- 第 3 章 MXMACA 编程模型：本章介绍 MXMACA 编程硬件平台和 MXMACA 程序的通用结构，从逻辑视角解释 MXMACA 大规模并行计算的技术原理。此外，本章还结合向量加法示例，对比 CPU 和 GPU 编程的差异性。

- 第 4 章 MXMACA 编程 API：本章简要介绍 MXMACA 编程 API（Application Program Interface），包括一些基本语法、数据类型和 C++语言最小扩展集，以及扩展的 Token、函数执行空间限定符、变量存储空间限定符、内置类型、内置变量、向量单元等。

- 第 5 章 MXMACA 执行模型：本章通过研究成千上万的 GPU 线程是如何在 GPU 中调度的，来探讨硬件层面的内核执行问题。本章解释计算资源是如何在多颗粒度线程间分配的，也从硬件视角说明了如何由线程（Thread）组成线程块（Block）、再由线程块组成线程网格（Grid）的二层线程管理模型。另外，本章还结合示例阐述 MXMACA 的动态并行和嵌套执行规则。

- 第 6 章 MXMACA 内存模型和内存管理：本章通过介绍 MXMACA 内存模型和内存管理，帮助 MXMACA 程序员理解异构系统中的数据存储和搬运机理。此外，本章结合丰富的 MXMACA 内存管理样例，阐述如何在程序中正确使用 MXMACA 运行时库提供的内存管理 API，以尽可能地提升异构程序的性能。

- 第 7 章 MXMACA 程序的编译、运行和调试：本章介绍 MXMACA 程序代码的离线编译、静态运行和动态加载、二进制缓存和重编译等编译运行方式，以及 MXMACA 程序调试的各种方法、手段和工具。

- 第 8 章 MXMACA 程序优化：本章介绍程序性能优化的理论知识，并利用第 7 章介绍的 MXMACA 程序调试工具进行相关的性能优化实践。

- 第 9 章 MXMACA 图编程：本章介绍 MXMACA 图编程——GPU 编程领域里一种全新的程序设计方法，它为 MXMACA 程序员提供了一种有向无环图可视化程序设计和编程方法。

- 第 10 章 MXMACA 人工智能和计算加速库：本章介绍主要面向 AI 和科学计算等应用领域的 MXMACA 人工智能和计算加速库，以方便程序员使用这些函数库来加速任务进程，而不需要自己来编写相关的 MXMACA 核函数。

- 第 11 章 MXMACA 多 GPU 编程：随着问题域规模的扩大，单 GPU 的内存大小或计算能力可能难以胜任，MXMACA 编程允许使用多个 GPU 甚至是 GPU 集群来编写和运行 MXMACA 应用程序。本章介绍如何通过使用多 GPU 的管理和通信并发地处理多任务，以增加 MXMACA 应用程序的吞吐量和计算能力。

在使用本书时，读者可以根据自身的情况进行调整。对于初次接触 GPU 编程的读者，建议完整地按照章节顺序阅读本书。对于有初步的 GPU 编程经验的读者，建议跳过第 1.4 节和第 2.3 节。对于有丰富的 GPU 编程经验的读者，建议快速浏览第 3～7 章，重点学习第 8～11 章。

需要说明的是，本书在正文中讨论程序代码里的变量和常量时，均采用与代码中一致的正体标注，以方便读者阅读和理解。

1.4 相关的背景知识

1.4.1 计算机体系结构和摩尔定律

传统的计算机体系结构是冯·诺依曼结构，如图 1-1 所示。冯·诺依曼的论文确定了计算机体系结构中的 5 大部件：运算器、控制器、存储器、输入设备、输出设备。

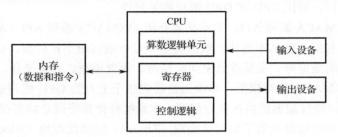

图 1-1 冯·诺依曼结构示意图

自 1958 年罗伯特·诺伊斯（Robert Noyce）和杰克·基尔比（Jack Kilby）发明集成电路以后，冯·诺依曼结构中的各个部件开始逐渐被集成电路所取代：首先是处理器，然后是存储器。早期的磁性存储器无法用集成电路替代，直到 1965 年 IBM 发明了基于集成电路的动态随机访问存储器（Dynamic Random Access Memory，DRAM），存储器才被集成电路所取代。摩尔定律（1965 年）和 Dennard 定律（1974 年）为集成电路的发展制定了路线图。因为处理器和存储器都适用于摩尔定律，"Amdahl 的另一条定律"也得到了保证。在很长一段时间内，计算系统的性能遵循摩尔定律稳步提升。

1.4.2 摩尔定律碰到了三堵墙

1. 内存墙

由于晶体管级电路设计的局限性，DRAM 的读延迟率先跟不上摩尔定律的步伐。DRAM 中存储 1 比特数据的单元由一个电容器和一个晶体管组成。电容器用于存储数据，晶体管用于控制电容器的充放电。读数据时，晶体管被选通，电容器上存储的电荷将非常轻微地改变源极的电压。感测放大器（Sense Amplifier）可以检测到这种轻微的变化，并将电压微小的正变化放大到高电平（代表逻辑 1），将电压微小的负变化放大到低电平（代表逻辑 0）。感测过程是一个缓慢的过程，感测时间决定了 DRAM 的访问时间。DRAM 访问时间的缩短速度远远落后于摩尔定律下处理器两次访存之间时间间隔的缩短速度。这就是摩尔定律发展中遇到的内存墙问题，如图 1-2 所示。

如果每次访存都需要耗费几十到几百个周期等待存储器的响应，处理器的性能提升就会变得毫无意义。为了解决这一问题，计算机体系结构研究铸造了两把利剑：高速缓存（Cache）和内存级并行（Memory-Level Parallelism，MLP）。

缓存利用局部性原理，减少了处理器访问主存的次数。简单地说，处理器正在访问的指令或数据后面可能会被多次访问，且这些指令或数据附近的内存区域也可能会被多次访问。因此，在处理器第一次访问这一区域时，这些指令或数据将被复制到处理器的缓存中，这样的话，处理器再次访问该区域的指令或数据时，就不需要再访问外部的存储器了。加入缓存后，冯·诺依曼结构中的存储器就变成了一种层次化的存储结构。

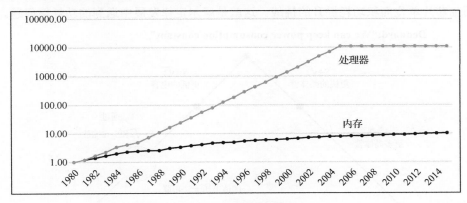

图 1-2　内存墙问题

　　缓存对编程模型而言是一个完全透明的部件。虽然程序员可以根据缓存的特点对程序代码进行特定的优化，从而获得更好的性能，但程序员通常无法直接干预对缓存的操作。因此，在编程模型设计空间的探索中，一般不会考虑缓存的问题。

　　MLP 是指处理器同时处理多个内存访问指令的能力。在层次化存储结构的缓存和 DRAM之间，以及 DRAM 的多个存储体（Bank）之间，多个来自处理器的访存请求可以被并行处理。例如，当访存指令在缓存中未命中而等待 DRAM 中的数据时，若后续访存指令在缓存中命中，后续访存指令可以被先执行，从而避免处理器阻塞在少数延迟很大的未命中访存指令上。MLP虽然不能减少单个操作的访问延迟，但它增加了存储系统的可用带宽，从而提高了系统的总体性能。在实现 MLP 时，硬件开发者设计了多线程并行执行、指令多发射和指令重排序等硬件机制。其目的都是引入多个并发的、没有依赖关系的访存指令，从而开发 MLP，并让内存墙问题得以大大缓解。

2．功耗墙

　　随着单个芯片上集成的晶体管数量越来越多、密度越来越大，设计和制造芯片时必须要考虑散热的问题。1974 年，罗伯特·丹纳德（Robert Dennard）提出了 Dennard 缩放比例定律（Dennard Scaling），当芯片的尺寸缩小 S 倍、频率提升 S 倍时，只要芯片的工作电压相应地降低 S 倍，单位面积的功耗就会保持恒定。Dennard 缩放比例定律的基本原理如图 1-3 所示。图中，S 是两代半导体工艺之间的缩放因子，通常 $S=\sqrt{2}$，故下一代工艺单个晶体管的面积是上一代的 1/2（长和宽各缩小为上一代的$1/\sqrt{2}$），性能是上一代的$\sqrt{2}$倍，电容值是上一代的$1/\sqrt{2}$。在新一代工艺中，单位面积的晶体管数量会提高 S^2 倍，频率会提升 S 倍，单位面积的功耗却能保持不变。根据 Dennard 缩放比例定律，Intel 等芯片制造公司可以快速地提高芯片的工作频率，同时利用更多的晶体管提供更复杂的功能，而不需要考虑芯片的散热问题。从 1971 年的 Intel 4004处理器到 2006 年的 Intel Core 2 处理器，芯片的工作电压逐渐从 15V 下降到了 1V 左右。Dennard缩放比例定律因阈值电压的缘故于 2006 年左右被终结。

　　在 2005 年，芯片的工作电压已低至 0.9V 左右，非常接近晶体管的阈值电压（0.4～0.8V）。受限于晶体管的材料和结构，阈值电压很难进一步降低，因此，芯片的工作电压也无法再降低。

从此，芯片的尺寸每缩小一半，单位面积的功耗将提高一倍。更糟糕的是，当工作电压接近阈值电压时，晶体管的栅极到衬底之间的漏电功耗在总功耗中的占比也越来越大。新一代半导体工艺将面临芯片单位面积功耗提升的挑战。这就是摩尔定律发展中遇到的功耗墙问题。

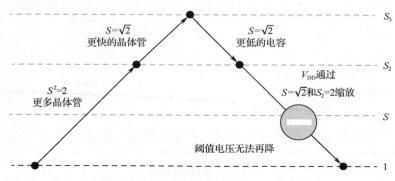

图 1-3　Dennard 缩放比例定律的基本原理

为了克服功耗墙的问题，2005 年以后的芯片设计普遍采用了"暗硅"（Dark Silicon）的思路：利用多核和异构架构等设计策略限制芯片上全速工作（点亮）的工作区域，从而使芯片满足功耗约束。图 1-4 展示了 Intel Skylake 架构的处理器版图，单个芯片上有 4 个 CPU 核和一个 GPU。在任何给定的时间点，只有一部分的电路在工作，从而使芯片满足功耗的约束。

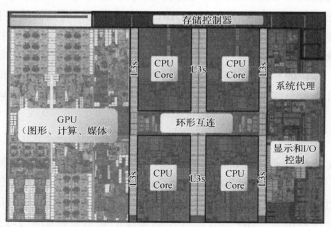

图 1-4　Intel Skylake 架构的处理器版图

以上述版图为例，可以将实现"暗硅"的硬件机制分为以下三类。

● 增加低频率模块的数量，如设计更大的缓存、更多的单指令多数据（Single Instruction Multiple Data，SIMD）执行单元等。这里的频率是指工作频率或使用频率。以缓存为例，在"暗硅时代"的 CPU 上有至多接近一半的面积是用来实现缓存的。图 1-4 所示的 CPU 缓存包括最末级缓存（Last-Level Cache，LLC）和每个 CPU 运算单元（Core）中的 L1 缓存和 L2 缓存。一方面，由于 MLP 的存在，缓存的工作频率可以比处理器数据通路的低，在 Intel SandyBridge 以前的架构中，可以单独控制 L3 缓存与内核的电压、频率。另一方面，由于 CPU 的缓存由许多块静态随机存储器（Static Random Access Memory，

SRAM）构成，当前没有被访问到的 SRAM 可以通过门控时钟（Clock Gating）等技术来降低功耗。通过增加缓存来降低硬件频率的机制对编程模型是完全透明的。

- 增加并行的硬件模块数量。根据 Dennard 缩放比例定律，当采用先进工艺的晶体管尺寸缩小为上一代工艺的 1/2 时，如果单个处理器内核的频率保持不变，则它的面积缩小为上一代工艺的 1/4，功耗（由于单个晶体管的电容值减小）下降为上一代工艺的 1/2。这样，如果芯片的功耗预算不变，我们可以在芯片上再增加三个较低频率的内核。同时，由于在任何给定的时间点，只有一部分的处理器内核在工作，所以芯片可以通过门控时钟和门控电压（Power Gating）等技术来关闭部分内核，以进一步地降低功耗。从 2005 年以后，x86 架构的处理器不再专注于提高芯片的频率，而是在新的芯片中增加处理器内核的数量。ARM 架构的 BIG-LITTLE 架构更是在一个芯片上同时放置高性能 BIG 核和高能效 LITTLE 核，充分利用并行硬件模块机制提供的设计空间。但是，为了充分利用芯片的性能，程序员不得不学习多线程编程的技巧。基于多线程的并行机制使得硬件的性能难以被程序员充分开发。
- 定制化硬件。通用处理器为了确保其通用性，会有大量的冗余。2010 年的一篇 ISCA 论文指出，在通用处理器上运行 H.264 解码后发现，处理器的执行单元消耗的能量仅占总能量的 5%，大量的能量被消耗在了处理器的取指、译码等模块上。因此，根据应用需求设计定制化的硬件模块，进而构成异构片上系统（Heterogeneous System-on-Chip），可以极大地提高其能效。图 1-4 中的 Intel Skylake 架构处理器上集成的 GPU 就是专门为处理图像渲染而定制的。此外，Intel SSE/AVX 等 SIMD 运算单元也可以看作一种定制化硬件。SIMD 运算单元采用一个控制器来控制多个运算器，同时对一组数据向量中的每个元素分别执行相同的操作，从而在这组数据向量上摊薄了处理器取址、译码的开销。当然，SIMD 单元仅适用于非常规整的数据级并行的场景。定制化硬件和异构片上系统的普及带来了编程模型的"巴别塔难题"：不同的定制化硬件模块需要不同的编程模型；同样的应用运行在不同的定制化硬件上时，需要花费大量的人力对应用进行"翻译"。

功耗墙难题虽然没有中止摩尔定律的脚步，但却摧毁了冯·诺依曼结构的随机存取机编程模型。由于片上多处理器（Chip Multi-Processor，CMP）和异构架构逐渐成为主流的硬件设计方法，程序员必须直面并行编程模型和异构编程模型。

正是在这一时期，GPU 及 GPGPU 编程模型因其提供了远比 CPU 高得多的单位算力能量效率而在计算产业中崭露头角。我们将在第 1.4.3 节中进一步介绍。

3. I/O 墙

冯·诺依曼结构可以分为存储、计算和外设三大功能模块。之前的两次危机分别是由存储速度与计算速度不匹配、计算功耗受限而造成的。与此同时，计算机教材一直给学生灌输外设速度是远远慢于计算速度的理念。然而，2015 年前后，这一延续了几十年的教条逐渐开始失效。如今，外设速度与计算/存储速度的不匹配，正在导致一道新的 I/O 墙形成。

自 2010 年开始，网络带宽飞速增长。自 2015 年开始，硬盘的读写速率飞速增长，而同时期 CPU-DRAM 带宽的增长速度远远落后于网络带宽和硬盘读写速率的增长速度。造成这一现象的主要原因有两个：

- 内存墙、功耗墙的先后出现，使得 CPU-DRAM 带宽的增长速度远远落后于摩尔定律的步伐。当前主流的 CPU-DRAM 间的 DDR 接口，其带宽大约每 5 年至 7 年提升一倍。

● 网络和硬盘在物理层的技术突破，使其带宽呈爆炸式增长。在 21 世纪的头十年，主流的网络传输介质是铜双绞线，主流的硬盘存储介质是磁盘。2010 年之后，数据中心光通信模块开始普及，相比基于铜双绞线的网卡，光纤网络单卡的带宽从 1Gb/s 快速提升到数十 Gb/s。2015 年以后，固态硬盘（SSD）开始取代机械硬盘（HDD）。HDD 使用机械马达在磁碟上寻址。受限于磁碟的转速（大约 15000 转每分钟），单个 HDD 的带宽最高只能达到数百 MB/s。闪存技术的发展，尤其是闪存的写入持久性（Persistence）的进步，使得 SSD 开始取代 HDD。SSD 的寻址过程类似 DRAM，完全由电信号驱动，因此带宽不再受寻址速度的限制。

时至今日，如何解决 I/O 墙的问题依然是一个开放问题。学术界和工业界都提出了大量的方案。大多数方案都在尝试让冯·诺依曼结构走向更加异构的方向：为网络和存储增加计算的功能，从而将原本在 CPU 上的计算卸载到外设上进行。

1.4.3 并行计算

传统的软件程序设计以串行计算模式为主流，其具有如下特点：
● 一个问题被分解为一系列离散的指令。
● 这些指令被顺次执行。
● 所有的指令均在一个处理器上被执行。
● 在任何时刻，最多只有一个指令能够被执行。

随着科技的发展，许多科学和工程领域的研究团队在对很多领域问题的建模上依赖于超大规模数据的处理和计算，包括大气与地球环境、应用物理、生物科学、遗传学、化学、分子科学、机械工程、电气工程、计算机科学、数学等。与此同时，我们在日常应用（如玩游戏、播放高清视频）中面临的场景模型和数据计算也越来越复杂，商业领域和工业界对计算速度也提出了更高的需求和期待。这些商业应用程序需要以更复杂的方式去处理大量的数据，例如石油勘探、网页搜索引擎、基于 Web 的商业服务、医学成像和诊断、跨国公司管理、高级图形学技术，以及虚拟现实、网络视频和多媒体技术、协同工作环境等。

目前，并行计算实际上已经被广泛应用。并行计算是相对于串行计算来说的。它是指同时使用多种计算资源解决计算问题的过程，是提高计算机系统计算速度和处理能力的一种有效手段。它的基本思想是用多个处理器来协同求解同一问题，即将被求解的问题分解成若干个部分，各部分均由一个独立的处理器来并行计算。并行计算系统既可以是专门设计的、含有多个处理器的超级计算机，也可以是以某种方式互连的若干台独立计算机构成的集群。

并行计算可分为时间上的并行和空间上的并行两类。

1. 时间上的并行：流水线（Pipeline）技术

以汽车装配为例来解释流水线的工作方式。假设装配一辆汽车需要 4 个步骤：
（1）冲压：制作车身外壳和底盘等部件。
（2）焊接：将冲压成形后的各部件焊接成车身。
（3）涂装：对车身等主要部件进行清洗、化学处理、打磨、喷漆和烘干。
（4）总装：将各部件（包括发动机和向外采购的零部件）组装成车。

这些步骤分别需要从事冲压、焊接、涂装和总装的四个工人。采用流水线制造方式，同一时刻有四辆汽车在装配。如果不采用流水线方式，那么第一辆汽车依次经过上述四个步骤装配完成之后，下一辆汽车才开始进行装配，最早期的工业制造就是采用的这种原始的方式。未采用流水线的原始制造方式，同一时刻只有一辆汽车在装配。不久之后，人们就会发现，某个时段中有一辆汽车在装配时，其他三名工人都处于闲置状态，这显然是对资源的极大浪费。于是，人们开始思考能有效利用资源的方法：在第一辆汽车经过冲压进入焊接工序的时候，立刻开始进行第二辆汽车的冲压，而不是等到第一辆汽车经过全部四个工序后才开始。之后的每辆汽车都是在前一辆冲压完毕后立刻进入冲压工序，这样在后续生产中就能够保证四个工人一直处于运行状态，而不会造成人员的闲置。这样的生产方式就跟河水一样川流不息，因此被称为流水线。

在工业制造中采用流水线可以提高单位时间的产量。借鉴工业流水线制造的思想，现在CPU 也采用了流水线设计，这有助于提高 CPU 的频率。Intel 首次在 486 芯片中使用流水线设计，它是指在程序执行时多条指令重叠进行操作的一种准并行处理实现技术。在 CPU 中由 5～6 个不同功能的电路单元组成一条指令处理流水线，然后将一条指令分成 5～6 步后再由这些电路单元分别执行，这样就能在一个 CPU 时钟周期内完成一条指令，从而提高 CPU 的运算速度。在经典的奔腾处理器中，每条整数流水线都被分为四级流水（即取指令、指令译码、取操作数、执行），浮点流水又被分为八级流水。奔腾流水线技术示意图如图 1-5 所示。

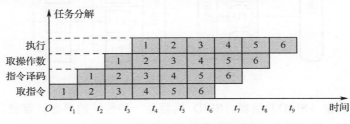

图 1-5　奔腾流水线技术示意图

2．空间上的并行：多处理器/多核技术

多处理器/多核技术是指通过网络将两个以上的处理机连接起来，让多个处理机并行地执行计算，以实现同时计算同一个任务的不同部分，或者解决单个处理机无法解决的大型问题。

假如你拥有一个苹果庄园，秋天苹果大丰收，让一个工人从每棵树上摘取所有的苹果需要4 天。你觉得太慢，那么你可以多雇点人，安排每个工人摘不同的苹果树，一天就可以摘完所有的苹果，如图 1-6 所示。这就是并行算法中的空间并行，将一个大任务分割成多个相同的子任务，以加快速度解决问题。

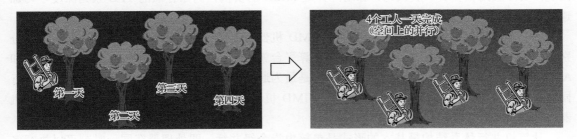

图 1-6　空间上的并行示意图

1.4.4　计算平台的分类

费林（Michael J. Flynn）于 1972 年提出了计算平台的费林分类法（Flynn's Taxonomy），其

主要根据指令流和数据流将计算平台分为四类，如图 1-7 所示。图中的 PU 是 Processing Unit 的缩写。

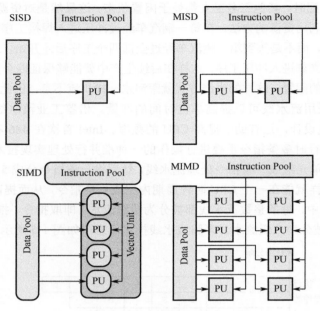

图 1-7 计算平台的费林分类法

（1）单指令单数据（SISD）机器。SISD 机器是一种传统的串行计算机，它的硬件不支持任何形式的并行计算，所有的指令都是串行执行，并且，在某个时钟周期内，CPU 只能处理一个数据流。早期的计算机都是 SISD 机器，如早期的巨型机和许多 8 位的家用机等。

（2）单指令多数据（SIMD）机器。SIMD 是指采用一个指令流处理多个数据流，它在数字信号处理、图像处理、多媒体信息处理等领域非常有效。Intel 处理器实现的 MMXTM、SSE、SSE2 及 SSE3 扩展指令集，都能在单个时钟周期内处理多个数据单元。也就是说，我们现在用的单核计算机基本上都是 SIMD 机器。

（3）多指令单数据（MISD）机器。MISD 是指采用多个指令流来处理单个数据流。由于在实际情况中采用多指令流来处理多数据流才是更有效的方法，因此，MISD 只是作为理论模型出现，实际应用很少。一般认为，脉动阵列是 MISD 的实例，例如谷歌的 TPU 系列深度学习加速器。

（4）多指令多数据（MIMD）机器。MIMD 机器可以同时执行多个指令流，这些指令流分别对不同的数据流进行操作。最新的多核计算平台就属于 MIMD 机器的范畴，例如，Intel 和 AMD 的双核处理器等都是 MIMD 机器。它是最为通用的体系结构，各个处理程序既可以执行同一程序，也可以执行不同的程序。虽然 MIMD 机器的通用性高，但设计复杂，故 MIMD 机器的性能较低。

计算机并行体系结构最基本的形式是单核内指令级并行，即处理器在同一时刻可以执行多条指令。流水线技术是实现指令级并行的使能技术，采用流水线技术设计的指令级并行微处理器内核已经成为设计典范。在这个基础上可以实现多线程和多核并行，即一个芯片上集成多个处理单元或处理核心，以同时完成多个任务。再上一个层次的并行是计算机并行，即多个芯片通过专用的网络连接在一起实现更大规模的并行。更高层次的并行是仓储级计算器，即借助互联网技术将数以万计的处理器和计算节点连接在一起，每个节点是一个独立的计算机。仓储级计算器具备前面描述的多种层面的并行。指令级和数据级并行适合在内核完成，因为它所需要的寄存器传输级（RTL）通信和协作在核内可以以极低的延迟完成。现代处理器中的每个核心都会综合运用流水化、超标量、超长指令、分支预测、乱序执行等技术充分挖掘指令级并行的潜能。相对来说，MIMD 的并行层次更高，会更多地利用多个处理单元、多个处理核心、多个处理器或更多节点来实现。

1.4.5 GPU 和 CPU 体系结构对比

目前，主流计算机中的处理器主要是 CPU 和 GPU。CPU 和 GPU 属于不同架构的处理器，它们的设计理念是不同的。

- CPU 的设计理念：注重通用性以处理各种不同类型的数据，同时支持复杂的控制指令，例如条件指令、分支、循环、逻辑判断及子程序调用等。因此，CPU 微架构的复杂性高，它是面向指令执行的高效率而设计的。
- GPU 的设计理念：GPU 最初是针对图形处理领域的，图形运算的特点是大量同类型数据的密集运算。

CPU 和 GPU 的架构对比如图 1-8 所示，图的左边为 CPU 架构，右边为 GPU 架构。对处理器芯片架构设计来说，有两个指标是经常要考虑的：延迟和吞吐量。延迟是指从发出指令到最终返回结果中间所经历的时间间隔。吞吐量是指单位之间内处理的指令的条数。

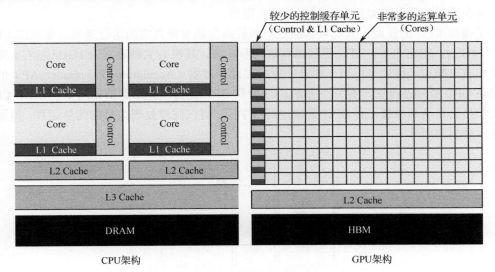

图 1-8 CPU 和 GPU 架构对比

从图 1-8 可以看到，CPU 的架构特点表现在以下几个方面。

首先，CPU 采用了多级高速缓存结构。由于处理运算的速度远远高于访问存储的速度，为了提高指令访问存储的速度，CPU 设计了多级高速缓存结构。它将经常访问的内容放在低级缓存中，不经常访问的内容放在高级缓存中，从而实现了空间换时间的设计思想。

其次，CPU 包含了许多控制单元。具体来说，它有两种控制单元：分支预测机制和流水线前传机制控制单元。这些控制单元使得 CPU 在运算过程中能够高效地进行指令控制。

最后，CPU 的运算单元（Core）非常强大，它能够快速进行整型、浮点型复杂运算。这使得 CPU 在处理大量复杂运算时能够保持高效和稳定。

与 CPU 不同，GPU 的架构特点表现在以下几个方面。

首先，GPU 虽然也有缓存结构，但其数量较少，GPU 缓存所占的芯片面积较小。这意味着支持指令访问缓存的次数会比较少，从而影响了 GPU 在存储访问方面的效率。

其次，GPU 的控制单元相对简单，没有分支预测机制和数据转发机制，GPU 控制单元所占的芯片面积较小。这使得 GPU 在处理复杂指令时速度较慢，但这也降低了它的功耗和复杂度。

最后，GPU 的运算单元非常多，其采用长延时流水线以实现高吞吐量。每行的运算单元共用一个控制器，这意味着每行的运算单元执行的指令是相同的，只是数据内容不同。这种整齐划一的运算方式使得 GPU 在处理控制简单但运算量大的任务时效率显著提高。

CPU 和 GPU 在基本架构层面上的差异导致了它们在计算性能方面的巨大差异。CPU 拥有庞大而广泛的指令集，能够与更多的计算机组件（如内存、输入和输出）交互，以执行复杂的指令。相比之下，GPU 是一种专门的协处理器，在高数据吞吐量的任务上表现出色，但在其他任务上的表现则不如 CPU。

CPU 更强调低延迟的指定运行，其处理方式主要是串行。如果需要处理多任务并发需求，CPU 只能通过任务切换来实现，这需要重置寄存器和状态变量、刷新缓存等。然而，经过延迟优化，CPU 在多个任务之间的切换速度非常快，让人感觉它是在并行处理任务，但实际上它仍然是一次运行一项任务。因此，CPU 像一个学识渊博的专家，它可以迅速处理各种不同难度的任务，但在面对大量的重复性劳动时也会感到困扰。

为了提高 CPU 的性能，人们可以通过不断提高主频来提高它的运行速度，常见的 CPU 主频为 2～4GHz。相比之下，GPU 更强调高数据吞吐量，其核心主频通常为 1GHz 左右。除了提高主频和改进架构，增加专门用于并行计算的加速处理器（Accelerated Processor，AP）的数量也是提高 GPU 处理速度的一种常见方法。CPU 和 GPU 能力差异示意图如图 1-9 所示，CPU 像一个大学里的数学系教授，而 GPU 更像一群中学生，可以同时处理大量的简单运算，但面对复杂任务则会感到困难。

图 1-9 CPU 和 GPU 能力差异示意图

GPU 适合重复性和高度并行的计算任务，其最常规也是最初的应用便是图形渲染和显示。后来，人们发现 GPU 对多组数据执行并行操作的能力也非常适合某些非图形任务，例如机器学习、金融模拟、科学计算等大规模且反复运行相同数学函数的活动。概括起来，适合 GPU 解决的问题有以下主要特点。

- 计算密集（任务并行）：数值计算的比例要远大于内存操作，因此，内存访问的延时可以被计算掩盖。
- 数据并行：大任务可以被拆解为执行相同指令的小任务，因此，对复杂流程控制的需求较低。

1.4.6　GPU 异构编程

随着 GPU 的发展，GPU 异构编程应运而生。由于 GPU 保留了许多流式处理器的特征，受到早期异构并行编程模型（如 2004 年出现的 BrookGPU）的影响，GPU 异构编程采用了流式编程的思想。在 GPU 异构编程模型中，流（Stream）是核心，它是一组数据的集合，计算在每个数据元素上并行执行，符合单指令多数据（SIMD）或多指令多数据（MIMD）的执行模式。然而，SIMD 或 MIMD 要求流中每个数据元素的操作在控制流上完全相同，这虽然适合多数流媒体应用的特点，但对更广泛的数据并行应用来说过于苛刻。在这种背景下，随着 NVIDIA GPU 在商业上的巨大成功，2007 年出现的 CUDA 得到了大力推广。它以单程序多数据（SPMD）的形式表达数据并行性，允许同一段操作在不同数据上采取不同的控制流路径。但 CUDA 只能在以 NVIDIA GPU 为加速设备的异构系统中使用。于是，在 2008 年底，多家公司共同制定了跨平台异构并行编程框架标准 OpenCL，其适用于任何并行系统。OpenCL 将实际的硬件平台抽象为一个统一的平台模型，这也是 OpenCL 与 CUDA 最大的不同之处。

（1）CUDA 编程。CUDA 编程是 NVIDIA 建立在 CPU+GPUs 上的通用并行计算平台和异构编程模型。基于 CUDA 编程，可以利用 NVIDIA GPUs 的并行计算引擎来更加高效地解决比较复杂的计算难题，其已被广泛应用于深度学习领域，基于 GPU 的并行计算已经成为训练深度学习模型的标配。

（2）OpenCL 编程。OpenCL 编程是为异构平台编写程序的框架，此异构平台可由 CPU、GPU 或其他类型的处理器组成。OpenCL 编程由一门用于编写核函数（Kernel，在 OpenCL 设备上运行的函数）的语言（基于 C99）和一组用于定义并控制平台的 API 组成。OpenCL 编程提供了基于任务分割和数据分割的并行计算机制。OpenCL 编程类似于另外两个开放的工业标准 OpenGL 和 OpenAL，这两个标准分别用于三维图形和计算机音频方面。OpenCL 编程扩展了 GPU 用于图形生成之外的能力。

（3）MXMACA 编程。MXMACA 编程是沐曦为沐曦 GPU 和通用 CPU 这种异构平台推出的异构编程模型，其不仅继承了 CUDA 编程和 OpenCL 编程的优点，而且能结合最新的技术和产品推陈出新。本书正是为普及 MXMACA 编程而努力的开篇之作。

第 2 章　MXMACA 编程环境

本章内容
- MXMACA 云端编程环境
- 用 MXMACA 打印 "Hello World"
- MXMACA 本机编程环境

本章介绍 MXMACA 编程环境，它是 MXMACA 程序员进入 MXMACA 编程世界进行活动和施展身手的"舞台"。本章将介绍以下两种编程环境选项：一是直接使用沐曦云端集成开发环境；二是在本地已安装 Ubuntu 操作系统的电脑上安装 MXMACA 开发工具，搭建 MXMACA 编程环境。有了 MXMACA 编程环境，我们就可以快速编写一个 Hello World 程序，测试基本的开发环境有没有问题，并熟悉 MXMACA 编程的开发流程和开发工具。

2.1　MXMACA 云端编程环境

沐曦云端集成开发环境（Integrated Developing Environment，IDE）是一个综合性的工具软件，它把 MXMACA C/C++程序设计全过程所需的各项功能和工具链整合在一起，为 MXMACA 程序设计人员提供高效、便利、完整的服务。如果想快速进入 MXMACA 编程世界，你可以在沐曦开发者社区注册获得云端 MXMACA 编程账号，然后就可以开启 MXMACA 编程之旅了。

你可以访问沐曦官网的"开发者社区"，点击右上角的注册按钮，根据注册网页提示输入相关内容就可以获得开发者账号。

沐曦开发者社区账号根据权限可分成三类：普通用户、注册用户和企业用户。
- 普通用户无须注册可直接浏览社区。
- 注册用户须填写用户名、手机号（含验证码）、邮箱、登录密码进行注册。
- 企业用户须提供姓名、所在地、公司、行业、企业邮箱、手机号（含验证码）、正在使用产品的 SN 号、对接销售或市场人员姓名、用途及应用场景描述、您主要关注的领域、您关注哪些咨询平台等信息，并由后台人工审核通过后完成注册。

注册用户注册成功后，可以访问沐曦在线编译平台，在网页上直接编写 MXMACA 程序代码，然后点击运行代码并查看运行结果。

企业用户应具备 MXMACA 云端编程和云端运行环境。企业用户注册成功后，如果这是你第一次使用云端 MXMACA 编程，你可能需要检查在你申请的云端账号里是否正确安装了编程环境。你可以在 Linux 系统中使用以下命令进行检查。

```
$ which mxcc
```

若编程环境被正确安装，其结果如下。

```
/opt/maca/bin/mxcc
```

你还需要检查你的云端运行环境是否正常，可在 Linux 系统中使用以下命令进行检查。

```
$ macainfo
```

如果你的云端运行环境正常，通常的结果如图 2-1 所示。

```
(base) sw@LG-PC-10-2-120-162:/opt/maca$ macainfo
========================
MXC System Attributes
========================
Runtime Version:           1.0
System Timestamp Freq:     1000MHz
Signal Max Wait Time:      18446744073709551615(0xffffffffffffffff)
Machine Model:             LARGE
System Endianess:          LITTLE

......                     ......

Agent 1
***********
  Name:                    AMD RYZEN 7 5800X 8-CORE PROCESSOR
  Uuid:                    4350552d-5858-0000-0000-000000000000
  Market Name:             AMD Ryzen 7 5800X 8-Core Processor

......                     ......

***********
Agent 2
***********
  Name:                    XCORE1000
  Uuid:                    e515f232-d54c-0481-c757-064617b42c4b
  Market Name:             Device 4001
  Vendor Name:             METAX

......                     ......

  ISA 1
    Name:                  METAX-MXC-MXMACA--XCORE1000
    Machine Models:        LARGE
    Profiles:              BASE
    Fast Float16 Operation: FALSE
    Wavefront Size:        64(0x40)
    Workgroup Max Size:    1024(0x400)
    Workgroup Max Size per Dimension:
      x                    1024(0x400)
      y                    1024(0x400)
      z                    1024(0x400)
    Grid Max Size:         18446744073709551615(0xffffffffffffffff)
    Grid Max Size per Dimension:
      x                    4294967295(0xffffffff)
      y                    4294967295(0xffffffff)
      z                    4294967295(0xffffffff)
    Max fbarriers/Workgroups: 32
```

图 2-1　MXMACA 云端运行环境正常

如果 macainfo 命令不能被正确执行，你需要正确配置 MXMACA 云端运行环境。

```
$ export MACA_PATH=/opt/maca
$ export PATH=$PATH:${MACA_PATH}/mxgpu_llvm/bin: ${MACA_PATH}/bin
$ export LD_LIBRARY_PATH=${MACA_PATH}/lib
```

然后，再重新运行 macainfo 命令以验证云端运行环境。如果问题依然存在，请联系相关管理员。

2.2　MXMACA 本机编程环境

MXMACA 本机编程环境和运行在桌面或服务器的纯软件环境不同，我们须有一个硬件开发环境，如图 2-2 中所示的 MXMACA 硬件平台。要搭建 MXMACA 本机编程环境，推荐使用一台具有以下配置的电脑或服务器。

- CPU：x86_64 架构。
- GPU：沐曦曦云架构，GPU 和 CPU 之间通过 PCIe 总线连接。
- 操作系统：Ubuntu，可以从沐曦官网获得最新支持的版本。

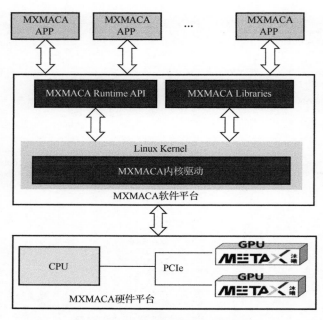

图 2-2　MXMACA 编程环境概要

2.2.1　下载 MXMACA 安装工具包

首先使用以下命令检查本机是否有沐曦的 GPU 加速卡及其是否正常工作。

```
$ mx-smi
```

以作者的电脑为例，这台电脑配备了两张沐曦的曦云 GPU 加速卡且已经正确安装了驱动程序，上述查询的结果如图 2-3 所示。

```
(base) sw@LG-PC-10-2-120-162:/opt/maca$ mx-smi
mx-smi   version: 2.0.11

=================== MetaX System Management Interface Log ===================
Timestamp                                          : Mon Nov 13 17:09:51 2023

Attached GPUs                                      : 2
+---------------------------------------------------------------------------+
| MX-SMI 2.0.11                    Kernel Mode Driver Version: 2.1.0        |
| MACA Version: 2.0                BIOS Version: 0.19.0.0                    |
|-------------------------------+----------------------+--------------------|
| GPU         NAME              | Bus-id               | GPU-Util           |
| Temp        Power             | Memory-Usage         |                    |
|===============================+======================+====================|
| 0           MXC500           | 0000:0a:00.0         | 0%                 |
| 43C         58W              | 914/65536 MiB        |                    |
+-------------------------------+----------------------+--------------------+
| 1           MXC500           | 0000:0b:00.0         | 0%                 |
| 44C         53W              | 914/65536 MiB        |                    |
+-------------------------------+----------------------+--------------------+


+---------------------------------------------------------------------------+
| Process:                                                                  |
| GPU              PID           Process Name              GPU Memory       |
|                                                          Usage(MiB)       |
|===========================================================================|
| no process found                                                         |
+---------------------------------------------------------------------------+

End of Log
```

图 2-3　沐曦 GPU 加速卡查询结果

如果你的电脑上有沐曦的 GPU 加速卡，你可以去沐曦官网的下载中心下载 MXMACA 安装工具包，然后根据第 2.2.2 节的内容尝试安装 MXMACA 编程环境。

2.2.2 安装 MXMACA 编程环境

在沐曦官网下载 MXMACA 安装工具包后，就可以根据安装包里的 MXMACA 快速开始指南，正确安装 MXMACA 编程环境。

本节以本书撰写时可用的 MXMACA 软件发布版本为例进行安装示范，安装 MXMACA 编程环境主要有以下步骤。

（1）从指定目录获取完整的 deb 安装包，并将其放入目标安装服务器。

（2）根据相应的 MXMACA 软件发布的快速上手指南，使用以下命令（以 libmsgpackc2 依赖库为例）安装所需要的所有 MXMACA 依赖库。

```
$ sudo apt install libmsgpackc2
```

通过以下命令检查 libmsgpack2 依赖库是否安装成功，安装成功的查询结果如图 2-4 所示。

```
$ dpkg -l libmsgpackc2
```

```
(base) sw@LG-PC-10-2-120-162:/opt/maca$ dpkg -l libmsgpackc2
Desired=Unknown/Install/Remove/Purge/Hold
| Status=Not/Inst/Conf-files/Unpacked/halF-conf/Half-inst/trig-aWait/Trig-pend
|/ Err?=(none)/Reinst-required (Status,Err: uppercase=bad)
||/ Name                          Version                    Architecture
+++-=============================-==========================-============
ii  libmsgpackc2:amd64            2.1.5-1                    amd64
```

图 2-4　libmsgpack2 依赖库安装成功查询结果

（3）安装 MXMACA 编程环境。执行以下命令，安装 MXMACA 编程环境。

```
$ sudo ./mxmaca-install.sh -f
```

如果以前安装了 MXMACA 编程环境，系统将自动删除已有版本，然后开始安装新的版本。成功安装后的目录树如图 2-5 所示。

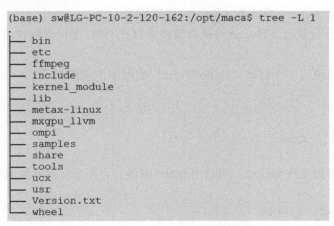

图 2-5　目录树

2.2.3 配置 MXMACA 编程环境

配置 MXMACA 编程环境分为以下三个步骤。

（1）正确配置环境变量。首先，把 MXMACA 工具包的系统程序所在的目录加入 PATH 环境变量，假设 MXMACA 工具包被安装在/opt/maca 目录。

```
$ export PATH=$PATH:/opt/maca/mxgpu_llvm/bin:/opt/maca/bin
```

然后，正确配置 MXMACA 程序运行相关的环境变量。最基本的 MXMACA 编程环境变量包括以下这些。

```
$ export MACA_PATH=/opt/maca
$ export LD_LIBRARY_PATH=/opt/maca/lib:opt/maca/mxgpu_llvm/lib
```

（2）启用 MXMACA 程序的访问权限。MXMACA 程序可能需要一些指定文件夹（如 $MACA_PATH/dev、$MACA_PATH/sys 等）的访问权限，尽管它不会修改 dev 文件夹中设备文件里的任何内容。

在安装 MXMACA 编程环境时会创建一个沐曦 GPU 的用户组，以作者的电脑为例，在安装 MXMACA 编程环境的过程中创建了"video"用户组，可根据需要用下面的命令将用户添加到该用户组，通过这一步骤启用 MXMACA 程序的访问权限。

```
$ sudo usermod -aG video $USER
```

（3）验证 MXMACA 安装。运行 macainfo 命令，以检查 MXMACA 编程环境是否能正常工作。如果 MXMACA 编程环境安装成功后能正常工作，其验证结果如图 2-3 所示。

2.3 用 MXMACA 打印"Hello World"

学习一种新的编程语言最佳的方法是使用新语言写程序，第一个 MXMACA 程序和其他任何语言的程序都相同：打印字符串"Hello World"。

2.3.1 过程概述和代码示例

现在，你已经准备好编写第一个 MXMACA C 程序了。编写 MXMACA C 程序的主要步骤是：
● 创建一个特殊文件扩展名为.c 的源代码文件。
● 使用 MXMACA mxcc 编译器（mxcc）编译程序。
● 从命令行运行可执行文件，该可执行文件有可在 GPU 上运行的核函数代码。
具体步骤如下。
（1）首先，我们编写一个打印"Hello World"的程序，示例如下。

```
#include <stdio.h>
int main(void)
{
  printf("Hello World from CPU!\n");
}
```

（2）将代码保存到文件 hello.c，然后用 mxcc 编译它。和 gcc 及其他编译器一样，mxcc 有类似的语义。

```
$ mxcc hello.c -o hello
```

如果运行可执行文件 hello，它将输出：

```
$ ./hello
 Hello world from CPU
```

（3）编写一个名为 helloFromGpu 的核函数，用它来输出字符串"Hello World from GPU!"的代码如下。

```
__global__ void helloFromGpu (void)
{
    printf("Hello World from GPU!\n");
}
```

（4）用限定符__global__告诉 mxcc，该函数将从 CPU 中调用并在 GPU 上执行。使用以下代码启动核函数。

```
helloFromGpu <<<1,10>>>();
```

三重尖括号用于标记主机线程对设备端代码的调用。核函数是由线程数组执行的，所有线程运行相同的代码。三重尖括号里的参数是执行配置，它指定将使用多少线程来执行该核函数。

在这个例子中，将会运行 10 个 GPU 线程，打印"Hello World"的完整代码见示例代码 2-1。

示例代码 2-1　打印"Hello World"的完整代码

```
#include <stdio.h>
#include <mc_runtime_api.h>

__global__ void helloFromGpu (void)
{
    printf("Hello World from GPU!\n");
}

int main(void)
{
    printf("Hello World from CPU!\n");

    helloFromGpu <<<1, 10>>>();
    mcDeviceReset();

    return 0;
}
```

函数 mcDeviceReset 用来显式销毁并清除与当前设备有关的所有资源。将代码保存到 helloFromGpu.c 文件，然后用 mxcc 编译它。

```
$ mxcc -x maca helloFromGpu.c -o helloFromGpu
```

运行这个编译出来的可执行文件，它将输出 10 个"Hello World from GPU!"字符串，每个 GPU 线程输出一条，其结果如下。

```
./helloFromGpu
Hello World from CPU!
Hello World from GPU!
Hello World from GPU!
Hello World from GPU!
Hello World from GPU!
Hello World from GPU!
Hello World from GPU!
Hello World from GPU!
Hello World from GPU!
Hello World from GPU!
Hello World from GPU!
```

2.3.2 习题和思考

（1）将文件 helloFromGpu.c 中的函数 mcDeviceReset 删除，然后编译并运行，看看会发生什么。

（2）用函数 mcDeviceSynchronize 替换文件 helloFromGpu.c 中的函数 mcDeviceReset，然后编译并运行，看看会发生什么。

（3）每个执行核函数的线程都有一个唯一的线程 ID，通过内置变量 threadIdx.x 可以在核函数中对线程进行访问。请在文件 helloFromGpu.c 中修改核函数的线程索引，使输出如下。

```
$ ./helloFromGpu
Hello World from CPU!
Hello World from GPU Thread 0!
Hello World from GPU Thread 1!
Hello World from GPU Thread 2!
Hello World from GPU Thread 3!
Hello World from GPU Thread 4!
Hello World from GPU Thread 5!
Hello World from GPU Thread 6!
Hello World from GPU Thread 7!
Hello World from GPU Thread 8!
Hello World from GPU Thread 9!
Hello World from GPU Thread 10!
```

第 3 章　MXMACA 编程模型

本章内容
- 硬件平台
- 内存管理
- 核函数
- 程序结构
- 线程管理
- 向量加法示例

本章介绍 MXMACA 编程模型，它是 MXMACA 程序员与沐曦 GPU 硬件之间进行交流的"口头语言"。

MXMACA 编程模型提供了沐曦架构 GPU 的硬件抽象，这为 MXMACA 应用程序在 GPU 硬件上的实现提供了可能性。从 MXMACA 应用程序到沐曦架构 GPU 硬件的五层逻辑结构如图 3-1 所示，分别是应用层（MXMACA 应用程序）、表示层（MXMACA 编程模型）、驱动层（MXMACA 编程平台）、系统层（计算机操作系统）和物理层（通用 CPU+沐曦 GPU 硬件）。MXMACA 应用程序通过 MXMACA 编程模型和 MXMACA 编程平台提供的 MXMACA 编程 API，将应用程序里的业务代码转换为专业的硬件原语和操作系统的编译器或库，来完成程序设计的目标任务。

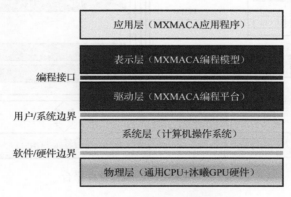

图 3-1　MXMACA 编程逻辑分层

利用 MXMACA 编程模型所编写的 MXMACA 应用程序，指定了程序各部分应如何共享信息和相互协作。MXMACA 编程模型从逻辑上提供了一个特定的异构编程架构，并体现在编程语言和编程环境中。除与其他并行编程模型共有的抽象外，MXMACA 编程模型利用沐曦 GPU 架构的计算能力提供了以下两种特有功能。
- 一种通过层次结构在 GPU 中组织线程的方法，参见第 5 章。
- 一种通过层次结构在 GPU 中访问内存的方法，参见第 6 章。

从 MXMACA 程序员的角度来说，可以从以下几个不同层面来看待并行计算。
- 应用层：在算法设计的过程中，应该关心应用层如何解析数据和函数，以便在并行运行环境中正确、高效地解决问题。

- 表示层：进入编程阶段，应从逻辑层面来思考如何组织并行线程，以确保线程和计算能正确地解决问题。MXMACA 提出了一个线性层次结构抽象的概念，以允许控制线程行为。
- 硬件层：通过理解在硬件层中线程是如何被映射到核心的，可以帮助提高程序的性能，MXMACA 线程模型在不强调较低层级细节的情况下提供了充足的信息。

3.1 硬件平台

MXMACA 编程硬件平台由 CPU 主机及与其相连的一个或多个沐曦 GPU 设备组成，各部分之间通过 PCIe 总线相连，如图 3-2 所示。通常，CPU 主机是指包含 x86 或 ARM 处理器的计算平台。每个沐曦 GPU 设备由多个加速处理器（Accelerated Processor，AP）和片外高带宽存储器（HBM）组成。其中，每个 AP 又由一个指令单元（InStruction Unit，ISU）、多个运算单元（Processing Element Units，PEU）和片上高速存储（Memory）等部分组成。运算单元（PEU）是设备上执行数据计算的最小单元。

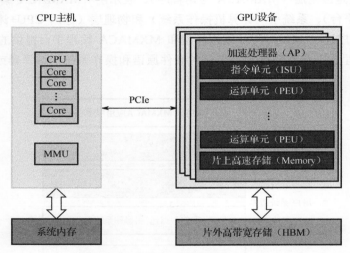

图 3-2　MXMACA 编程硬件平台

MXMACA 编程主要是充分利用 CPU 和 GPU 各自的优势特性，在 CPU+GPU 的异构计算架构中进行编程。CPU 所在的位置被称为主机端（Host），GPU 所在的位置被称为设备端（Device）。主机端和设备端之间通过 PCIe 总线连接，其用于传递指令和数据，让 CPU 和 GPU 协同工作。

3.2 程序结构

图 3-3 展示了 MXMACA 编程框架和 MXMACA 程序结构全景图。MXMACA 程序是一个定义了上下文的宿主机程序。如图所示，一个 MXMACA 上下文对象内具有两个计算设备，一个 CPU 设备和一个 GPU 设备，每个计算设备都具有自己的命令队列，故 MXMACA 程序有两个命令队列：一个是面向 GPU 的有序命令队列，另一个是面向 CPU 的乱序命令队列。MXMACA 宿主机程序定义一个程序对象，这个程序对象在编译后将为两个 MXMACA 设备（CPU 和 GPU）

生成核函数。接下来，MXMACA 宿主机程序定义程序所需的内存对象，并将其映射到核函数的参数中。最后，MXMACA 宿主机程序将命令放入命令队列来执行这些核函数。

MXMACA 编程使用由 C/C++语言扩展生成的注释代码在异构计算系统中执行应用程序。一个异构环境包含多个 CPU 和 GPU，每个 CPU 和 GPU 都由一条 PCIe 总线隔开，因此，需要注意区分这两方面的内容：

- 主机端：CPU 及其内存（主机内存）。
- 设备端：GPU 及其内存（设备内存，也叫显存）。

为了区分不同的内存空间，本书的很多地方使用以 h_ 为前缀的名称表示主机内存变量，以 d_ 为前缀的名称表示设备内存变量。

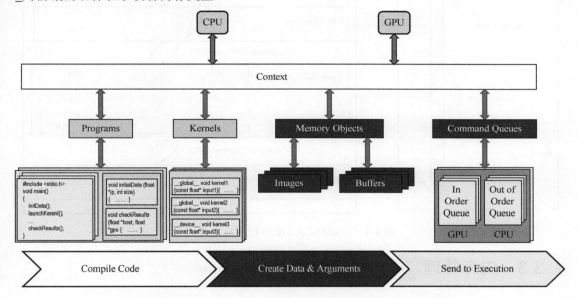

图 3-3　MXMACA 编程框架和 MXMACA 程序结构全景图

核函数（Kernel）是 MXMACA 编程模型的重要组成部分，其代码在 GPU 上运行。多数情况下，主机端可以独立地对设备进行操作，而核函数一旦启动，管理权限将立刻返回给主机端，释放 CPU 执行其他的任务。典型的 MXMACA 程序包括并行代码和串行代码，如图 3-4 所示。串行（或并行）代码在 CPU 上执行，而并行代码在 GPU 上执行。主机端代码使用 ANSI C/C++语言编写，而设备端代码使用 MXMACA C/C++语言编写，mxcc 为主机端和设备端生成可执行代码。

一个典型的 MXMACA 程序实现流程应遵循以下模式。

- 把数据从 CPU 内存复制到 GPU 内存。
- 调用核函数对 GPU 内存的数据进行处理。
- 将数据从 GPU 内存传送回 CPU 内存。

因此，首要学习的是为主机端和设备端分配内存，以及如何在 CPU 和 GPU 之间复制数据。在这种程序员管理模式控制下的内存和数据可以优化应用程序并使系统利用率最大化。

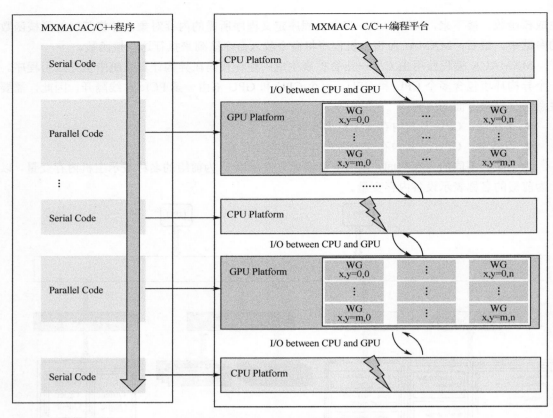

图 3-4　MXMACA C/C++程序典型范式

3.3　内存管理

内存管理在传统串行程序中是非常常见的。寄存器空间、栈空间内的内存由机器自己管理，堆空间由用户控制分配和释放，MXMACA 程序也是一样的，只是 MXMACA 提供的 API 可以分配管理设备上的内存，当然也可以用 MXMACA 管理主机端的内存，主机端的传统标准库也能完成主机端内存管理。

主机端和设备端内存函数见表 3-1。

表 3-1　主机端和设备端内存函数

标准 C 函数	MXMACA C 函数	说　　明
malloc	mcMalloc	内存分配
memcpy	mcMemcpy	内存复制
memset	mcMemset	内存设置
free	mcFree	释放内存

mcMalloc 负责分配 GPU 内存，并以 devPtr 的形式返回指向所分配内存的地址。其函数原型为 mcError_t mcMalloc(void** devPtr, size_t size)。

mcMemcpy 负责主机端与函数之间的数据传输，其函数原型为 mcError_t mcMemcpy(void*

dst, void* src, size_t count, mcMemcpyKind kind)。该函数从 src 指向的源存储区复制一定数量的字节到 dst 指向的目标存储区，复制方向由 kind 指定，其中，kind 有以下 4 种：mcMemcpyHostToHost、mcMemcpyHostToDevice、mcMemcpyDevcieToHost 和 mcMemcpyDeviceToDevice。这个函数是以同步方式执行的，即在 mcMemcpy 函数返回以及传输操作完成之前，主机端应用程序是阻塞的。

MXMACA 内存管理示意图如图 3-5 所示，内存是分层次的，第 6 章会详细介绍每个具体的环节。

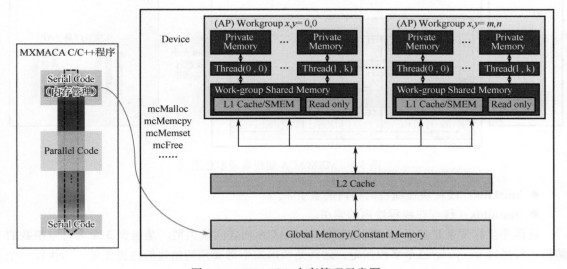

图 3-5　MXMACA 内存管理示意图

3.4　线程管理

当核函数在主机端启动后，它的执行会移动到设备端，此时，设备端会产生大量的工作项，也就是线程（Thread）。每个线程都执行核函数指定的语句。当核函数开始执行时，如何组织 GPU 线程是 MXMACA 编程的关键部分。MXMACA 明确了一个两层的线程层次结构，其由线程块（Block）和线程网格（Grid）组成。

在一个核函数执行之前，需要指定一个 N 维的线程网格。一个线程网格是一个一维、二维或三维的索引空间。还需要指定全局工作线程的数目和线程块中工作线程的数目。MXMACA 线程管理示意图如图 3-6 所示，以图中的线程网格为例，全局工作线程网格两个维度的线程范围为 $\{m \times j, n \times k\}$，线程块的线程范围为 $\{j, k\}$，总共有 $j \times k$ 个线程块。如果线程块的 GPU 线程范围为 $\{j, 2k\}$，则该核函数的线程网格的范围就变为 $\{m \times j, (n/2) \times (2k)\}$。其中，$m$、$n$、$j$ 和 k 是根据应用程序设计的需要进行定义的变量。定义线程块主要是为有些仅需在线程块内交换数据的程序提供方便，不过线程块内的线程数的多少要受到 AP 的资源限制。

由一个核函数启动所产生的所有线程统称为一个线程网格，同一线程网格的所有线程共享相同的全局内存空间。一个线程网格有多个线程块，一个线程块包含一组线程，同一线程块内的线程可以通过同步、共享内存的方式进行协作，不同线程块之间的线程不能协作。线程依靠以下两个坐标变量来区分彼此。

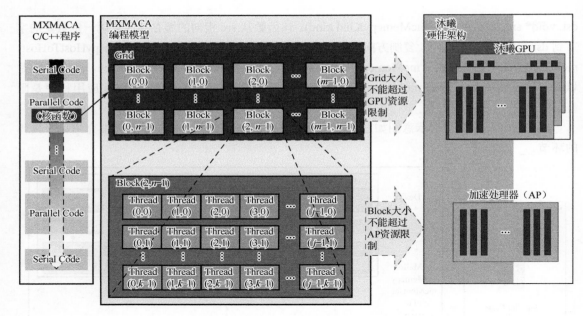

图 3-6　MXMACA 线程管理示意图

● blockIdx：线程块在线程网格内的索引。
● threadIdx：线程在线程块内的索引。

这两个坐标变量是基于 unit3 定义的 MXMACA 内置向量类型，是包含 3 个无符号整数的结构，可通过 x、y、z 三个字段指定。这些是核函数中需要预初始化的内置变量。当执行一个核函数时，MXMACA 会为每个线程分配坐标变量 blockIdx 和 threadIdx。基于这些坐标变量，程序员可以将不同的数据分配给不同的线程。

MXMACA 可以组织三维的线程网格和线程块，它们的维度由以下两个内置变量来指定。
● blockDim：线程块的维度，用每个线程块中的线程数来表示。
● gridDim：线程网格的维度，用每个线程网格中的线程块数来表示。

它们是 dim3 类型的变量，也是整型向量，用来表示维度。当定义一个 dim3 类型变量时，所有未指定的元素都被初始化为 1，dim3 类型的每个元素也可以通过其 x、y、z 字段来获得。

图 3-7 是线程网格、线程块、线程示意图。图中，1 个线程网格包含 27 个线程块（深灰色的格子），每个线程块又包含 64 个线程（浅灰色的格子），线程是最小的单位。

以图 3-7 为例，把线程网格和线程块都看作一个三维的矩阵。这里假设线程网格是一个 3×3×3 的三维矩阵，线程块是一个 4×4×4 的三维矩阵。举例说明各个变量的用法。

● gridDim：gridDim.x、gridDim.y、gridDim.z 分别表示线程网格各个维度的大小，那么

```
gridDim.x=3    gridDim.y=3    gridDim.z=3
```

● blockDim：blockDim.x、blockDim.y、blockDim.z 分别表示线程块中各个维度的大小，那么

```
blockDim.x=4    blockDim.y=4    blockDim.z=4
```

● blockIdx：blockIdx.x、blockIdx.y、blockIdx.z 分别表示当前线程块所处的线程网格的坐标位置。

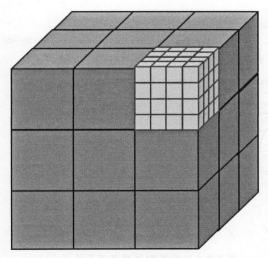

图 3-7　MXMACA 编程中的线程网格、线程块、线程示意图

- threadIdx：threadIdx.x、threadIdx.y、threadIdx.z 分别表示当前线程所处的线程块的坐标位置。

因此，在 MXMACA 中有以下两组不同的线程网格和线程块变量。

- 手动定义的 dim3 数据类型：在主机端使用，作为核函数调用的一部分，定义一个线程网格和数据块的维度，仅在主机端可见。
- 预定义的 unit3 数据类型：在运行核函数时生成的线程网格、线程块和线程变量，可在核函数内被访问到，仅在设备端可见。

对于给定的数据大小，确定线程网格和线程块尺寸的一般步骤为：（1）确定线程块大小；（2）在已知数据大小和线程块大小的基础上计算线程网格的维度。

要确定线程块的大小，通常需要考虑核函数性能特征和 GPU 资源限制等因素。MXMACA 的特点之一就是通过编程模型揭示了一个两层的线程层次结构。由于一个核函数启动的线程网格和线程块的维度数会影响性能，这一结构为程序员优化性能提供了额外的途径。线程网格和线程块从逻辑上代表了一个核函数的线程层次结构。

第 5 章会结合示例对线程管理进行更详尽的介绍。

3.5　核函数

MXMACA 核函数调用是对 C 语言函数调用语句的延伸，<<<>>>运算符内是核函数的执行配置。

```
kernel_name <<<grid, block>>>(argument_list);
```

第 3.4 节介绍了 MXMACA 编程的线程层次结构，通过核函数执行配置可以指定线程在 GPU 上调度运行的方式。执行配置的值包含：第一个值是线程网格维度，即启动线程块的数目；第二个值是线程块的维度，即每个线程块的线程数量。通过指定线程网格和线程块的大小，可以配置核函数中线程的使用数量和线程的使用布局。

同一个线程块内的线程之间可以相互协作，不同线程块内的线程不能协作。对于一个给定的问题，可以使用不同的线程网格和线程块来组织线程。假设有 32 个数据元素，每线程块若设置为 8 个元素，则需要启动 4 个线程块。

```
kernel_name <<<4, 8>>>(argument_list);
```

二维线程网格的线程布局示例如图 3-8 所示。

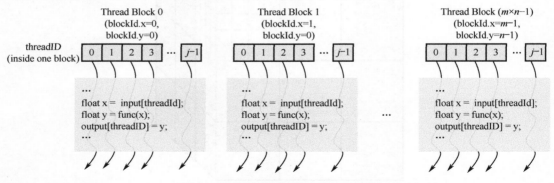

图 3-8　二维线程网格的线程布局示例

二维线程网格可以使用变量（blockIdx.x,blockIdx.y）来描述，二维线程块可以使用变量（threadIdx.x,threadIdx.y）来描述。由于数据在全局内存中是线性存储的，借助这些变量可以进行以下操作。

● 在线程网格中标识一个唯一的线程，一个 GPU 线程一般通过 GPU 的一个核函数进行处理。

● 建立线程块和数据元素之间的映射关系。各个线程块是并行执行的，线程块之间无法通信，也没有执行顺序。

以图 3-7 为例，该线程网格总的线程数量 N 可通过式（3-1）计算。

$$N = \text{gridDim.x} \times \text{gridDim.y} \times \text{gridDim.z} \times \text{blockDim.x} \times \text{blockDim.y} \times \text{blockDim.z} \qquad (3\text{-}1)$$

同时，通过 blockIdx.x、blockIdx.y、blockIdx.z、threadIdx.x、threadIdx.y、threadIdx.z 就可以完全定位一个线程的坐标位置。例如，将所有的线程排成一个序列，序列号为 $0,1,2,\cdots,N-1$，可以按以下步骤找到当前的线程序列号 Idx。

（1）按式（3-2）找到当前线程位于线程网格中的哪一个线程块（blockId）。

$$\text{blockId} = \text{blockIdx.x} + \text{blockIdx.y} \times \text{gridDim.x} + \text{blockIdx.z} \times \text{gridDim.x} \times \text{gridDim.y} \qquad (3\text{-}2)$$

（2）再按式（3-3）找到当前线程位于线程块中的哪一个线程（threadId）。

$$\text{threadId} = \text{threadIdx.x} + \text{threadIdx.y} \times \text{blockDim.x} + \text{threadIdx.z} \times \text{blockDim.x} \times \text{blockDim.y} \qquad (3\text{-}3)$$

（3）按式（3-4）计算一个线程块中共有多少个线程（M）。

$$M = \text{blockDim.x} \times \text{blockDim.y} \times \text{blockDim.z} \qquad (3\text{-}4)$$

（4）按式（3-5）求出当前的线程序列号 Idx。

$$\text{Idx} = \text{threadId} + M \times \text{blockId} \qquad (3\text{-}5)$$

核函数调用和主机端线程是异步的，当核函数调用结束后，控制权立刻返回给主机端。可以使用下面的函数来强制主机端程序等待所有的核函数执行结束。

```
mcError_t mcDeviceSynchronize();
```

核函数是在设备端执行的代码，它负责定义与 GPU 线程的计算和管理相关的数据访问。当核函数被调用时，许多不同的 GPU 线程将会并行执行同一计算任务，其声明方式如下。

```
__global__ void kernel_name(arguement_list);
```

其中，__global__是一种函数类型限定符，函数类型限定符指定一个函数是在主机端执行还是在设备端执行，以及是可被主机端调用还是可被设备端调用。表 3-2 总结了 MXMACA C/C++语言中不同的函数类型限定符，限定符__device__和__host__可以一起使用，这样，函数可以同时在主机端和设备端进行编译。

表 3-2　MXMACA C/C++语言中不同的函数类型限定符

限定符（Qualifier）	执行位置（Execution）	调用位置（Callable）	注　　释
__global__	设备	主机和设备上均调用	必须具有 void 返回类型
__device__	设备	只能设备上调用	-
__host__	主机	只能主机上调用	可以省略

核函数通常有以下几个限制：（1）在常规的内存管理方式中只能访问设备内存，访问主机内存需要特殊的内存管理操作（详见第 6.3 节）；（2）必须有 void 返回类型；（3）不支持可变数量的参数；（4）不支持静态变量；（5）显示为异步行为。

3.6　向量加法示例

第 2.3 节演示了如何让标准 C 函数在设备端运行。通过将限定符__global__添加到函数并调用它使用特殊的尖括号语法，我们在 GPU 上执行了该函数。不过，这是一个启动在 GPU 上串行运行的核函数，这个核函数非常简单且效率很低。

前面说过，GPU 最适合重复性和高度并行的计算任务。在本节中，我们将以向量加法为例讲解如何启动一个并行设备的核函数，以提升程序的效率。向量加法就是两个长度为 N 的向量相加，如图 3-9 所示，Vector A 中的每个元素和 Vector B 中对应位置的元素相加，其结果保存为 Vector C 中对应位置的元素。

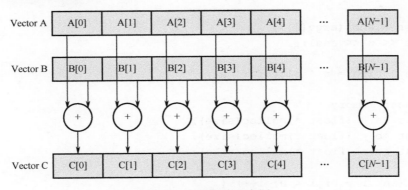

图 3-9　向量加法示意图

3.6.1　用传统的 CPU 编程完成向量相加

用传统的 CPU 编程完成向量相加的逻辑如图 3-10 所示。

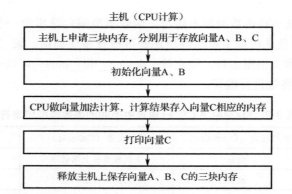

主机（CPU计算）

主机上申请三块内存，分别用于存放向量A、B、C

初始化向量A、B

CPU做向量加法计算，计算结果存入向量C相应的内存

打印向量C

释放主机上保存向量A、B、C的三块内存

图 3-10 用传统的 CPU 编程完成向量相加的逻辑

完整的向量相加纯 CPU 编程代码见示例代码 3-1。

示例代码 3-1 完整的向量相加纯 CPU 编程代码

```cpp
#include <iostream>
#include <cstdlib>
#include <sys/time.h>

using namespace std;

void cpuVectorAdd(float* A, float* B, float* C, int n) {
    for (int i = 0; i < n; i++) {
        C[i] = A[i] + B[i];
    }
}

int main(int argc, char *argv[]) {

    int n = atoi(argv[1]);
    cout << n << endl;

    size_t size = n * sizeof(float);

    // host memory
    float *a = (float *)malloc(size);
    float *b = (float *)malloc(size);
    float *c = (float *)malloc(size);

    for (int i = 0; i < n; i++) {
        float af = rand() / double(RAND_MAX);
        float bf = rand() / double(RAND_MAX);
        a[i] = af;
        b[i] = bf;
    }

    struct timeval t1, t2;

    gettimeofday(&t1, NULL);
```

```
    cpuVectorAdd(a, b, c, n);

    gettimeofday(&t2, NULL);

    //for (int i = 0; i < 10; i++)
    //   cout << vecA[i] << " " << vecB[i] << " " << vecC[i] << endl;
    double timeuse = (t2.tv_sec - t1.tv_sec) + (double)(t2.tv_usec -
t1.tv_usec)/1000000.0;
    cout << timeuse << endl;

    free(a);
    free(b);
    free(c);
    return 0;
}
```

注：

● float *a = (float *)malloc(size)表示分配一段内存，并使用指针 a 指向它。

● for 循环产生一些随机数，并放在分配的内存里。

● cpuVectorAdd(float* A, float* B, float* C, int n)表示要输入指向 3 段内存的指针名，也就是 a、b、c。

● 函数 gettimeofday 用于得到精确时间，其精度可以达到微秒级，是 C 标准库的函数。

● 最后用函数 free 把申请的 3 段内存释放掉。

将上面的完整代码保存到 cpuVectorAdd.cpp，然后用 g++编译。

```
g++ -O3 cpuVectorAdd.cpp -o cpuVectorAdd
```

3.6.2　用 MXMACA 异构编程完成向量相加

用 MXMACA 异构编程完成向量相加的逻辑如图 3-11 所示，这也是典型的 MXMACA 程序。该程序通常包括以下几个步骤。

（1）分配主机端的系统内存，并进行数据初始化。

（2）从主机端申请设备端全局内存（通常也叫显存），把要复制的内容从主机端内存复制到申请的设备端全局内存里。

（3）设备端的核函数对复制的内容进行计算，得到运算结果。

（4）把运算结果从设备端全局内存复制到申请的主机端内存里，并释放设备端的显存和主机端的系统内存。

（5）释放设备端分配的显存和主机端上分配的系统内存。

上述程序逻辑中最重要的一步是调用设备端的核函数来执行并行计算。核函数是在 GPU 线程中并行执行的函数，用__global__来声明，在调用时需要用<<<grid, block>>>来指定核函数要执行的线程数量。在 MXMACA 编程中，每个 GPU 线程都要执行核函数，并且每个线程会分配唯一的线程号（Thread ID），这个线程号可以通过核函数的内置变量 threadIdx 来获得。

下面，我们进行进一步细化这些内容。

● 设备端代码：读写线程寄存器；读写线程网格中全局内存；读写线程块中共享内存。

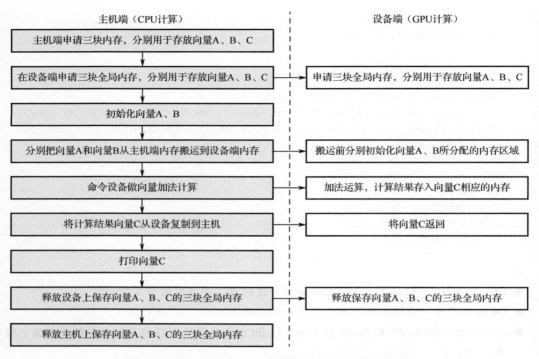

图 3-11　用 MXMACA 异构编程完成向量相加的逻辑

- 主机端代码：显存、内存的申请（内存是插在主板内存插槽上的内存条，而显存是独立显卡上封装在 GPU 中的 HBM）；线程网格中全局内存的复制转移（显存、内存相互复制）；内存、显存的释放。
- 申请显存的函数 mcMalloc：在主机端完成显存的申请，得到相应的指针。
- 内存和显存之间相互复制的函数 mcMemcpy：其参数包括终点的指针、起点的指针、复制的大小和模式（主机端到设备端、设备端到主机端、设备端之间的复制）。
- 释放显存的函数 mcFree：释放指向显存的指针。

完整的向量相加 MXMACA 异构程序代码见示例代码 3-2。

示例代码 3-2　完整的向量相加 MXMACA 异构程序代码

```cpp
#include <iostream>
#include <cstdlib>
#include <sys/time.h>
#include <mc_runtime_api.h>

using namespace std;

__global__ void gpuVectorAddKernel(float* A_d,float* B_d,float* C_d,int N)
{
    int i = threadIdx.x + blockDim.x * blockIdx.x;
    if (i < N) C_d[i] = A_d[i] + B_d[i];
}

int main(int argc, char *argv[]) {
```

```
int n = atoi(argv[1]);
cout << n << endl;

size_t size = n * sizeof(float);

// host memory
float *a = (float *)malloc(size);
float *b = (float *)malloc(size);
float *c = (float *)malloc(size);

for (int i = 0; i < n; i++) {
    float af = rand() / double(RAND_MAX);
    float bf = rand() / double(RAND_MAX);
    a[i] = af;
    b[i] = bf;
}

float *da = NULL;
float *db = NULL;
float *dc = NULL;

mcMalloc((void **)&da, size);
mcMalloc((void **)&db, size);
mcMalloc((void **)&dc, size);

mcMemcpy(da,a,size,mcMemcpyHostToDevice);
mcMemcpy(db,b,size,mcMemcpyHostToDevice);

struct timeval t1, t2;

int threadPerBlock = 256;
int blockPerGrid = (n + threadPerBlock - 1)/threadPerBlock;
printf("threadPerBlock: %d \nblockPerGrid: %d\n",
                        threadPerBlock,blockPerGrid);

gettimeofday(&t1, NULL);

gpuVectorAddKernel<<< blockPerGrid, threadPerBlock >>> (da, db, dc, n);

gettimeofday(&t2, NULL);

mcMemcpy(c,dc,size,mcMemcpyDeviceToHost);

// for (int i = 0; i < 10; i++)
//     cout<<vecA[i]<<" "<<vecB[i]<<" "<<vecC[i]<< endl;

double timeuse = (t2.tv_sec - t1.tv_sec) +
                 (double)(t2.tv_usec - t1.tv_usec)/1000000.0;
cout << timeuse << endl;
```

```
        mcFree(da);
        mcFree(db);
        mcFree(dc);

        free(a);
        free(b);
        free(c);
        return 0;
}
```

注:

● 首先要用__global__来进行修饰。

● gpuVectorAddKernel(float* A_d,float* B_d,float* C_d,int n)用于输入指向 3 段显存的指针名，也就是 A_d、B_d、C_d。

● float*da =NULL; 用于定义空指针。

● mcMalloc((void**)&da, size);用于申请显存，da 指向申请的显存，注意 mcmalloc 函数传入指针的指针（指向申请得到的显存的指针）。

● mcMemcpy(da,a,size,mcMemcpyHostToDevice)用于把内存的内容复制到显存，也就是把 a、b、c 里的内容复制到 d_a、d_b、d_c 中。

● int threadPerBlock =256; int blockPerGrid =(n + threadPerBlock -1)/threadPerBlock;用于计算线程块和线程网格的数量。

● vecAddKernel <<< blockPerGrid, threadPerBlock >>> (da, db, dc, n);用来调用核函数。

● 函数 gettimeofday 用于得到精确的时间，其精度可以达到微秒级，是 C 标准库的函数。

● 最后的 free 函数用于把申请的 3 段内存释放掉。

将代码保存到文件 gpuVectorAdd.cpp，然后用 mxcc 编译它。

```
mxcc -x maca gpuVectorAdd.cpp -o gpuVectorAdd
```

3.6.3 向量加法实测结果比较

编译得到可执行文件 cpuVectorAdd.cpp 和 gpuVectorAdd.cpp 之后，我们可以执行程序并比较在以下两种情形下的运行时间（注意要在 Linux 系统下运行）。

（1）GPU 可以加速。在 CPU 上，执行程序 10^9 次需要运行约 1.03 秒。

```
./cpuVectorAdd.cpp 1000000000
1000000000
1.02689
```

在 GPU 上，执行程序 10^9 次只需要运行约 3×10^{-3} 秒。

```
./gpuVectorAdd.cpp 1000000000
1000000000
threadPerBlock: 256
blockPerGrid: 3906250
0.003072
```

经测试验证，对于计算简单且并行度高的计算，GPU 可以大幅提速。

（2）GPU 不能加速。在 CPU 上，执行程序 10^4 次需要运行 1.2×10^{-5} 秒。

```
./cpuVectorAdd.cpp 10000
10000
```

```
1.2e-05
```
在 GPU 上，执行程序 10^4 次却需要运行 $1.36×10^{-4}$ 秒。
```
./gpuVectorAdd.cpp 10000
10000
threadPerBlock: 256
blockPerGrid: 40
0.000136
```
经测试验证，对于少量计算，GPU 的效率反倒不如 CPU。

3.6.4 习题和思考

（1）在 gpuVectorAdd.cpp 中固定输入 n 的值为 2048，将 threadPerBlock 的值分别修改为 1/16/32/64/128/256/512，然后编译并运行，看看结果有哪些变化。如果 threadPerBlock=1024，编译并运行会有什么现象？

（2）在第 3.4 节中，已经有了可以并行的线程块，为什么还要使用并行线程？并行线程相对于并行的线程块，有哪些不一样的地方？在 gpuVectorAdd.cpp 中固定输入 n 的值为 256，分别修改 threadPerBlock 的值为 1 和 256，然后编译并运行，看看结果有什么不同。

（3）在第 3.6.3 节中，对于少量计算，为什么 GPU 的效率不如 CPU？

（4）请编写一个矩阵乘法程序。

第 4 章 MXMACA 编程 API

本章内容
- 基本语法
- 数据类型
- MXMACA C++语言扩展集

本章介绍 MXMACA 编程 API，它是 MXMACA 程序员与沐曦 MXMACA 进行对话的"书面语言"。MXMACA 编程 API 为熟悉 C/C++编程语言的程序员提供了一种简单的途径，让其可以轻松地在 MXMACA 上编写由设备执行的程序。

MXMACA 是个规模非常庞大的软件计算平台，我们需要把 MXMACA 内部复杂系统的职责进行合理划分，为 MXMACA 程序员提供规范化的编程 API，以降低系统各部分之间的相互依赖程度，提高各组成单元的内聚性，降低各组成单元之间的耦合程度，从而提高 MXMACA 应用程序的可维护性和可扩展性。

MXMACA 编程 API 由 MXMACA C/C++语法、MXMACA C/C++数据类型、MXMACA C++语言扩展集以及 MXMACA 动态运行库提供的各种功能丰富的 API 组成。MXMACA 编程 API 引入了 C++语言扩展集，允许程序员将核函数定义为 C++函数，并在每次调用核函数时使用一些新语法来指定线程网格和线程块的维度。所有语言扩展集的完整描述可以在第 4.3 节 MXMACA C++语言扩展集中找到。任何包含这些扩展集的源文件都必须使用 mxcc 进行编译，如何使用 mxcc 进行编译在第 7.1 节中有详细的介绍。

MXMACA 动态运行库提供了在主机上执行的 C 和 C++函数。MXMACA 动态运行库分为以下两种。

- MXMACA 运行时库：被用于分配和释放设备内存、在主机内存和设备内存之间传输数据、管理具有多个设备的系统等。此外，MXMACA 动态运行库还通过公开诸如 MXMACA 上下文（类似于设备的主机进程）和 MXMACA 模块（类似于设备的动态加载库）等较低级别的 API 来提供额外的控制级别。不过，大多数 MXMACA 应用程序不需要使用这部分 API，因为它们不需要这种额外的控制级别，并且在使用动态运行库时，上下文和模块管理是隐式的，从而产生更简洁的代码。关于 MXMACA 运行时库的完整描述，本书后续的许多章节（如第 4.3 节、第 5 章、第 6 章、第 8 章等）将结合相应的编程内容进行讲解。
- MXMACA 人工智能和计算加速库：主要面向机器学习、科学计算、大数据分析等专业应用领域，其完整描述可以在第 10 章中找到。

本章主要介绍编程 API 中的 MXMACA C/C++语法、MXMACA C/C++语言数据类型和 MXMACA C++语言扩展集，后续章节也会广泛使用这些基础 API 和内容。

4.1 基本语法

如第 3 章所述，MXMACA 程序由主机端代码和设备端代码共同组成。MXMACA C++语言提供了用于区分主机端和设备端代码的扩展语法。MXMACA C++语法主要是设备端代码遵循的语法规则，属于 C++语言的扩展，支持 C++ 11、C++ 14 的全部特性及 C++ 17 的部分特性。

首先，MXMACA C++语言引入了以下两组关于函数和变量的特殊限定符。

- __global__、__device__、__host__ 这 3 个修饰函数的函数执行空间限定符：__global__ 修饰的函数也被称为核函数，是执行设备端代码的入口函数，可在主机端调用，返回类型固定为 void；__device__ 修饰的函数只能在设备端被调用，其被称为设备端函数，只能被核函数或其他设备端函数调用；__host__ 主要用于修饰主机端函数，可省略，其主要作用是和__device__ 配合使用，表示被修饰函数既能在主机端调用也能在设备端调用。

- __device__、__shared__、__constant__、__managed__这 4 个修饰变量的变量存储空间限定符：均用于修饰能在设备端访问的变量，其中，__device__ 修饰的变量的存储位置为设备端的全局内存，__shared__ 修饰的变量的存储位置为设备端的同一线程块中的共享内存，__constant__ 修饰的变量的存储位置为设备端的全局只读内存，__managed__ 修饰的变量则能同时被设备端和主机端读写。

其次，MXMACA C++语言引入了新的符号<<<...>>>。其介于调用核函数时的函数名和参数列表之间，用于设置在主机端启动核函数时的配置。其接收 4 个参数：Dg，dim3 类型，指定线程网格大小；Db，dim3 类型，指定线程块大小；Ns，整型，指定动态共享内存大小，单位为字节，默认为 0；S，mcStream_t 类型，指定绑定的流，默认为 0。

最后，对基于 GPU 物理架构的线程模型和内存模型的设备端编程，除了支持 C++语法，MXMACA C++语言提供了的独有的内建变量和函数。比如，程序员可以借助 gridDim、blockDim、blockIdx、threadIdx 等内建变量区分当前核函数的执行线程，可以利用__syncthreads 函数对一个线程块中的执行进行同步。

MXMACA 基本语法示例见示例代码 4-1，其包括统计字符 x、y、z、w 出现的次数，新增限定符的使用，设备端代码支持模板和匿名函数，基于范围的循环等 C++语言特性的支持。

示例代码 4-1　MXMACA 基本语法示例

```
#include "mc_runtime_api.h"
// 字符串长度
#define SIZE 1000
// 定义设备端的字符串变量
__device__ char dstrlist[SIZE];
// 待统计的字符，__managed__ 修饰的变量可同时被设备端和主机端访问
__managed__ char letters[] = {'x', 'y', 'z', 'w'};
// 演示__constant__ 的用法，定义设备端的字符串长度
__constant__ int dsize = SIZE;
// 使用__host__、__device__ 修饰可同时被主机端和设备端调用的函数
template<typename T, typename P>
__device__ __host__ void count_if(int *count,
T *data, int start, int end, int stride, P p) {
    for(int i = start; i < end; i += stride){
        if(p(data[i])){
    // __MACA_ARCH__ 宏仅在编译设备端代码时生效
  #ifdef __MACA_ARCH__
    // 使用原子操作保证设备端多线程执行时的正确性
    atomicAdd(count, 1);
```

```
    #else
        *count += 1;
    #endif
    }
  }
}
// 定义核函数
__global__ void count_xyzw(int *res) {
    // 利用内建变量gridDim、blockDim、blockIdx、threadIdx对每个线程操作的字符串进
行分割
    const int start = blockDim.x * blockIdx.x + threadIdx.x;
    const int stride = gridDim.x * blockDim.x;
    // 在设备端调用count_if
    count_if(res, dstrlist, start, dsize, stride, [=](char c){
        for(auto i: letters)
            if(i == c) return true;
        return false;
    });
}

int main(void){
    // 初始化字符串
    char test_data[SIZE];
    for(int i = 0; i < SIZE; i ++){
        test_data[i] = 'a' + i % 26;
    }
    // 复制字符串数据至设备端
    mcMemcpyToSymbol(dstrllist, test_data, SIZE);
    // 开辟设备端的计数器内存并赋值为0
    int *dcnt;
    mcMalloc(&dcnt, sizeof(int));
    int dinit = 0;
    mcMemcpy(dcnt, &dinit, sizeof(int), mcMemcpyHostToDevice);
    // 启动核函数
    count_xyzw<<<4, 64>>>(dcnt);
    // 复制计数器值到主机端
    int dres;
    mcMemcpy(&dres, dcnt, sizeof(int), mcMemcpyDeviceToHost);
    // 释放设备端开辟的内存
    mcFree(dcnt);
    printf("xyzw counted by device: %d\n", dres);

    // 在主机端调用count_if
    int hcnt = 0;
    count_if(&hcnt, test_data, 0, SIZE, 1, [=](char c){
        for(auto i: letters)
            if(i == c) return true;
        return false;
    });
    printf("xyzw counted by host: %d\n", hcnt);
    return 0;
}
```

4.2 数据类型

MXMACA C++语言支持所有的 C++类型，包括以下几种类型：基础类型（空类型、布尔型、字符型、整型、浮点型）、指针类型、数组类型、枚举类型、联合体类型、结构体类型、类类型、函数类型。另外，针对浮点型，MXMACA C++语言新增了 IEEE 754 标准规定的半精度类型 half、half2，和为深度学习提供的 bfloat16、bfloat162 类型。

4.2.1 C++语言基础类型

C++语言为程序员提供了种类丰富的内置数据类型和用户自定义的数据类型，其中最主要的是七种 C++语言的基本数据类型，见表 4-1。

表 4-1 C++语言的基本数据类型

类 型	限 定 符
布尔型	bool
字符型	char
整型	int
浮点型	float
双浮点型	double
空类型	void
宽字符型	wchar_t

一些基本的数据类型（如 signed、unsigned、short、long）可以使用一个或多个类型的限定符来进行修饰。每个基本的数据类型都有相应的对齐要求，见表 4-2。

表 4-2 基本数据类型及对齐要求

类 型	对齐要求（单位：字节）
char	1
signed char	1
unsigned char	1
short (int)	2
signed short (int)	2
unsigned short (int)	2
int	4
signed int	4
unsigned int	4
long (int)	当 sizeof(int)=sizeof(long)时为 4,否则为 8
signed long (int)	当 sizeof(int)=sizeof(long)时为 4,否则为 8
unsigned long (int)	当 sizeof(int)=sizeof(long)时为 4,否则为 8
long long (int)	8

类　型	对齐要求（单位：字节）
signed long long (int)	8
unsigned long long (int)	8
float	4
double	8

4.2.2　half 类型

half 类型是一种遵循 IEEE 754 标准的新的 16 位浮点格式。其中，16 位 half 格式被称为 binary16，指数位为 5 位，其可以表示的值的范围为–65504～65504，大于 1 的最小值为 1+1/1024。

IEEE 754 标准规定了 binary16 的格式规范（见图 4-1）。

● 符号位（Sign Bit）：1 比特。

● 指数位宽（Exponent Width）：5 比特。

● 尾数精度（Significand Precision）：11 比特（有 10 比特被显式存储）。

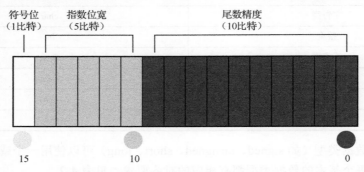

图 4-1　半精度格式示意图

根据 IEEE 754 标准，当指数位不全为 0 时，即假定隐藏的起始位为 1。于是，尾数显示为 10 比特，但总精度为 11 比特。

half2 类型是 half 类型的向量形式。half2 类型由 2 个 half 类型构成，每个 half 类型实例占用 16 比特内存空间，故 half2 类型实例共占用 32 比特内存空间。

4.2.3　bfloat 类型

bfloat16 类型是一种半精度的浮点数格式，可以通过截断 float 的后 16 比特得到。从编码角度来说，除了尾数比 float 少 16 比特，bfloat16 和 float 并无差别，可以被视为用精度换内存的 float。

bfloat16 类型的内存结构如图 4-2 所示。

● 符号位（Sign Bit）：1 比特。

● 指数位宽（Exponent Width）：8 比特。

● 尾数精度（Significand Precision）：8 比特（有 7 比特被显式存储）。

在 MXMACA 中，bfloat16 类型的实现名称为 maca_bfloat16，可在包含头文件 maca_bfloat16.h 的 CPP 项目中使用。

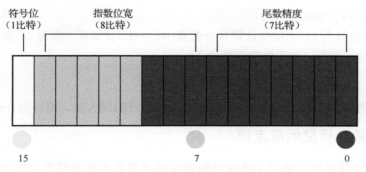

图 4-2 bfloat16 格式示意图

图上标注：符号位（1比特） 指数位宽（8比特） 尾数精度（7比特） 15 7 0

bfloat162 是 bfloat16 的向量形式。bfloat162 类型由 2 个 bfloat16 类型构成，每个 bfloat16 类型实例占用 16 比特内存空间，故 bfloat162 类型实例共占用 32 比特内存空间。

4.3 MXMACA C++语言扩展集

4.3.1 扩展的 Token

调用任意由限定符 __global__ 声明的函数时，需要指定一个执行配置（Execution Configuration）。该执行配置指定了与设备端执行函数相关的线程网格和线程块等配置信息。

通过在函数名和参数列表之间插入<<<Dg,Db,Ns,S>>>形式的表达式来指定执行配置（<<< 和>>>是一个整体，中间不能有空格）。

● 参数 Dg 的类型为 dim3，其指定了线程网格中三个维度的值。这三个维度的乘积 Dg.x×Dg.y×Dg.z 表示每个线程网格中线程块的个数。

● 参数 Db 的类型为 dim3，其指定了线程块中三个维度的值。这三个维度的乘积 Db.x×Db.y×Db.z 表示每个线程块中线程的个数。

● 参数 Ns 的类型为 size_t，其指定了本次调用中每个线程块在共享内存中动态分配的字节数量。例如，Ns 为 1024 表示每个线程块在共享内存中动态分配了 1024 字节，Ns 分配的内存是共享内存中除静态分配的内存之外的内存。该内存可被 external array 声明的 shared 数组使用。参数 Ns 是可选的，如果不声明 Ns 的值，则 Ns 默认为 0。

● 参数 S 的类型为 mcStream_t，其指定了相关的流（参考第 5.3 节）。S 是可选参数，其默认值为 0。

当声明了一个 __global__ 函数 __global__ void kernel(int* arg)，则可以使用如下方式调用。

```
int main() {
    // call the __global__ function:
    kernel<<<Dg, Db, Ns>>>(arg);
}
```

这里省略了参数 S 的值，将其设置为默认值 0。同理，可以省略参数 Ns 的值，如果省略，则 Ns 为 0，例如

```
kernel<<<Dg, Db>>>(arg);
```

执行配置的参数会在函数的参数计算之前完成计算，例如

```
int i = 1, j = 1;
kernel1<<<++i, Db>>>(i);
```

```
kernel2<<<j++, Db>>>(j);
```

其中，i 的初始值为 1，会优先计算执行配置中的 ++i，计算后 i 值为 2，函数参数值也为 2。变量 j 亦同样处理。因此，上面的调用等价于

```
kernel1<<<2, Db>>>(2);
kernel2<<<1, Db>>>(2);
```

如果执行配置中的参数 Dg、Db 或 Ns 超出设备允许的最大值，则调用失败。

4.3.2　函数执行空间限定符

函数执行空间限定符主要用于区分当前定义或声明的函数需要在主机上还是在设备上运行，进而约束了该函数可以被主机端或者设备端的其他函数调用。以下分别介绍 __global__、__device__、__host__ 等函数执行空间限定符。

（1）用函数执行空间限定符 __global__ 修饰的函数一般称为核函数，其特性如下：该函数的函数体实际运行在设备端；该函数可以被主机端的函数调用；该函数可以被设备端的函数调用。核函数的返回类型必须为 void，且不能成为类（Class）的成员函数。对核函数的调用必须指定其执行配置（参考第 4.3.1 节），且核函数是异步调用的，其返回可能先于函数体运行完成。

（2）用函数执行空间限定符 __device__ 修饰的函数一般称为设备端函数。设备端函数有如下特性：该函数的函数体实际运行在设备端；该函数可以被设备端的函数调用。需要注意的是，__global__ 和 __device__ 不能同时修饰同一个函数。

（3）用函数执行空间限定符 __host__ 修饰的函数一般被称为主机端函数，其特性如下：该函数的函数体实际运行在主机端；该函数可以被主机端的函数调用。如果一个函数没有任何函数执行空间限定符进行修饰，则默认该函数为主机端函数。例如系统声明或用户声明的一些函数

```
extern void free(void *__ptr) __THROW;
extern int printf(const char *__restrict __format, …);
…
extern any_type user_defined_function(any_arguments);
```

这些函数没有任何的函数执行空间限定符，因此，这些函数均被视为主机端函数。

需要注意的是，__global__ 和 __host__ 不能同时修饰同一个函数，__host__ 和 __device__ 可以同时修饰同一个函数（这表示该函数既可以运行在主机端也可以运行在设备端）。

使用宏 __MACA_ARCH__ 可以区分主机端和设备端不同的代码路径，例如

```
__host__ __device__ void foo() {
  #ifdef __MACA_ARCH__
  // 设备端运行代码
  #else
  // 主机端运行代码
  #endif
  // 主机端和设备端可复用代码
}
```

如果代码中产生了"跨执行空间"的调用行为，则其结果是未定义的。

```
extern __device__ void device_function();
__host__ void host_function() {
  device_function(); // error: host cannot call device function
}
__global__ void kernel() {
  // call host function
```

```
    host_function(); // error: global cannot call host function
}
__device__ void device_function() {
    host_function(); // error: device cannot call host function
}
__host__ __device__ void host_device_function() {
    host_function(); // error: host device cannot call host function
}
```

4.3.3　变量存储空间限定符

变量存储空间限定符用于描述变量在设备上的内存位置，以下分别介绍__device__、__constant__、__shared__、__managed__等变量存储空间限定符。

（1）变量存储空间限定符__device__用于修饰需要存储在设备端内存中的变量。使用__device__修饰的变量具有如下特性：该变量存储于全局内存空间；其生命周期持续到创建该变量的上下文被销毁为止；每个设备都有一个不重复的对象；可以被单个线程网格中的所有线程访问，也可以通过运行时库函数（如 mcGetSymbolAddress、mcGetSymbolSize、mcMemcpyToSymbol 等）访问。

（2）变量存储空间限定符__constant__用于修饰需要存储在设备端内存中的变量，且该变量一旦定义就不能被修改。使用__constant__修饰的变量具有如下特性：该变量存储在 constant 内存空间中；其生命周期持续到创建该变量的上下文被销毁为止；每个设备都有一个不重复的对象；可以被单个线程网格中的所有线程访问，也可以通过运行时库函数（如 mcGetSymbolAddress、mcGetSymbolSize、mcMemcpyToSymbol 等）访问。

（3）变量存储空间限定符__shared__用于修饰需要存储在片上共享内存中的变量。使用__shared__修饰的变量具有如下特性：该变量存储在线程块所分配到的共享内存空间中；该变量的生命周期持续到该线程块任务执行结束为止；每个线程块都拥有一个不同的 shared 对象；该变量只能被所在的线程块中的线程访问；该变量没有固定的地址。

声明一个共享内存数组可用如下代码。

```
extern __shared__ float shared[];
```

该数组的大小受执行配置（默认为 0）控制。以该方式声明的数组，在共享内存中有相同的起始地址，且数组中的元素需要根据偏移量进行访问。

在共享内存中，若想达到下述数组初始化的效果

```
short array0[128];
float array1[64];
int   array2[256];
```

可以按照下述方式对数组进行声明和初始化。

```
extern __shared__ float array[];
__device__ void foo() // device or global function
{
    short* array0 = (short*)array;
    float* array1 = (float*)&array0[128];
    int*   array2 =   (int*)&array1[64];
}
```

需要注意的是，指针需要根据它所指向的类型对齐，因此，下述代码将无法正常工作。

```
extern __shared__ float array[];
__device__ void foo() // device_or global function
{
    short* array0 = (short*)array;
    float* array1 = (float*)&array0[127];
}
```

上述代码中，array1 没有 4 字节对齐。内置向量类型的对齐要求可参见第 4.2.1 节。

（4）变量存储空间限定符__managed__用于修饰主机端和设备端均可访问和修改的变量。使用__managed__修饰的变量具有如下特性：可以同时被设备端和主机端的代码引用，它的地址可以从设备端或者主机端函数获取，也可以从设备端或主机端函数中直接读取或写入；该变量拥有与当前应用程序相同的生命周期。

4.3.4 内置向量类型

MXMACA 提供了丰富的内置向量类型（见表 4-3），包括不同的维度和不同的数据类型，其在主机端和设备端均可使用。可以用构造函数 make_<type>构建一个数组，使用 x、y、z 访问不同的分量。

```
uint3 data1 = make_uint3(1, 2, 3);
uint3 data2 = make_uint3(2, 2, 2);
data1 += data2;
printf("data1.x = %d\n", data1.x);//3
printf("data1.y = %d\n", data1.y);//4
printf("data1.z = %d\n", data1.z);//5
```

表 4-3　内置向量类型

类　　型	类型地址对齐的字节数
char1、uchar1	1
char2、uchar2	2
char3、uchar3	1
char4、uchar4	4
short1、ushort1	2
short2、ushort2	4
short3、ushort3	2
short4、ushort4	8
int1、uint1	4
int2、uint2	8
int3、uint3	4
int4、uint4	16
long1、ulong1	当 sizeof(long)==sizeof(int)时为 4，其余情况为 8
long2、ulong2	当 sizeof(long)==sizeof(int)时为 8，其余情况为 16
long3、ulong3	当 sizeof(long)==sizeof(int)时为 4，其余情况为 8
long4、ulong4	16

类　　型	类型地址对齐的字节数
longlong1、ulonglong1	8
longlong2、ulonglong2	16
longlong3、ulonglong3	8
longlong4、ulonglong4	16
float1	4
float2	8
float3	4
float4	16
double1	8
double2	16
double3	8
double4	16

dim3 是基于 uint3 的整型向量类型，相当于由 3 个 unsigned int 型组成的结构体，有 3 个数据成员 unsigned int x、unsigned int y 和 unsigned int z，可被用于指定 3 个维度。dim3 可用于一维、二维或三维的索引来标识线程，以构成一维、二维或三维线程块。在定义 dim3 类型的变量时，未指定的数据成员会被初始化为 1。

4.3.5　内置变量

除内置向量类型外，MXMACA 还提供了一些内置变量，可用来指定线程网格和线程块的大小和线程的索引，可在核函数或设备函数内使用。以下分别介绍 threadIdx、blockIdx、gridDim、blockDim、waveSize 等内置变量。

（1）threadIdx 被用于表示线程在线程块内的索引，其数据类型为 uint3，threadIdx.x、threadIdx.y、threadIdx.z 分别表示线程在 x、y、z 维度上的索引。

（2）blockIdx 被用于表示线程块在线程网格中的索引，其数据类型为 dim3，blockIdx.x、blockIdx.y、blockIdx.z 分别表示线程块在 x、y、z 维度上的索引。

（3）gridDim 被用于表示线程网格的尺寸，其数据类型为 dim3，gridDim.x、gridDim.y、gridDim.z 分别表示线程网格在 x、y、z 维度上的尺寸。

（4）blockDim 被用于表示线程块的尺寸，其数据类型为 dim3，blockDim.x、blockDim.y、blockDim.z 分别表示线程块在 x、y、z 维度上的尺寸。

（5）waveSize 用于表示线程束的大小，其数据类型为 int，在 MXMACA 中默认为 64。其使用示例如下。

```
//获取线程在全局中的索引
__forceinline__ __device__ size_t get_global_id(uint i) {
size_t global_ids[] = { blockIdx.x * blockDim.x + threadIdx.x,
                        blockIdx.y * blockDim.y + threadIdx.y,
                        blockIdx.z * blockDim.z + threadIdx.z };
    return (i < 0 || i > 2) ? 0 : global_ids[i];
}
```

```
//获取线程在线程块内的索引
size_t thread_id_in_block[] = blockIdx.x * gridDim.y * girdDim.z
                            + blockIdx.y * gridDim.z + blockIdx.z;

//获取所有的线程数
size_t total_threads = girdDim.x * girdDim.y * girdDim.z *
                       blockDim.x * blockDim.y * blockDim.z;
```

4.3.6 向量运算单元

向量运算单元用于求解例如 $D=A\times B+C$ 的矩阵乘加问题。这些操作需要一个线程束中所有的线程共同完成。这些操作所处的条件分支必须相同，否则其执行结果将是未定义行为（Undefined Behavior）。以下分别介绍 fragment、load_matrix_sync、store_matrix_sync、fill_fragment、mma_sync 等向量运算单元。

（1）fragment 的类型声明如下。fragment 描述了矩阵的分片信息，该类型是线程束中所有线程共同存储矩阵的数据结构。

```
template<typename Use, int m, int n, int k, typename T,
                       typename Layout = void>
class fragment;
```

（2）load_matrix_sync 的函数原型如下，其被用于从内存中加载待计算的矩阵。

```
void load_matrix_sync(fragment<...> &f, const T *p, unsigned ldm);
void load_matrix_sync(fragment<...> &f, const T *p, unsigned ldm,
                                        layout_t layout);
```

（3）store_matrix_sync 的函数原型如下，其被用于将计算后的矩阵存储到内存中。

```
void store_matrix_sync(T *p, const fragment<...> &f, unsigned ldm,
                                        layout_t layout);
```

（4）fill_fragment 的函数原型如下，其根据入参 v 的值遵循 fragment 规格填入矩阵分片。

```
void fill_fragment(fragment<...> &f, const T &v);
```

（5）mma_sync 的函数原型如下，其是以线程束为单位的矩阵乘加执行函数。

```
void mma_sync(fragment<...> &d, const fragment<...> &a, const fragment<...> &b,
const fragment<...> &c, bool satf = false);
```

当线程束中的所有线程均执行到 mma_sync 语句时，执行矩阵运算 $D=A\times B+C$。该函数支持 $C'=A\times B+C$ 的原地计算。默认支持的向量矩阵形状表见表 4-4。

表 4-4　默认支持的向量矩阵形状表

矩阵 A	矩阵 B	累加数	矩阵规格($m\times n\times k$)
__half	__half	float	16×16×16
__half	__half	float	32×8×16
__half	__half	float	8×32×16
__half	__half	__half	16×16×16
__half	__half	__half	32×8×16
__half	__half	__half	8×32×16
unsigned char	unsigned char	int	16×16×16

矩阵 A	矩阵 B	累加数	矩阵规格($m \times n \times k$)
unsigned char	unsigned char	int	32×8×16
unsigned char	unsigned char	int	8×32×16
signed char	signed char	int	16×16×16
signed char	signed char	int	32×8×16
signed char	signed char	int	8×32×16
maca_bfloat16	maca_bfloat16	float	16×16×16
maca_bfloat16	maca_bfloat16	float	32×8×16
maca_bfloat16	maca_bfloat16	float	8×32×16
precision::tf32	precision::tf32	float	16×16×8
double	double	double	8×8×4

第5章　MXMACA 执行模型

本章内容

- 沐曦 GPU 并行架构
- MXMACA 流和并发执行
- MXMACA 事件
- 线程束执行的本质
- MXMACA 动态并行
- MXMACA 核函数计时

本章介绍 MXMACA 执行模型，这是比硬件高一层的抽象。理解了 MXMACA 执行模型，就可以沿着沐曦 GPU 硬件设计的思路来设计程序。执行模型会提供一个操作视图来说明如何在特定的计算架构上执行指令。MXMACA 执行模型解释了沐曦 GPU 并行架构的抽象视图，这有助于编写指令吞吐量大和内存访问效率高的代码。

图 5-1　GPU 软硬件知识分层示意图

GPU 软硬件知识分层示意图如图 5-1 所示。学习 MXMACA 编程的目的不仅是如第 2.3 节所述去打印"Hello World"，而是为了用 GPU 编程实现高速计算。为了更有效地挖掘和发挥 GPU 的潜力，提升沐曦 GPU 的工作效率，我们需要深入理解 GPU 能成为高性能算力主要提供者的原因。这涉及对从应用层到语言层，再到指令集架构的深入了解，包括对硬件逻辑门、寄存器等底层知识的掌握。通过讲解 MXMACA 执行模型，本章将帮助读者理解 GPU 硬件架构设计的原理和 GPU 硬件工作的机理，为后续章节的学习打下基础。

5.1　沐曦 GPU 并行架构

正如图 3-2 所示，沐曦 GPU 的并行架构是围绕一个 AP 的可扩展运算单元（Processing Element Unit，PEU）来构建的，通过复制这种架构的构件来实现硬件并行。每个 GPU 设备通常有多个 AP，每个 AP 都能支持上千个 GPU 线程的并行执行。当启动一个核函数网格时，它的 GPU 线程会被分配到可用的 AP 上执行。一旦线程块被调度到一个 AP 上，其中的线程将只在该指定的 AP 上并行执行。根据 AP 资源的可用性对多个线程块进行调度，这些线程块可能会被分配到同一个 AP 或不同的 AP 上。同一线程中的指令利用指令级并行性进行流水化。

MXMACA 编程采用单指令多线程（SIMT）架构来管理和执行线程。每 64 个线程为一组，这被称为线程束（Wave）。线程束中所有的线程同时执行相同的指令，每个线程都有自己的指令地址计数器和寄存器状态，并利用自身数据执行当前的指令。每个 AP 都将分配给它的线程划分到线程束中，然后在可用的硬件资源上调度执行。64 个线程组成一个线程束，这和 OpenCL 的线程束大小是一致的（waveSize=64）。MXMACA 软件的程序设计需要参照 waveSize 来定义线程块的大小、优化工作负载，以适应线程束的边界，这能更有效地利用 GPU 资源。

SIMT 架构与 SIMD 架构相似，两者都将相同的指令广播给多个执行单元来实现并行。一个关键的区别是，SIMD 要求同一向量的所有元素在一个同步组中一起执行，而 SIMT 则允许同一线程束的多个线程独立执行。尽管一个线程束中所有的线程在相同的程序地址同时开始执行，但单独的线程仍可能有不同的行为。SIMT 使程序员能够为独立的标量线程编写线程级并行代码，以及为协调线程编写数据并行代码。SIMT 包含以下 3 个 SIMD 所不具备的关键特征：每个线程都有自己的指令地址计数器；每个线程都有自己的寄存器状态；每个线程都可以有一个独立的执行路径。

一个线程块只能在一个 AP 上被调度，一旦线程块被调度，其就会被保存在该 AP 上直到执行完成。在 AP 中，本地共享内存和寄存器是非常重要的资源。本地共享内存被分配在 AP 的常驻线程块中，寄存器在线程中被分配。线程块中的线程通过这些资源可以进行合作和通信。尽管线程块里的所有线程在逻辑上都可以并行运行，但在物理层面并非都能同时执行，因此，线程块里的线程可能会以不同的速度前进。

GPU 编程的执行模型如图 5-2 所示。

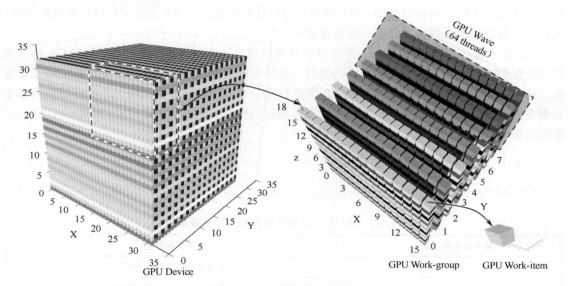

图 5-2　GPU 编程的执行模型

GPU 硬件将执行核函数的各个实例定义为一个工作项（Work-item），其等同于 MXMACA 程序里的一个 GPU 线程（Thread）。工作项由它在索引空间中的坐标来标识，这些坐标就是工作项的全局 ID。

GPU 硬件会为提交给相同的核函数执行的命令创建一个相应的工作项集合，称之为工作组（Work-group），其等同于 MXMACA 程序里的一个线程块（Thread Block）。工作组中的各个工作项使用核函数定义的同样的指令序列。尽管指令序列是相同的，但由于代码中的分支语句或者通过全局 ID 选择的数据可能不同，因此，各个工作项的行为也可能不同。

工作组提供了对索引空间粒度更粗的分解，其跨越整个全局索引空间。工作组在同一维度的大小相同，这个大小可以整除各维度中的全局大小。可以为工作组指定一个唯一的 ID，这个 ID 与工作项使用的索引空间有相同的维度。可以为工作项指定一个局部 ID，这个局部 ID 在工作组中是唯一的。这样就能由其全局 ID 或者由其局部 ID 和工作组 ID 唯一地标识一个工作项。

一个软件线程网格是一个 N 维网格（一维、二维或三维网络），也被称为线程网格。一个软件线程网格包括多个工作组，每个工作组负责执行线程网格指定的一个工作项集合。

给定工作组中的工作项（GPU Thread）会在一个计算单元的处理单元上并行执行，这是理解 MXMACA 编程完成多任务并发工作的关键。在用 GPU 编程实现具体的计算任务时，可能需要串行化核函数的执行，甚至可能需要在核函数调用中串行化工作组的执行。MXMACA 编程只能确保一个工作组中的工作项并行执行且共享设备上的处理器资源。不要认为工作组或核函数调用会并行执行，尽管实际上它们通常确实会并行执行，但是算法设计人员不能依赖这一点。

在并行线程中共享数据会引起竞争：多个线程以不确定的顺序访问同一数据，这会导致不可预测的程序行为。MXMACA 编程提供了一种方法来同步线程块里的线程，以保证所有的线程在下一步行动之前都到达执行过程中的一个特定点，但没有提供线程块之间同步的原语。

尽管线程块里的线程束可按任意顺序调度，但活跃线程束的数量还是会受 AP 资源限制的。当线程束因任意原因闲置时，AP 可以从同一 AP 上的常驻线程块中调度其他可用线程束。在并行执行的线程束间切换没有开销，因为硬件资源已经被分配到了 AP 上的所有线程和线程块中，所以最新被调度的线程束的状态已经被存储在 AP 上。

AP 是沐曦 GPU 架构的核心，寄存器和共享内存是 AP 中的稀缺资源。MXMACA 将这些资源分配到 AP 中所有的常驻线程里，因此，这些有限的资源限制了在 AP 上活跃的线程束数量，活跃的线程束数量可以作为衡量 AP 上并行量的一个指标。了解一些 AP 硬件组成的基本知识有助于组织线程和配置核函数执行以获得最佳的性能。下面以沐曦 MXC 系列 GPU（曦云）架构为例进行介绍。

5.1.1 设备线程架构信息查询

MXMACA 线程架构相关的设备属性见表 5-1。

表 5-1　MXMACA 线程架构相关的设备属性

设备属性类型定义	设备属性描述
char name[256]	设备限定符的 ASCII 字符串
int waveSize	一个线程束包含的线程数量
int maxThreadsPerBlock	单个线程块可以占用的线程的最大数量
int maxThreadsPerMultiProcessor	单个 AP 硬件上可用线程的最大数量
int maxThreadsDim[3]	单个线程块每个维度可以允许的线程的最大数量
int maxGridSize[3]	单个线程网格每个维度可以允许的线程块的最大数量
int concurrentKernels	一个布尔值，标识设备是否支持在同一上下文中同时执行多个核函数

以曦云架构 GPU 为例，设备线程架构信息查询代码见示例代码 5-1。

示例代码 5-1　设备线程架构信息查询代码

```
#include<mc_runtime_api.h>

int main( void ) {
    mcDeviceProp_t prop;

    int count;
```

```
    mcGetDeviceCount( &count );
    for (int i=0; i< count; i++) {
        mcGetDeviceProperties( &prop, i );
        printf( " --- General Information for device %d ---\n", i );
        printf( "Name: %s\n", prop.name );
        printf( "Compute capability: %d.%d\n", prop.major, prop.minor );
        printf( "Clock rate: %d\n", prop.clockRate );
        printf( "Device copy overlap: " );
        if (prop.deviceOverlap)
            printf( "Enabled\n" );
        else
            printf( "Disabled\n" );
        printf( "Kernel execition timeout : " );
        if (prop.kernelExecTimeoutEnabled)
            printf( "Enabled\n" );
        else
            printf( "Disabled\n" );

        printf( " --- MP Information for device %d ---\n", i );
        printf( "Multiprocessor count: %d\n",
                prop.multiProcessorCount );
        printf( "Threads in wave: %d\n", prop.waveSize );
        printf( "Max threads per block: %d\n",
                prop.maxThreadsPerBlock );
        printf( "Max thread dimensions: (%d, %d, %d)\n",
                prop.maxThreadsDim[0], prop.maxThreadsDim[1],
                prop.maxThreadsDim[2] );
        printf( "Max grid dimensions: (%d, %d, %d)\n",
                prop.maxGridSize[0], prop.maxGridSize[1],
                prop.maxGridSize[2] );
        printf( "\n" );
    }
}
```

设备线程架构信息查询结果如图 5-3 所示。

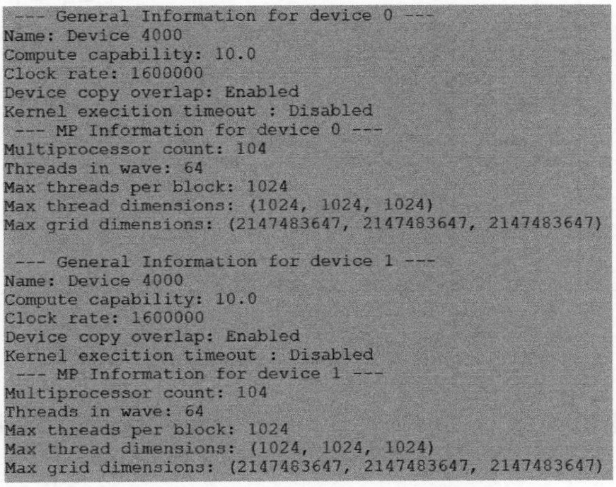

```
 --- General Information for device 0 ---
Name: Device 4000
Compute capability: 10.0
Clock rate: 1600000
Device copy overlap: Enabled
Kernel execition timeout : Disabled
 --- MP Information for device 0 ---
Multiprocessor count: 104
Threads in wave: 64
Max threads per block: 1024
Max thread dimensions: (1024, 1024, 1024)
Max grid dimensions: (2147483647, 2147483647, 2147483647)

 --- General Information for device 1 ---
Name: Device 4000
Compute capability: 10.0
Clock rate: 1600000
Device copy overlap: Enabled
Kernel execition timeout : Disabled
 --- MP Information for device 1 ---
Multiprocessor count: 104
Threads in wave: 64
Max threads per block: 1024
Max thread dimensions: (1024, 1024, 1024)
Max grid dimensions: (2147483647, 2147483647, 2147483647)
```

图 5-3   设备线程架构信息查询结果

5.1.2 核函数的并发执行和串并行执行

我们在第 1.4.5 节中总结过，GPU 主要被用于解决计算密集型问题或数据并行处理问题，其特点是可以多任务并发。这些任务在业务逻辑上是并发的，它们既可以被无序串行执行也可以被同时并行执行，且不论哪种执行方式都不影响最终的执行结果。我们称这些任务具有并发性，其业务特点如图 5-4 所示。

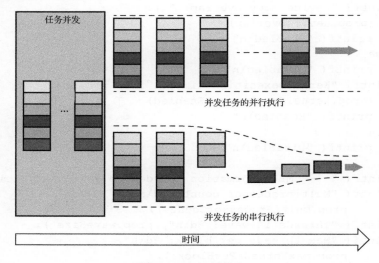

图 5-4　多任务并发

GPU 多任务并发问题的求解过程，通常是通过在 GPU 上执行多个核函数来实现的。多个并发性核函数在 GPU 上如何执行呢？这取决于 GPU 程序员如何设计和开发程序，相应地 GPU 资源的利用率及程序性能也会大不相同，如图 5-5 所示。从程序员的角度看，并发核函数的并行执行使得 GPU 表现得更像 MIMD 架构。

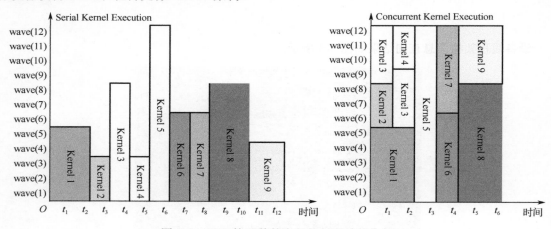

图 5-5　GPU 核函数的串行执行和并行执行

曦云架构 GPU 在主机与 GPU 之间提供了 16 个硬件工作队列，保证了 GPU 上并发核函数可以更多地实现并行执行，更大限度地提高了 GPU 资源的利用率。

5.1.3 核函数的启动方式

曦云架构 GPU 既支持在 CPU 上启动核函数，也允许 GPU 在执行核函数时动态地启动新的核函数。在 GPU 编程术语中，后者一般被称为动态并行功能，即任一核函数都能启动其他的核函数，并管理任何核函数之间需要的依赖关系。图 5-6 展示了没有动态并行功能时主机在 GPU 上启动每个核函数的方式，以及有动态并行功能时 GPU 启动嵌套核函数的方式。通过 GPU 动态并行启动核函数有以下这些优势：首先，大幅减少了核函数从 CPU 启动的次数，减少了 CPU 与 GPU 的通信需求；其次，核函数的并发性得到了增强，例如，图 5-6 左边子图第三行的两个并发任务和第四行的三个并发任务是串行执行的，这些任务在右边子图演变成了五个可以并行执行的并发任务。

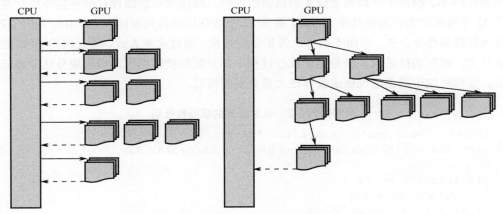

图 5-6　支持 GPU 动态启动嵌套核函数功能的优势

5.2　线程束执行的本质

5.2.1　线程束和线程块

线程束是 GPU 执行的基本单元，同一线程束中的所有线程同时执行相同的指令。可以从逻辑视角（Logic View）和硬件视角（Hardware View）来理解线程束和线程块的执行过程，如图 5-7 所示。在核函数启动时，程序员可以指定线程块中包含的线程数量，当指定的线程数量超过 waveSize 时（waveSize=64），曦云架构 GPU 会将这些线程拆分成多个线程束，并在同一个 AP 上执行。不同的线程束可能会并行执行，也可能串行执行，这取决于 GPU 的调度策略和GPU 的负载情况。

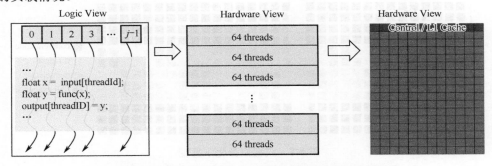

图 5-7　线程束和线程块执行过程的逻辑视角和硬件视角

例如，一个包含 200 个线程的线程块在曦云架构 GPU 中会被分配到 4 个线程束上执行，每个线程束实际执行的线程数量分别是 64、64、64、8。由此可见，为了提高 GPU 的计算效率，线程数量应该尽量设置为 waveSize 的整数倍。

5.2.2　线程束分化

曦云架构 GPU 使用 SIMT 架构。在同一线程束中的所有线程同时执行相同的指令，但是不同的线程可能有不同的指令执行路径。为了使线程束中的每个线程从同一个指令地址开始执行且可以有不同的指令执行路径，GPU 引入了线程束分化机制。

示例代码 5-2 给出了一段包含分支的核函数代码，线程束中的线程有两种指令执行路径：其中有 32 个线程的条件判断结果为 true，剩余 32 个线程的条件判断结果为 false，此时 GPU 会串行地执行每条指令分支，禁用不执行此条指令的线程。通过这种方式，曦云架构 GPU 能够执行带有分支、循环的核函数，只是由于执行过程中部分线程被禁用了，线程束分化会降低程序的性能。编程时应该避免出现核函数存在大量分支的情况。

示例代码 5-2　包含分支的核函数代码

```
__global__ void assignKernel(int *data) {
    int tid = blockIdx.x * blockDim.x + threadIdx.x;

    if (tid % 2 == 0) {
        data[tid] = 20;
    } else {
        data[tid] = 10;
    }
}
```

当发生线程束分化时，每个线程的执行情况如图 5-8 所示，一个线程束中 64 个线程在线程束中分化时可能存在的四种不同状态，分别是

- coherent code：64 个线程都在执行相同的代码。
- if clause：64 个线程中满足 if 条件的在执行相同的代码。
- then clause：64 个线程中不满足 if 条件的在执行相同的代码。
- stall execution：闲置的线程，它们在等待线程束中其他线程的执行代码结束，进而导致 GPU 运算资源的浪费。

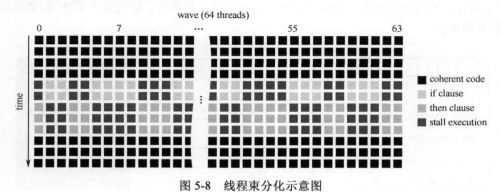

图 5-8　线程束分化示意图

5.2.3 资源分配

线程束主要使用的资源包括指令地址计数器、寄存器（Register）、私有内存（Private Memory）（可选）、工作组共享内存（Work-group Shared Memory）（可选）、全局内存/常量内存（Global Memory/Constant Memory）等，如图 5-9 所示。

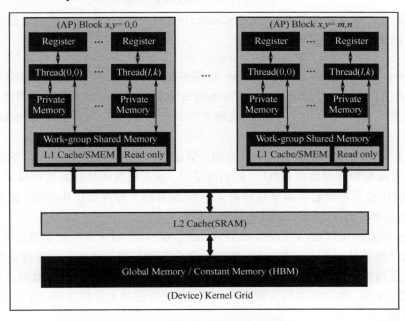

图 5-9　线程束可用资源示意图

每个线程都有自己的指令地址计数器，同时由自己的寄存器来存放局部变量、函数入参等。由于一个 AP 上的寄存器总数是有限的，因此当寄存器的数量无法满足线程束执行的需要时，会在 HBM 上划分一块内存来存储局部变量等数据，这块内存被称为私有内存（Private Memory）。在一个线程块内部，可以通过工作组共享内存（Work-group Shared Memory）在线程间共享数据，工作组共享内存位于 GPU 片上，其访问速度要比私有内存快。

线程束中的所有线程从同一个指令地址开始执行。当一个线程网格执行完成时，寄存器、私有内存、工作组共享内存会被自动回收，而程序员申请的全局内存需要程序员自己回收。

和私有内存一样，常量内存（Constant Memory）也从 HBM 上划分一块内存用于 MXMACA 程序的常量内存。除常量内存和私有内存占用的部分，HBM 剩余的部分全部用作 MXMACA 程序的全局内存（Global Memory），也就是 GPU 全局内存。

5.2.4 延迟隐藏

一条指令从开始执行到完成执行的时钟周期（Clock Cycle）被称为延迟。为了尽可能地提升计算吞吐量，GPU 尽可能地使每个时钟周期都有线程束在执行，这样就隐藏了指令的延迟。具体来说，当一个线程束由于访问内存而被阻塞时，AP 会马上转为执行其他准备好的线程束，直到其被内存访问阻塞，随后返回上一个线程束。

5.2.5　占用率

曦云架构 GPU 中程序执行的基本单位是线程束，单个 AP 的占用率按式（5-1）来计算。

$$占用率 = \frac{处于激活状态的线程束数量}{可以并行执行的线程束的最大数量} \tag{5-1}$$

MXMACA 运行时库提供了函数 mcGetDeviceProperties 供程序员查询当前硬件下可以并行执行的线程束的最大数量，其定义如下。

```
mcError_t mcGetDeviceProperties(struct mcDeviceProp *prop, int device);
```

其中，*prop 是一个指向 mcDeviceProp 结构体的指针，该结构体被用于存储设备属性的信息，可以通过该信息获得 waveSize 和 maxThreadsPerMultiProcessor 这两个设备属性的值（设备属性的描述参见表 5-1）。可以并行执行的线程束的最大数量等于 maxThreadsPerMultiProcessor/waveSize。

MXMACA 运行时库也提供了几个占用率计算函数，这些函数特别有用，它们可以帮助程序员了解并行度级别和线程块在 GPU 上的调度情况，或者启发式地计算实现最大 AP 级占用率的执行配置（优化核函数参数和调整线程块大小）。这有助于程序员优化代码，提高程序的执行效率和 GPU 利用率。相关的函数有以下几个。

- 函数 mcOccupancyMaxActiveBlocksPerMultiprocessor 用于预测给定的核函数在每个 AP 上的活动线程块（Active Block）数量。这个预测是基于核函数的线程块大小和共享内存的使用情况来实现的。该函数的返回值乘以每个块的线程束数可以得出单个 AP 上的并行线程束数，将并行线程束数除以一个 AP 支持的最大线程束数，可以计算出单个 AP 的占用率。
- 函数 mcOccupancyMaxPotentialBlockSize 用于计算在固定共享内存配置下的最大潜在线程块大小。这个函数可以帮助程序员了解线程块的并行度潜力，并指导他们如何调整线程块大小以获得更好的性能。
- 函数 mcOccupancyMaxPotentialBlockSizeVariableSMem 则考虑了可变共享内存的使用情况。它提供了更准确的预测，适用于那些共享内存使用量随线程块大小变化的核函数。这个函数可以帮助程序员了解在共享内存使用量可变的情况下，如何调整线程块大小以获得最大 AP 级占用率。

示例代码 5-3 提供了一种计算核函数 MyKernel 占用率的方法。首先，用函数 mcGetDeviceProperties 获取核函数 MyKernel 所在的 GPU 硬件单元的最大线程束数（见示例代码 5-3 中 maxWaves 的计算）。然后，用函数 mcOccupancyMaxActiveBlocksPerMultiprocessor 计算核函数 MyKernel 实际并行执行的线程束数目（见示例代码 5-3 中 activeWaves 的计算）。最后，用 activeWaves 除以 maxWaves 并乘以 100，即可获得核函数 MyKernel 的占用率。

示例代码 5-3　核函数占用率的计算方法

```
//Device code
__global__ void MyKernel(int *d, int *a, int *b)
{
    int idx = threadIdx.x + blockIdx.x * blockDim.x;
    d[idx] = a[idx] * b[idx];
}
```

```
//Host code
int main()
{
    int numBlocks;          //Occupancy in terms of active blocks
    int blockSize = 32;

    //These variables are to convert occupancy to waves
    int device;
    mcDeviceProp prop;
    int activeWaves;
    int maxWaves;

    mcGetDevice(&device);
    mcGetDeviceProperties(&prop, device);

    mcOccupancyMaxActiveBlocksPerMultiprocessor(
        &numBlocks,
        MyKernel,
        blockSize,
        0);

    activeWaves = numBlocks * blockSize / prop.waveSize;
    maxWaves = prop.maxThreadsPerMultiProcessor / prop.waveSize;

    std::cout << "Occupancy: " << (double)activeWaves / maxWaves * 100 <<
"%" << std::endl;

    return 0;
}
//下面的代码示例根据程序员输入配置了一个基于占用率的核函数启动MyKernel

//Device code
__global__ void MyKernel(int *array, int arrayCount)
{
    int idx = threadIdx.x + blockIdx.x * blockDim.x;
    if (idx < arrayCount) {
        array[idx] *= array[idx];
    }
}
```

5.2.6 同步机制

MXMACA 提供了一些同步原语,用于完成 GPU 与 CPU 间、GPU 内部的同步,以确保 GPU 编程中不同组件间的协调执行。MXMACA 中的同步机制主要有以下三种。

(1)系统级同步。这种同步机制用于完成 CPU 和 GPU 之间的同步,是确保数据在 CPU 和 GPU 间一致性的重要手段。在 MXMACA 编程中,应用程序既可以通过调用函数 mcStreamSynchronize 来等待特定流中所有先前排队的工作完成,也可以通过调用函数 mcDeviceSynchronize 来等待所有先前排队的设备工作完成(包括该设备所有已创建的流中所有的工作）。此外，MXMACA 还提供了函数 mcEventSynchronize，应用程序可以通过该函数来阻塞调用的线程，直到特定事件完成。这意味着所有在该事件记录之前启动的工作（如内核执行、内存复制等）都将完成。

（2）线程块级/线程束级同步。在 MXMACA 编程中，线程块是一组同时执行的线程集合，而线程束是一组同时执行的 64 个线程。线程块级同步可以通过调用函数__syncthreads 来实现，这个函数在核函数中由每个线程调用，直到所有线程块内的线程都到达该同步点。线程束内同步函数__syncwave 支持通过函数入参来传递一个掩码（mask），从而指定哪些线程需要被同步。在默认情况下，函数__syncwave 会同步整个线程束（mask 为 0xffffffffffffffff）。这种同步确保了同一个线程块或线程束内的所有线程在继续执行下一条指令之前完成当前指令。

（3）用户自定义的线程协作组级同步。在 MXMACA 编程中，应用程序可以通过原子操作、锁机制或使用共享内存等经典方法来实现用户自定义的同步。此外，MXMACA 还提供了协作组编程 API，以方便程序员根据特定的业务需求和程序设计需要，自定义线程协作组的粒度。

5.2.7 协作组编程

一些高效的并行算法往往需要线程协作（Threads Cooperate）和共享数据（Share Data）来完成复杂业务的集合计算（Collective Computation）。要共享数据，线程间必然涉及同步，而共享的粒度因算法而异，因此，线程间的同步应尽量灵活。例如，程序员可以显式地指定线程间同步，以确保程序的安全性、可维护性和模块化设计。基于该思想，MXMACA 编程模型支持协作组（Cooperative Group）的概念，以允许程序员开发核函数时动态地组织线程组来满足这些需求，如图 5-10 所示。

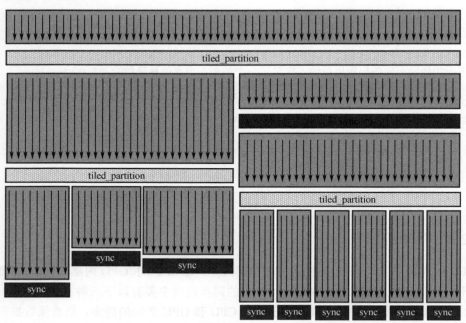

图 5-10　协作组支持灵活线程组的显式同步

协作组编程模型提供了 MXMACA 线程块内和跨线程块的同步模式，并提供了一套函数用于定义、划分和同步线程组，这些函数使程序员能更方便地管理线程的执行和同步。程序员用这些函数可以在 MXMACA 中启用新的协作并行模式，例如生产者-消费者并行，甚至跨整个线程网格的全局同步（包括一个或多个 GPU）。这种模式允许线程之间协同工作，通常被用于数据流的处理和计算任务的划分。通过线程间的同步，可以确保数据的正确传输和处理，从而提高了程序的效率和可靠性。

将分组表示为一级程序对象可以改进软件的组合：集合函数可以采用显式参数表示参与线程的组。考虑一个库函数，它对调用者提出了要求。显式分组将这些需求显式化，从而降低了误用库函数的可能性。显式分组和同步有助于使代码不那么脆弱，减少对编译器优化的限制，并提高向前兼容性。

协作组编程模型在 MXMACA 中是一个重要的概念，它由以下元素组成。

- 表示协作线程组的数据类型。协作组编程模型提供了一种数据类型，用于表示一组协作执行的线程。这种数据类型通常被用于定义线程组，以便管理和同步。
- 与协作组配套的启动核函数管理机制。MXMACA 提供了一套启动核函数的机制，用于创建和管理线程组。这套机制允许程序员获取与隐式定义的线程组相关的信息，例如线程组的属性、成员等。
- 用于将现有组划分为新组的集合操作。协作组编程模型提供了一组集合操作，允许程序员将现有的线程组划分为更小的子组。这种划分有助于更好地组织和管理线程，以便进行更细粒度的同步和数据传输。
- 用于数据移动和修改的集合算法。这些算法用于在线程组之间移动和修改数据，如 memcpy_async、reduce、scan。它们通常由硬件加速实现，并提供了一套 API 供程序员使用。这些算法对于实现高效的并行计算至关重要，特别是处理大规模数据集的情况。
- 同步组内所有线程的操作。协作组编程模型提供了同步机制，用于确保线程组内的所有线程在继续执行之前达到某个同步点。这种同步机制有助于避免竞态条件和数据不一致的问题，并确保线程之间的正确协作。
- 检查线程组属性的操作。程序员可以用这些操作来检查线程组的属性（如线程组的成员、状态等），这些信息对于调试和优化并行程序非常重要。
- 程序员可见的群组集合操作。这些操作通常是由硬件加速的集合操作，并对程序员可见。它们提供了一种高效的方式来执行复杂的并行计算任务，同时隐藏了底层硬件的细节。通过这些操作，程序员可以更专注于编写并行逻辑，而不需要关心底层的实现细节。

接下来将深入探讨 MXMACA 为协作组编程所提供的各种数据类型和 API。进一步了解如何利用线程组进行集合操作，并展示线程组应用的实例，以便更好地理解和应用这些功能。

1. 协作组 API

协作组 API 被用于定义和同步 MXMACA 程序中的线程组。要使用协作组 API，请包含头文件 cooperative_groups.h。

```
#include <cooperative_groups.h>
```

协作组类型和 API 是在 cooperative_groups C++命名空间中定义的，所以，可以用 cooperative_groups::作为所有名称和函数的前缀，或者用 using 指令加载命名空间或其类型。

```
using namespace cooperative_groups; //or...
using cooperative_groups::thread_group; //etc.
```

通常会给命名空间定义一个别名，下面的示例中会用到别名是"cg"的命名空间。

```
namespace cg = cooperative_groups;
```

包含任何块内协作组功能的代码都可以使用 mxcc 以正常方式进行编译。

协作组中的基本数据类型是 thread_group，它是一组线程的句柄。该句柄只能由它所代表的组的成员访问。线程组公开一个简单的 API。可以使用函数 size 获取线程组的大小（线程总数）。

```
unsigned size();
```

要在组中查找和调用线程（介于 0 和 size()-1 之间）的索引，请使用函数 thread_rank。

```
unsigned thread_rank();
```

最后，可以使用函数 is_valid 检查分组的有效性。

```
bool is_valid();
```

2. 线程组集合操作

线程组提供了在组中的所有线程之间执行集合操作（Collective Operation）的能力。集合操作是需要在一组指定的线程之间进行同步或通信的操作。由于需要同步，每个被标识为参与集合操作的线程都必须对该集合操作进行匹配调用。最简单的集合操作就是一个屏障，不传输任何数据，只是同步组中的线程。

MXMACA 程序员可以通过调用函数 sync 或 cooperative_groups::sync 来同步线程组，此时线程组内的所有线程之间将会进行一个同步，如图 5-10 所示。这就类似于函数 __synthreads 以一个线程块为单位进行同步，函数 __syncwave 以一个线程束为单位进行同步，而函数 g.sync 以指定的线程组为单位进行同步。

```
g.sync();                    //同步线程组g
cg::synchronize(g);          //同步线程组g的另一种等效方法
```

接下来讨论如何在 MXMACA 程序中创建线程组。协作组引入了一种新的数据类型 thread_block，按照如下的方法初始化得到的 thread_block 实例是 MXMACA 线程块中线程组的句柄。

```
thread_block block = this_thread_block();
```

与其他 MXMACA 程序一样，执行该代码行程序的每个线程都有自己的变量块实例。MXMACA 内置变量 blockIdx 值相同的线程属于同一个线程块组。函数 __syncthreads 的作用就是同步一个线程块组（Thread_block Group）。下面的几行代码都是同步操作，只是同步的颗粒度不一样。

```
__syncthreads();
block.sync();
cg::synchronize(block);
this_thread_block().sync();
cg::synchronize(this_thread_block());
```

数据类型 thread_block 扩展了 thread_group API，提供了以下两种 thread_block 的线程索引方法。

```
dim3 group_index();  //3-dimensional block index within the grid
dim3 thread_index(); //3-dimensional thread index within the block
```

这里的坐标变量 group_index 是线程网格内的 N 维线程块组索引，可类比第 3.4 节中线程块在线程网格内的索引（坐标变量 blockIdx）。坐标变量 thread_index 是线程块组内的 N 维线程索引，可类比第 3.4 节中线程在线程块内的索引（坐标变量 threadIdx）。

3．线程组示例

下面介绍一个简单的核函数 sum_kernel_block。首先，核函数 sum_kernel_block 调用核函数 thread_sum 并行计算许多的部分和，其中的每个线程在输入向量数组里跨过数组下标间距大小为 blockDim.x×gridDim.x 的两个数据先计算一部分和（这里使用向量化加载以获得更高的内存访问效率）。然后，核函数 sum_kernel_block 使用数据类型 thread_block 的线程组执行协作求和，使用核函数 reduce_sum 来计算输入数组中所有值的总和（每个线程块组负责本组内输入数组的求和）。最后，调用函数 atomicAdd 来完成各个线程块组计算结果的求和。

完整的线程组示例代码见示例代码 5-4。核函数 sum_kernel_block 实现了一个并行计算部分和的核函数，并使用协作组编程模型来执行线程块内的求和操作。

示例代码 5-4　完整的线程组示例代码

```cpp
#include<iostream>
#include<mc_runtime_api.h>
#include<maca_cooperative_groups.h>

using namespace cooperative_groups;
__device__ int reduce_sum(thread_group g, int *temp, int val)
{
    int lane = g.thread_rank();

    //Each iteration halves the number of active threads
    //Each thread adds its partial sum[i] to sum[lane+i]
    for (int i = g.size() / 2; i > 0; i /= 2)
    {
        temp[lane] = val;
        g.sync(); //wait for all threads to store
        if(lane<i) val += temp[lane + i];
        g.sync(); //wait for all threads to load
    }
    return val; //note: only thread 0 will return full sum
}

__device__ int thread_sum(int *input, int n)
{
    int sum = 0;

    for(int i = blockIdx.x * blockDim.x + threadIdx.x;
        i < n / 4;
        i += blockDim.x * gridDim.x)
    {
        int4 in = ((int4*)input)[i];
        sum += in.x + in.y + in.z + in.w;
    }
    return sum;
}

__global__ void sum_kernel_block(int *sum, int *input, int n)
```

```
{
    int my_sum = thread_sum(input, n);

    extern __shared__ int temp[];
    auto g = this_thread_block();
    int block_sum = reduce_sum(g, temp, my_sum);

    if (g.thread_rank() == 0) atomicAdd(sum, block_sum);
}

int main()
{
    int n = 5 * 1024;
    int blockSize = 256;
    int nBlocks = (n + blockSize - 1) / blockSize;
    int sharedBytes = blockSize * sizeof(int);

    int *sum, *data;
    mcMallocManaged(&sum, sizeof(int));
    mcMallocManaged(&data, n * sizeof(int));
    std::fill_n(data, n, 1); //initialize data
    mcMemset(sum, 0, sizeof(int));

    void *kernelArgs[]={
        (void*)&sum,
        (void*)&data,
        (void*)&n,
    };

    mcStream_t stream;
    mcStreamCreate(&stream);
    mcLaunchCooperativeKernel((void *)sum_kernel_block, nBlocks,
                              blockSize, kernelArgs, sharedBytes, stream);
    mcStreamSynchronize(stream);
    mcStreamDestroy(stream);
    std::cout<<"sum="<<*sum<<std::endl;
    return 0;
};
```

在示例代码 5-4 中，核函数 sum_kernel_block 利用了 GPU 的并行处理能力，通过向量化加载、并行计算部分和以及协作求和，实现了高效的数组求和操作。

- 并行计算部分和。sum_kernel_block 首先调用另一个核函数 thread_sum 来并行计算部分和。每个线程负责计算数组的一个固定部分，以实现向量化加载并提高内存访问效率。通过使用一定大小（blockDim.x×gridDim.x）的输入数组下标跨度，每个线程能够计算数组的一个连续片段的部分和，这可以更高效地利用 GPU 的并行处理能力，同时减少线程间的数据传输开销。

- 协作求和。完成部分和的计算后，sum_kernel_block 使用一个线程组来执行协作求和。这是通过调用核函数 reduce_sum 来完成的，该核函数负责在每个线程块组内计算所有值的总和。协作求和的目的是将每个线程块组内的所有部分和合并为一个总和。这样可以减少所需的内存带宽，并利用 GPU 的并行处理能力来加速求和操作。

● 完成各个线程块组间的求和。sum_kernel_block 使用内置的函数 atomicAdd 来完成各个线程块组间的求和操作。函数 atomicAdd 是一个原子操作，通常用于在多线程环境中安全地更新单个值，在这里，它被用于将线程块组计算出的总和添加到全局总和中。通过原子操作，可以确保在多线程环境中对全局总和的更新是线程安全的，从而避免了竞态条件和数据不一致的问题。

将示例代码 5-4 保存到文件 syncWithCooperativeGroups.cpp 中，然后用 mxcc 编译它。

```
$ mxcc -x maca syncWithCooperativeGroups.cpp -o syncWithCG
$ ./syncWithCG
sum =5120
$
```

5.2.8　可扩展性

随着曦云架构 GPU 的不断发展，让面向早期 GPU 编写的 GPU 程序能够充分利用最新 GPU 的计算资源是非常重要的。在当前的 MXMACA 执行模型中，一个线程网格可以包含若干个线程块。一个线程块的所有线程必须在同一个 AP 上执行，而不同线程块的线程可以在不同的 AP 上执行。如果在设计 GPU 程序时设定合适的线程块数量和线程数量，程序可以更好地兼容未来更高性能的 GPU。

例如，如果核函数启动时配置的线程块数量为 2，在有 4 个 AP 的 GPU 上，这个线程网格最多使用 GPU 中的 2 个 AP，其余 2 个 AP 一直空闲。如果将线程块数量配置为 4 或者更大的值，就可以使用 GPU 的全部 AP 资源。不过，更多的线程块意味着会使用更多的 GPU 共享内存，如果线程块中的线程数量小于 waveSize，计算资源就会被浪费。因此，程序员在配置线程块数量和线程块中的线程数量时应充分评估后进行平衡。

从扩展性方面来说，MXMACA 程序员可以更多地采用宏而不是常数来定义所使用的资源，并更多地使用系统资源 API 来获取可用资源数目，通过这样规划程序的资源以适配未来的 GPU。

5.2.9　CPU 线程和 GPU 线程的区别

CPU 线程通常执行复杂的业务功能，程序相对复杂，可以使用大量的操作系统 API，有完整的同步机制。GPU 线程的主要任务是完成计算，代码逻辑相对简单，主要支持线程块内和线程束内的同步。一个 GPU 线程占用的内存远少于 CPU 线程。

另外，CPU 线程由操作系统完成调度，线程是调度的基本单位，线程间切换的开销较大。GPU 线程主要由硬件完成调度，线程束是调度的基本单位，线程切换的开销很小。同时，由于 GPU 的核心数量远远超过 CPU，在 GPU 上能够同时执行的线程数量也远多于 CPU。

5.2.10　习题和思考

为了让你继续提高技能，这里有几件事你可以尝试。

● 在核函数中使用函数 printf 进行实验。尝试打印出部分或所有线程的 threadIdx.x 和 blockIdx.x 的值。它们是按顺序打印的吗？为什么呢？

● 在核函数中打印 threadIdx.y、threadIdx.z 或 blockIdx.y 的值（同样适用于 blockDim 和 gridDim）。这些为什么存在？如何让它们采用 0 以外的值？

5.3 MXMACA 流和并发执行

5.3.1 什么是流

在 MXMACA 编程语言中，流（Stream）是一个重要的概念，它描述了在主机端发起并在一个设备上执行的操作序列。流提供了一种机制，使操作的下发和实际执行是异步的。这意味着主机端可以连续地发出多个操作，而不需要等待每个操作完成后再进行下一个操作。流中的操作是按照主机端发起的顺序来执行的，这保证了在同一个流上先发起的操作会被先执行。这种顺序性保证了操作的正确性和一致性，避免了由于并发执行而可能引发的问题。流和并发执行的示意图如图 5-11 所示。

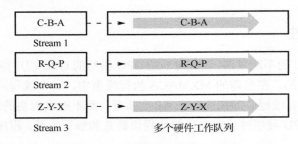

图 5-11　流和并发执行的示意图

流是软件设计中根据业务需要进行定义的。在图 5-11 中，程序员将任务 A、任务 B 和任务 C 放在 Stream 1 中，将任务 P、任务 Q 和任务 R 放在 Stream 2 中，将任务 X、任务 Y 和任务 Z 放在 Stream 3 中，每个流中的三个任务均有依赖关系且需要按相应的顺序被执行。一个流上的任务会被调度到一个硬件工作队列上。在硬件资源充足时，不同流上的任务会被调度到不同的硬件工作队列上以支持 GPU 任务的并行执行，在硬件资源不足时，可能会被调度到同一个硬件工作队列上串行执行。

按照创建方式分类，流可以被分为默认流和用户自定义流。对于内存复制、内存赋值、核函数启动等操作来说，如果没有显式指定流，MXMACA 将把这些操作放入默认流中来执行。

5.3.2 基于流的并行

GPU 计算的典型流程示意图如图 5-12 所示。当使用流编程模式时，对于大部分 API 或者核函数启动来说，发起操作和执行操作是异步的。程序员通过 API 或者核函数启动发起某个操作（比如内存复制、执行计算等）后，主机线程不会等待这个操作完成，而是继续往下执行，此时主机和设备实现了并行执行。

另外，由于 CPU 和 GPU 通过 PCIe 总线相连，基于 PCIe 的数据传输与实际计算操作之间可以并行，通过多个流并行执行，这样可以充分利用 PCIe 总线带宽和计算资源。GPU 使用 MXMACA 流并行提速示意图如图 5-13 所示，H2D 和 D2H 分别表示将主机端数据复制到设备和将设备端数据复制到主机的操作，K1、K2、K3 是三次核函数启动。从图中可以看出，相比使用单个流，使用三个流并行执行可以提升程序的性能。

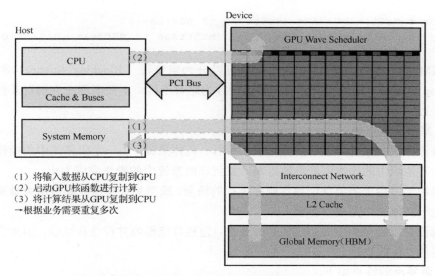

图 5-12　GPU 计算的典型流程示意图

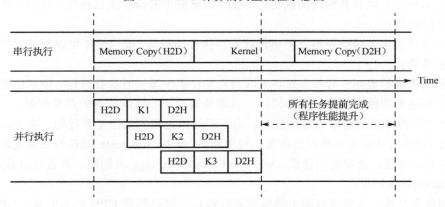

图 5-13　GPU 使用 MXMACA 流并行提速示意图

5.3.3　默认流与隐式同步

在 MXMACA 程序中，所有的操作（内存申请、内存复制、核函数启动等）都是运行在某一个流之上的，有些情况下不需要显式指定流，此时 MXMACA 会将此操作放在默认流上执行。默认流又被称为 NULL 流。不指定流的核函数启动、内存复制和内存赋值都是在默认流上执行的。

隐式同步是指在发起一个操作时，MXMACA 底层驱动程序会主动等待当前的操作及在这个流上尚未完成的操作完成。这样做的目的主要是保证数据的一致性。

对于大部分不显式指定流的函数调用（如调用函数 mcMemcpy）来说，调用这些函数时 MXMACA 底层驱动程序会完成隐式同步。无论是在默认流上还是在用户自定义流上，核函数启动永远都是异步的。

5.3.4　用户自定义流

MXMACA 运行时库提供了以下函数让程序员创建自定义流。

```
mcError_t mcStreamCreate (mcStream_t* pStream);
mcError_t mcStreamCreateWithFlags (mcStream_t* pStream, unsigned int
flags);
```

在 MXMACA 程序中，用户自定义流可以分为阻塞流（Blocking Stream）和非阻塞流（Nonblocking Stream）两种类型。这两种流的行为略有不同，主要表现在它们对其他流的影响和执行方式上。

（1）阻塞流的特点如下。

● 阻塞流在某些条件下会阻塞其他流的执行。具体来说，当一个阻塞流中的操作正在执行时，其他流中的操作可能会被阻塞，直到该阻塞流中的操作完成为止。

● 阻塞流通常用于需要保证操作顺序执行的场景，或当某个操作需要占用大量资源并且必须先于其他操作完成的场景。

● 阻塞流可以确保操作的顺序性和一致性，但也可能影响并行性和性能，因为它可能会阻塞其他操作的执行。

（2）非阻塞流的特点如下。

● 非阻塞流不会阻塞其他流的执行。即使非阻塞流中的操作正在执行，其他流中的操作也可以同时执行。

● 非阻塞流适用于那些不需要严格保证顺序执行的场景，或当操作可以与其他操作并行执行的场景。

● 非阻塞流能够提高并行性和性能，因为它允许多个流同时执行操作。但它也要求程序员更仔细地处理操作的依赖性和同步，以避免数据不一致或其他的并发问题。

同一个进程内可以创建多个自定义流。由于流与流之间的操作是并行的，多个流并行能够充分地利用 GPU 的计算资源和通信带宽。使用函数 mcStreamCreate 创建的流都是阻塞流。如果需要创建非阻塞流，需要使用函数 mcStreamCreateWithFlags 来创建，并设置函数入参 flags 为 mcStreamNonBlocking。

通过创建多个流，并使这些流上的操作并行执行，可以提升 GPU 的吞吐量。GPU 的并行执行方式既可以是基于任务的，也可以是基于数据的（见图 5-14），这由 GPU 程序员结合业务需要来进行设计。

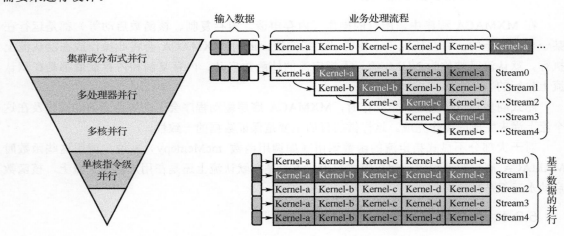

图 5-14　GPU 并行执行方式：基于任务或基于数据

5.3.5 流编程

MXMACA 提供了一套同步 API 和一套异步 API，大部分不需要指定流的 API（如函数 mcMemcpy）都是同步 API，使用这些 API，所有的操作都会在默认流上执行，并且会执行隐式同步。另一类 API 需要在调用时显式指定流，这些 API 的名称都带有后缀 Async，如函数 mcMemcpyAsync、mcMemsetAsync 等。如果程序员创建自定义流，异步的内存申请、核函数启动等操作将会使用这类 API 来完成。

基于同步 API 和异步 API 的编程示例见示例代码 5-5。

示例代码 5-5　基于同步 API 和异步 API 的编程示例

```
/***** 同步API *****/
mcMalloc();
mcMemcpy(…, mcMemcpyHostToDevice);
kernel<<<Dg, Db, 0, 0>>>(…);
mcMemcpy(…,mcMemcpyDeviceToHost);

/***** 异步API *****/
mcStreamCreate(&stream);
mcMallocAsync(&ptr, mem_size, stream);
mcMemcpyAsync(…, mcMemcpyHostToDevice, stream);
kernel<<<Dg, Db, Ns, stream>>>(…);
mcMemcpyAsync(…,mcMemcpyDeviceToHost, stream);
mcFreeAsync(ptr, stream);
/* 等待，直到之前的异步操作全部完成为止 */
mcStreamSynchronize(stream);
```

5.3.6　用 API 启动核函数

到目前为止，我们都是采用<<<>>>语法来启动核函数的 API 的。事实上，这个语法在编译时会被替换为 MXMACA 运行时库的函数 mcLaunchKernel，该函数的原型如下。

```
__host__ mcError_t mcLaunchKernel (const void* func_addr, dim3 gridDim, dim3 blockDim, void** args, size_t sharedMem, mcStream_t stream);
```

函数 mcLaunchKernel 的输入参数及参数说明见表 5-2。

表 5-2　函数 mcLaunchKernel 的输入参数及参数说明

输　入　参　数	参　数　说　明
func_addr	要启动的核函数的地址指针
gridDim	要启动的核函数的线程网格大小，gridDim（gridDim.x,gridDim.y,gridDim.z）定义了核函数的线程块数量
blockDim	要启动的核函数的线程块大小，blockDim（blockDim.x，blockDim.y，blockDim.z）定义了每个线程块在各个维度的线程数
args	要启动的核函数的输入参数。如果核函数有 N 个参数，那么这些参数应该指向 N 个指针的数组。从 args[0]到 args[N-1]的每个指针都指向将从中复制实际参数的内存区域
sharedMem	设置核函数每个线程块可用的动态共享内存大小（单位是字节）
stream	指定核函数关联的流

5.3.7　MXMACA 流管理函数汇总

MXMACA 流管理函数分类见表5-3。可以在MXMACA编程环境的头文件mc_runtime_api.h 中或在沐曦官网发布的 MXMACA 运行时库编程指南文档中，查阅这些函数的详细定义。

表 5-3　MXMACA 流管理函数分类

函 数 分 类	MXMACA C/C++函数
MXMACA 流的创建与销毁	mcStreamCreate
	mcStreamCreateWithFlags
	mcStreamCreateWithPriority
	mcStreamDestroy
MXMACA 流上启动核函数	mcLaunchKernel
MXMACA 流的查询与同步	mcStreamQuery
	mcStreamSynchronize
	mcStreamWaitEvent
MXMACA 流属性的设置、获取和复制	mcStreamGetFlags
	mcStreamGetPriority
	mcStreamSetAttribute
	mcStreamGetAttribute
	mcStreamCopyAttribute
MXMACA 流主机函数回调	mcStreamAddCallback

5.4　MXMACA 动态并行

MXMACA 动态并行允许一个线程网格在 GPU 上动态地启动新网格等操作，如图 5-6 所示。在早期的 GPU 编程方式中，所有的 GPU 核函数都是在主机端调用的，GPU 的工作是完全在 CPU 的控制下的。MXMACA 动态并行允许 GPU 核函数在设备端创建和调用。动态并行使递归更容易实现和理解，由于启动的配置可以由设备上的线程在运行时决定，这就减少了主机端和设备端之间的数据传递和执行控制。通过动态并行，可以直到程序运行时再确定在 GPU 上创建多少线程块和线程网格，利用 GPU 硬件调度器和负载平衡动态地适应数据驱动的决策或工作负载。

MXMACA 使用设备运行时库函数来实现动态并行。设备运行时库函数提供了一套 API，使在 GPU 上执行的线程网格可以完成申请设备内存、启动新网格等操作，且无须主机端参与。

5.4.1　动态并行的执行模型

MXMACA 动态并行的执行模型如图 5-15 所示。其中，在 CPU 上启动的网格核函数被称为父核函数（Parent Kernel），在 GPU 上被父核函数启动的网格核函数被称为子核函数（Child Kernel）。

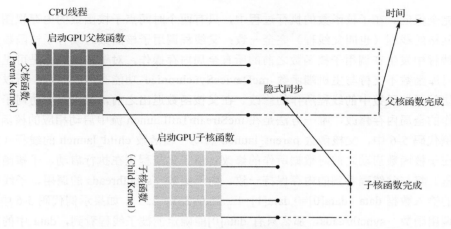

图 5-15　动态并行的执行模型

本质上，父核函数和子核函数都是设备端的核函数。一个父核函数可以启动多个子核函数，子核函数也可启动新的子核函数。使用动态并行进行 MXMACA 编程的主要步骤包括：

- 初始化阶段：在开始给 GPU 提交任务前，程序员先进行必要的初始化操作，包括分配内存、设置参数等。
- 创建父核函数：程序员编写并创建父核函数，父核函数是启动动态并行的起点，它负责管理和控制子核函数的执行。
- 父核函数执行：在 CPU 上启动父核函数，让父核函数在 GPU 上执行一些数据处理和计算任务。
- 创建子核函数：在父核函数执行过程中，根据需要创建子核函数，用于进一步处理其他数据或执行其他计算任务，并在 GPU 上直接启动和执行子核函数，以处理大规模数据或执行复杂的计算任务。
- 子核函数执行：父核函数的相关 GPU 线程在 GPU 上直接启动子核函数，子核函数也在 GPU 上并行执行。子核函数可以进一步创建和启动其他子核函数，从而实现动态并行。需要注意的是，子核函数与父核函数之间的执行是异步的，且子核函数和父核函数可以并行，在父核函数线程执行尚未结束时，子核函数线程已经开始执行。
- 数据传输：如果需要，父核函数和子核函数之间可以传输数据，以共享数据或传递结果。
- 同步与通信：如果需要，父核函数和子核函数之间可以进行同步和通信，其目的是确保正确的执行顺序和避免竞态条件。
- 结束阶段：在所有子核函数退出前，父核函数不会退出。如果父核函数先于子核函数执行完成，父核函数退出前会触发一次隐式同步，等待所有的子核函数结束后才会退出，在此之前，父核函数依然会被视为未完成。只有当所有的核函数都执行完毕后，MXMACA 系统才会进行清理工作，释放内存和资源，并结束程序的执行。

5.4.2　动态并行的内存模型

父核函数和子核函数共享相同的全局内存和常量内存，但具有不同的共享内存和私有内存。

（1）全局内存。

父核函数和子核函数都可以访问全局内的全部空间，但子核函数和父核函数之间的内存一致性不能完全保证。在子核函数的执行过程中，只有两个时间点子核函数的内存视图与父核函数启动子网格的线程（也叫父线程）完全一致：父线程调用子核函数时或者子核函数结束时。

在父线程中发生在调用子核函数之前的所有全局内存操作，对子核函数都是可见的。因为设备运行时库函数不支持与主机端函数 mcDeviceSynchronize 功能类似的函数，所以父核函数不再可以访问子核函数中的线程所作的修改。在父核函数退出之前，如果需要访问子核函数中的线程所作的全局内存修改，唯一方法是在 mcStreamTailLaunch 流中启动相应的核函数。

在示例代码 5-6 中，父核函数 parent_launch 启动子核函数 child_launch 的线程（父线程）只能看到在子核函数启动之前对数据所作的修改。由于父线程正在执行启动，子核函数里的线程（子线程）将与父线程看到的内存保持一致。由于函数__syncthreads 的调用，子线程将看到父核函数的输入数据 data（data[0]=0,data[1]=1,...,data[255]=255）。如果示例代码 5-6 中删除（或注释掉）调用函数__syncthreads，那么只有 data[0]能确定能被子线程看到，data 中的其他元素都不保证能被子线程看到。子核函数只能保证在隐式同步时返回，在其他时间点并不能确保一定执行完毕并返回了。这意味着，子核函数中的线程对全局内存所作的修改永远不能保证对父核函数可用。父核函数要访问子核函数 child_launch 对全局内存所作的修改，需要在 mcStreamTailLaunch 流中启动核函数 tail_launch。

示例代码 5-6　基于同步 API 和异步 API 的编程示例

```
__global__ void tail_launch(int *data) {
    data[threadIdx.x] = data[threadIdx.x]+1;
}


__global__ void child_launch(int *data) {
    data[threadIdx.x] = data[threadIdx.x]+1;
}


__global__ void parent_launch(int *data) {
    data[threadIdx.x] = threadIdx.x;

    __syncthreads();

    if (threadIdx.x == 0) {
        child_launch<<< 1, 256 >>>(data);
        tail_launch<<< 1, 256, 0, mcStreamTailLaunch >>>(data);
    }
}

void host_launch(int *data) {
    parent_launch<<< 1, 256 >>>(data);
}
```

（2）常量内存。

常量内存中的数据是不可变的，核函数不能从设备端进行修改。即使在父核函数启动和子核函数启动之间，核函数也不能从设备端修改常量内存中的数据。也就是说，所有__constant__变量的值必须在启动之前从主机端设置。所有的子核函数都从各自的父核函数中自动继承常量内存。

（3）共享内存。

共享内存和局部内存是线程块或线程私有的，在父核函数和子核函数之间不可见。当共享内存和局部内存的变量在其所属范围之外（即在其他线程块或线程中）被引用时，行为未定义，并且可能导致错误。

当编译器 mxcc 检测到指向局部或共享内存的指针被作为参数传递给核函数启动时，编译器将尝试发出警告。应用程序可以使用内部函数__isGlobal 来确定指针是否引用全局内存，这样可以安全地将指针传递给子核函数。

（4）私有内存。

私有内存作为线程的私有存储空间，在该线程之外不可见。启动子核函数时将指向私有内存的指针作为启动参数来传递是非法的。从子核函数取消引用此类私有内存指针的结果将是未定义的。

5.4.3　在 GPU 上嵌套打印"Hello World"

为了使读者初步理解动态并行，本节创建一个核函数，使其用动态并行来打印"Hello World"。在 GPU 上嵌套、递归执行核函数的示意图如图 5-16 所示。首先，主机应用程序调用父核函数，该父核函数在一个线程块中有 8 个线程。然后，该父核函数中的线程 0 调用一个子核函数，该子核函数中有一半的线程，即 4 个线程。随后，第一个子核函数中的线程 0 再调用一个新的子核函数，这个新的子核函数中也只有一半的线程，即 2 个线程。以此类推，直到最后的嵌套中只剩下一个线程。

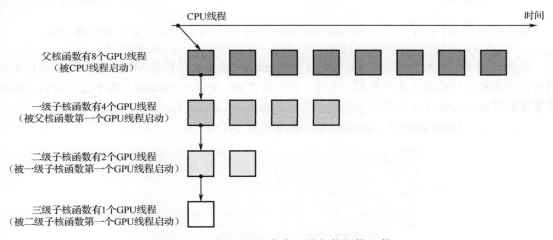

图 5-16　在 GPU 上嵌套、递归执行核函数

实现这个算法逻辑的核函数代码见示例代码 5-7。每个线程的核函数在执行时会先输出"Hello World"，接着，每个线程检查自己是否该停止。如果在这个嵌套层里线程数大于 1，线程 0 就递归地调用相同的核函数，但在参数设置里把 GPU 线程数目减半。

示例代码 5-7　在 GPU 上嵌套打印"Hello World"

```
#include <mc_device_runtime.h>
#include <stdio.h>
```

```
__global__ void nestedHelloWorld(int const iSize, int iDepth) {
    int tid = threadIdx.x;
    printf("Recursion=%d: Hello World from thread %d"
            " block %d\n", iDepth, tid, blockIdx.x);

    //condition to stop recursive execution
    if (iSize==1) return;

    //reduce block size to half
    int nThreads = iSize >> 1;

    //thread 0 lauches child grid recursively
    if (tid == 0 && nThreads >0) {
        nestedHelloWorld<<<1, nThreads>>>(nThreads, ++iDepth);
        printf("------> nested execution depth: %d\n", iDepth);
    }
}

int main(int argc, char *argv[])
{
    //launch nestedHelloWorld
nestedHelloWorld<<<1,8>>>(8,0);
mcDeviceSynchronize();
    return 0;
}
```

将示例代码 5-7 保存到文件 nestedHelloWorld.cpp 中，可以用以下命令来编译代码。

```
$ mxcc -x maca nestedHelloWorld.cpp -o nestedHelloWorld
```

示例代码 5-7 引入了头文件 mc_device_runtime.h，该头文件包含 MXMACA 动态并行所使用到的设备端运行时库函数的原型。不过，显式包含 mc_device_runtime.h 也不是必需的，mxcc 在编译和链接 MXMACA 程序时会自动包含 mc_device_runtime.h。

嵌套打印"Hello World"核函数的输出结果如图 5-17 所示。

```
Recursion=0: Hello World from thread 0 block 0
Recursion=0: Hello World from thread 1 block 0
Recursion=0: Hello World from thread 2 block 0
Recursion=0: Hello World from thread 3 block 0
Recursion=0: Hello World from thread 4 block 0
Recursion=0: Hello World from thread 5 block 0
Recursion=0: Hello World from thread 6 block 0
Recursion=0: Hello World from thread 7 block 0
------> nested execution depth: 1
Recursion=1: Hello World from thread 0 block 0
Recursion=1: Hello World from thread 1 block 0
Recursion=1: Hello World from thread 2 block 0
Recursion=1: Hello World from thread 3 block 0
------> nested execution depth: 2
Recursion=2: Hello World from thread 0 block 0
Recursion=2: Hello World from thread 1 block 0
------> nested execution depth: 3
Recursion=3: Hello World from thread 0 block 0
```

图 5-17　嵌套打印"Hello World"核函数的输出结果

从图 5-17 的输出结果中可看出，由主机调用的父核函数有 1 个线程块和 8 个线程。核函数 nestedHelloWorld 被递归地调用了三次，每次被调用的线程数都是上次的一半。

5.4.4 使用动态并行计算 Mandelbrot 集合图像

为了使读者进一步理解 MXMACA 动态并行的用途，本节使用 MXMACA 动态并行编程生成如图 5-18 所示的 Mandelbrot 集合瑰丽图案。

Mandelbrot 集合通常被翻译为曼德博集合（或曼德布洛特复数集合，简称 M 集），是分形中最经典例子，以数学家本华·曼德博的名字命名。Mandelbrot 集合是通过迭代以下方程来计算的：$z_{n+1} = z_n^2 + c(n = 0,1,2,3\cdots)$。其初始条件是 $z_0 = 0$ 和 $c = x+\mathrm{i}y$，x 和 y 分别是想要计算的颜色的分形内某一位置的水平和垂直坐标。计算会一直重复进行，直到满足 $|z_n| > 2$，并且根据满足这一条件所需的迭代次数给每个位置分配颜色，生成如图 5-18 所示的瑰丽图案。Mandelbrot 集合被一些人认为是人类有史以来最奇异、最瑰丽的几何图形，曾被称为"上帝的指纹"。

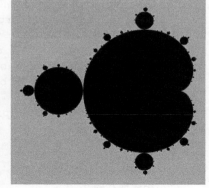

图 5-18　Mandelbrot 集合瑰丽图案

用于计算 Mandelbrot 集合的最常见算法是逃逸时间算法。对于图像中的每个像素点来说，逃逸时间算法计算 dwell 值，该值决定该像素点是否属于集合所需的迭代次数。在每次迭代中（迭代次数不超过预设最大值），算法根据 Mandelbrot 集合方程来修改点，并检查它是否"逃逸"到以点（0，0）为中心、半径为 2 的圆之外。可以使用以下代码片段来计算单个像素点的 dwell 值。

```
#define MAX_DWELL 512
//w, h —— 图像的宽度和高度(以像素为单位)
//cmin, cmax —— 图像左下角和右上角的坐标
//x, y —— 像素点的坐标
__host__ __device__ int pixel_dwell(int w, int h,
                                    complex cmin, complex cmax,
                                    int x, int y) {
  complex dc = cmax - cmin;
  float fx = (float)x / w, fy = (float)y / h;
  complex c = cmin + complex(fx * dc.re, fy * dc.im);
  complex z = c;
  int dwell = 0;

  while(dwell < MAX_DWELL && abs2(z) < 2 * 2) {
   z = z * z + c;
   dwell++;
  }

  return dwell;
}
```

dwell 值决定了该点是否属于集合。我们根据 dwell 值来给像素点上色。

● 如果 dwell 值等于 MAX_DWELL，则该点属于集合，通常被染成黑色。

● 如果 dwell 值小于 MAX_DWELL，则该点不属于集合，那么较小的 dwell 值对应较深的颜色。通常，像素点离 Mandelbrot 集合越近，其 dwell 值就越大。因此，在大多数 Mandelbrot 集合中，集合外部的区域是明亮的。

有一种直接在 GPU 上计算 Mandelbrot 集合的方法,即使用一个 GPU 核函数,其中每个 GPU 线程计算其像素点的 dwell 值,然后根据 dwell 值给每个像素点上色。为了简化计算,我们省略了上色的代码,主要在以下内核代码片段中讨论如何计算 dwell 值。

```
//计算Mandelbrot集合像素点的GPU核函数
__global__ void mandelbrot_kernel(int *dwells,
                                  int w, int h,
                                  complex cmin, complex cmax) {
  int x = threadIdx.x + blockDim.x * blockIdx.x;
  int y = threadIdx.y + blockDim.y * blockIdx.y;
  if(x < w && y < h)
    dwells[y * w + x] = pixel_dwell(w, h, cmin, cmax, x, y);
}

int main(void) {

  //省略部分细节

  //启动GPU核函数
  int w = 4096, h = 4096;
  dim3 bs(64, 4), grid(divup(w, bs.x), divup(h, bs.y));
  mandelbrot_kernel <<<grid, bs>>>(d_dwells, w, h,
                                  complex(-1.5, 1), complex(0.5, 1));

  //...
}
```

我们可以利用大范围均匀的 dwell 值,通过层次化的马里亚尼-西尔弗算法(Mariani-Silver Algorithm),将计算集中在最需要的地方,如图 5-19 所示。这个算法依赖于 Mandelbrot 集合的连通性,即集合中的任意两点之间都存在一条路径。因此,如果有一个区域(无论其形状如何)的边界完全位于 Mandelbrot 集合内,那么整个区域就属于 Mandelbrot 集合。如果区域的边界具有某个恒定的 dwell 值,那么该区域内的每个像素点都具有相同的 dwell 值。因此,如果 dwell 值是均匀的,那么只需要在边界上计算它,从而节省计算量。

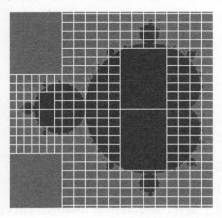
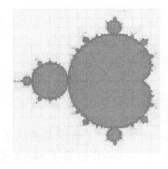

图 5-19 运用马里亚尼-西尔弗算法递归细分 Mandelbrot 集合

图 5-19 展示了使用马里亚尼-西尔弗算法递归细分 Mandelbrot 集合的过程。具体的细分过程可以参考如下伪代码。

```
mariani_silver(rectangle)
  if (border(rectangle) has common dwell)
      fill rectangle with common dwell
    else if (rectangle size < threshold)
      per-pixel evaluation of the rectangle
    else
      for each sub_rectangle in subdivide(rectangle)
        mariani_silver(sub_rectangle)
```

本节一开始就强调，MXMACA 动态并行使得递归算法更容易实现。所以该算法非常适合使用 MXMACA 动态并行来实现。每次调用 mariani_silver 伪代码例程都会被映射到 mandelbrot_block_kernel 的一个线程块。线程块中的线程使用并行归约来确定边界像素点是否都具有相同的 dwell 值。最初需要启动足够多的线程块，每个线程块中的零号线程随后决定是填充该区域、进一步细分它，还是评估矩形中每个像素点的 dwell 值。

如何编写 mandelbrot_block_kernel 来实现马里亚尼-西尔弗算法，我们留给读者朋友们去探索。

与使用按像素算法相比，使用带有 MXMACA 动态并行的层次化自适应算法来计算 Mandelbrot 集合，可以显著提高性能。在更大的 MAX_DWELL 值和更高的分辨率下，性能提升更为显著。因为更大的 MAX_DWELL 值意味着可以在每个像素点上避免更多的计算，而更高的分辨率意味着可以避免计算的像素区域更大。使用 MXMACA 动态并行能将整体性能提升 1.3～6 倍。我们也可以采用类似的方式来使用动态并行加速任何自适应算法，例如具有自适应网格的求解器。

5.5 MXMACA 事件

MXMACA 事件提供了更细粒度的同步机制。通常情况下，如果没有隐式同步，两个流之间是并行执行的，通过事件可以建立两个流之间的依赖关系，由此实现流之间的同步。此外，事件还可以用来计算操作耗时，具体方法可参考第 5.6 节。

5.5.1 使用事件同步

MXMACA 提供了一套完整的事件管理函数，用于创建、销毁、查询、记录和同步事件。这些事件与流相关联，可以被用于实现更复杂的并行和异步操作。

MXMACA 事件管理相关函数的原理如图 5-20 所示。通过在流 A 上记录一个事件，然后令流 B 在核函数启动前等待此事件，从而建立流 A 和流 B 中操作的同步关系，这就保证了在流 A 上的核函数启动完成后，GPU 才会执行流 B 上的核函数启动。通过事件同步函数 mcEventSynchronize 可以显式同步事件之前的所有操作。

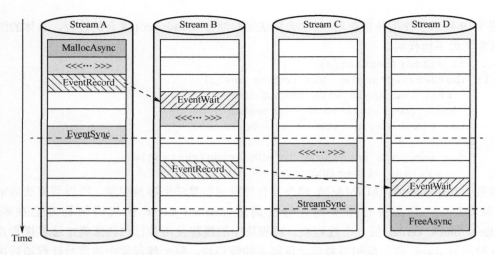

图 5-20　MXMACA 事件管理相关函数的原理

5.5.2　MXMACA 事件管理函数汇总

MXMACA 事件管理函数汇总见表 5-4。关于这些 API 的详细定义，可以在 MXMACA 编程环境的头文件 mc_runtime_api.h 里进行查询，或者在沐曦官网发布的 MXMACA 运行时库编程指南文档里进行查阅。

表 5-4　MXMACA 事件管理函数汇总

函数分类	MXMACA C/C++函数
创建与销毁 MXMACA 事件	mcEventCreate
	mcEventCreateWithFlags
	mcEventDestroy
记录 MXMACA 事件	mcEventRecord
	mcEventRecordWithFlags
查询与同步 MXMACA 事件	mcEventQuery
	mcEventSynchronize
	mcStreamWaitEvent
记录 MXMACA 事件持续时间	mcEventElapsedTime

5.6　MXMACA 核函数计时

MXMACA 提供基于事件机制的函数 mcEventElapsedTime 来记录两个操作之间的时间差，通过在核函数启动前后分别记录事件，可以获得核函数的执行时间。需要注意的是，函数 mcEventElapsedTime 只能计算同一个设备上两个事件之间的耗时。完整的 MXMACA 核函数执行时间查询代码见示例代码 5-8。

示例代码 5-8　MXMACA 核函数执行时间查询代码

```
//create two events
```

```
mcEvent_t start, stop;
mcEventCreate(&start);
mcEventCreate(&stop);
//record start event on the default stream
mcEventRecord(start);
//execte kernel
kernel<<<grid, block>>>(arguments);

//record stop event on the default stream
mcEventRecord(stop);
//wait until the stop event completes
mcEventSynchronize(stop);
//calculate the elapsed time between two events
float time;
mcEventElapsedTime(&time, start, stop);
//clean up the two events
mcEventDestroy(start);
mcEventDestroy(stop);
```

第 6 章　MXMACA 内存模型和内存管理

本章内容
- 计算机存储器分级模型
- MXMACA 内存层次模型
- MXMACA 内存管理

　　MXMACA 编程的目的是给程序加速，尤其是 CPU 不能高效完成的机器学习、人工智能类的计算程序，通过 GPU 硬件加速实现高性能计算。GPU 编程最重要的两点是访存和计算，这两点分别对应 I/O 密集型（IO Bound）系统和计算密集型（Compute Bound）系统。在 I/O 密集型系统中，系统的 GPU 运算单元的效能比存储单元的效能要高很多，系统运行的大部分时间里 GPU 运算单元在等存储单元的读/写操作，此时 GPU 硬件的利用率不高。在计算密集型系统中，系统的存储单元效能比 GPU 运算单元的效能要高很多，系统运行的大部分时间里 GPU 硬件的利用率很高。

　　异构系统的内存体系深刻影响着访存和计算这两点。因此，要实现软件层面的高性能计算，必须要对内存体系有深刻的理解。本章主要讨论 GPU 的内存体系，并在此基础上进行 MXMACA 的编程实践。GPU 编程的兴起正是为了解决摩尔定律内存墙的难题（详见第 1.4.2 节），因此，这一章的知识对于 MXMACA C/C++程序的设计非常重要，有助于编写指令吞吐量高和内存访问效率高的代码。

　　MXMACA 内存管理本质上是让程序员通过编程语言控制硬件。控制硬件的编程语言通常属于底层语言，管理内存通常也是程序员最头疼的部分。Python、PHP 这些高级语言有自己的内存管理机制，程序员可以不用关心这些。C 语言的内存管理机制则是程序员管理，程序员在学习的时候会觉得特别困难，但是学会了就觉得特别有价值，因为程序员可以随意地控制计算机的计算过程。MXMACA C/C++语言是 C 语言的扩展，其在内存管理方面基本集成了 C 语言的方式，即由程序员控制 MXMACA 内存。不同的是，这些内存的物理设备是在 GPU 上的，且与 CPU 内存分配机制不同，GPU 还涉及数据传输，即主机和设备之间的传输。本章所讨论的内存模型和内存管理将有助于 MXMACA 程序员结合主机内存和设备内存的不同特性，基于异构编程的内存层次架构，为数据移动和布局提供合理化的控制，从而优化 MXMACA 程序性能并得到更高峰值的性能。

6.1　计算机存储器分级模型

　　计算机硬件的五大组成部分为控制器、运算器、存储器、输入设备和输出设备。本节重点讲述存放所有数据和程序的部件——存储器。存储器的基本功能是按指定的地址存（写）入或者取（读）出信息。计算机中的存储器可分成两大类：一类是内存储器，简称内存或主存；另一类是外存储器（辅助存储器），简称外存或辅存。存储器由若干个存储单元组成，每个存储单元都有一个地址，计算机通过地址对存储单元进行读写。处理器可以直接访问内存但不能直接访问外存，其须通过相应的 I/O 设备才能使外存和内存进行交换。

一个应用程序必须把它的程序和数据存放在内存（主存）中才能运行。在多个程序的系统中，会有多个程序及相关的数据存入内存中。操作系统不仅要管理、保护这些数据，操作系统本身也要存放在内存中运行。因此，内存及与存储器有关的管理是支持操作系统运行的硬件环境中的一个重要方面。

6.1.1　存储器的层次结构

现代计算机使用不断改进的内存层次结构来优化性能。存储器在计算机体系结构里呈现金字塔结构（见图 6-1），其遵循从近而快到慢而便宜的层次结构。

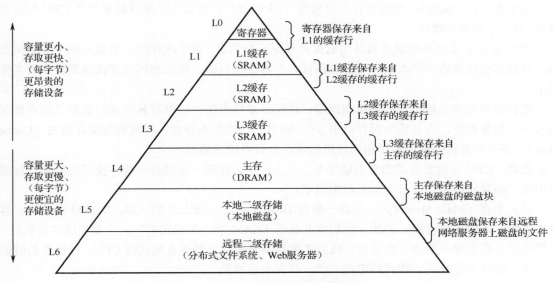

图 6-1　存储器的金字塔结构

内存层次结构由多级具有不同延迟和带宽大小的内存组成。一般来说，越靠近处理器的内存，速度越快，容量越小，其中存储的内容被访问的频率越高，同时成本也越高。这种内存层次结构是建立在局部性原理基础之上的。

根据局部性原理，我们将未来被访问可能性比较大的内容放在较高层次上，使访问这些数据花费的时间更少。在应用程序访问内存时，一般不会毫无规律地在某一时间点运行任意代码或访问任意数据，应用程序往往遵循局部性原理。局部性原理又分为时间局部性（Temporal Locality）和空间局部性（Spatial Locality）。

- 时间局部性：如果程序中某个数据被访问过，在不久以后，该数据可能被再次访问。产生时间局部性的典型原因是在程序中存在着大量的循环操作。如被引用过一次的内存位置在未来可能会被多次引用（通常在循环中）。
- 空间局部性：一旦程序访问了某个存储单元，在不久之后，其附近的存储单元也将被访问，即程序在一段时间内所访问的地址可能集中在一定的范围之内，这是因为指令通常是顺序存放、顺序执行的，数据也一般是以向量、数组、表等形式簇聚存储的。

下面详细介绍存储器的金字塔结构。

（1）寄存器（Register）。它是一种存储器，是 CPU 的内部单元，能与 CPU 直接交换数据。

最常用的寄存器是累加器、程序计数器、地址寄存器等。CPU 寄存器通常位于内存层次结构的顶部，并提供访问数据的最快方式。

寄存器可以随时读写，而且速度很快，通常作为操作系统或其他正在运行中的程序的临时数据存储媒介。这种存储器在断电时将丢失存储的内容，故其主要被用于存储短时间内使用的程序。

寄存器数量少，价格昂贵。越是位于内存层次结构底层的存储器（如 DRAM 或磁盘），价格越便宜，容量越大，读写速度也越慢。

（2）缓存（Cache）。缓存由 SRAM 构成。在图 6-1 中，缓存被分成一级缓存（L1 Cache）和二级缓存（L2 Cache），有的还有三级缓存（L3 Cache）。事实上，缓存就是位于 CPU 与主存（DRAM）之间的存储器。

CPU 可以非常快地检索信息并用它来处理下一批信息。关于缓存的一个常见例子便是浏览器，其通常会收集许多的页面、图像和网址，并将这些页面、图像和网址存储在硬盘上的文件夹中。

设计缓存是为了加快内存的检索速度。计算机会检查缓存以查看其所需的数据是否存储在缓存中。如果存在，则被称为缓存命中（Cache Hit）。如果不存在，则被称为缓存丢失（Cache Miss），那么计算机会将请求传递到较慢的内存位置以检索数据。

通常，CPU 寻找数据或指令的顺序是，从上往下，先到一级缓存中找，找不到再到二级缓存中找，如果还找不到就只有到主存中找了。

（3）主存（Main Memory）。主存一般由 DRAM 组成。相比于 SRAM，DRAM 更便宜，容量也更大，访问速度更慢，因此，我们将其放在 SRAM 所在的层次以下。当发生缓存丢失时，计算机就会在主存中继续寻找信息，找到了就返回给缓存，缓存再返回给 CPU。找信息的时候是一级一级向下寻找的，找到后也是一级一级向上返回的。

此外，还可以使用主存作为二级缓存（L2 Cache）之一，这有以下好处。

● 允许多个程序之间高效安全地共享内存。
● 为计算机提供运行大于其物理内存大小的程序的能力（虚拟内存）。
● 通过提供代码重定位功能（即可以在主内存中的任何位置加载代码），简化了加载程序的流程，提高了执行效率。

（4）本地/远程二级存储。本地二级存储是指安装于同一台计算机主板上，不可随意插拔、移动的磁盘，也就是硬盘。本地二级存储一般由只读内存（ROM）构成，资料一旦存储就无法再被改变或删除，保存的数据不会因断电而丢失。

最后一层是远程二级存储，例如网络文件系统（Network File System，NFS）。这种需要通过网络才能访问存储在远程网络服务器上的文件。

6.1.2　GPU 内存的层次结构

和 CPU 内存类似，GPU 内存也采用分层结构，如图 6-2 所示。CPU 和 GPU 的主存都采用 DRAM，而低延迟的内存（如一级缓存）则采用 SRAM。

在存储系统中，容量最大且访问速度最慢的存储层次通常采用磁盘或闪存来实现。虽然这些存储介质的延迟较高，但它们的容量较大。当某一层次的数据被频繁访问时，这些数据会逐渐向更快的存储层次转移。例如，在处理数据时，程序通常会将硬盘中的数据先加载到主存中，以便更快地处理。而长时间未被访问的数据则会被移至高延迟、大容量的存储器中。这种内存层次结构与局部性原则密切相关，通过缓存机制可以提高数据的存储和写入效率。缓存模型在时间局部性和空间局部性两个方面都能显著提升系统性能。

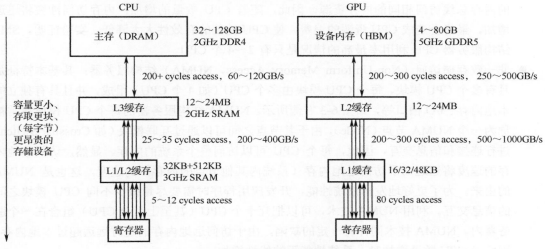

图 6-2　GPU 内存的层次结构

● 时间局部性：如果一个数据项正在被访问，那么近期它还有可能再次被访问。将这个数据放入高速缓存，以便下次更快速地被访问。
● 空间局部性：如果一个数据项正在被访问，那么与之相邻的数据可能近期也会被访问，可以将这些相邻的数据放入缓存。

GPU 和 CPU 的内存设计有相似的准则和模型，比如，GPU 与 CPU 在都遵循局部性原则、都采用内存层次结构。但是，二者也存在一定的区别。与 CPU 相比，GPU 的带宽更高、延迟更大、缓存更少。此外，GPU 编程模型会将内存层次结构呈现给程序员，给程序员显示控制 GPU 的 API，而 CPU 则一般不给出控制内存层次结构的 API。

6.1.3　Linux 的内存管理

兰德尔 E.布莱恩特的《深入理解计算机系统（原书第 3 版）》对 Linux 的内存管理进行了详细的介绍，本节仅讨论阅读本书所需的知识和术语。

操作系统会提供一种机制，它将不同进程的虚拟地址（Virtual Address，VA）和不同内存的物理地址（Physical Address，PA）映射起来。如果程序要访问虚拟地址，操作系统会将其转换成不同的物理地址。通过这种方式，不同的进程在运行时写入的是不同的物理地址，从而避免了冲突。这就引出了两种地址的概念：程序所使用的内存地址叫作虚拟内存地址（Virtual Memory Address），实际存在于硬件里的空间地址叫物理内存地址（Physical Memory Address）。Linux 采用虚拟存储技术，在 32 位系统中虚拟地址空间的大小可达 4GB，在 64 位系统中虚拟地址空间的大小理论上可以达到 2^{64} 字节。

1. 物理内存管理

从系统架构来看，目前的商用服务器大体可以被分为三类。
● 对称多处理器（Symmetric Multi-Processor，SM92P）结构服务器：其基本特征是所有的

CPU 共享全部的资源（如总线、内存和 I/O 系统等），操作系统或管理数据库的副本只有一个，如图 6-3 左侧所示。对于 SMP 结构服务器而言，每个共享的环节都可能造成 SMP 结构服务器扩展时的瓶颈，而最受限制的则是内存。由于每个 CPU 必须通过相同的内存总线访问相同的内存资源，因此，随着 CPU 数量的增加，内存访问冲突将迅速增加，最终会造成 CPU 资源的浪费，使 CPU 性能的有效性大大降低。实验证明，SMP 结构服务器 CPU 利用率最高的情况是只有 2～4 个 CPU。

- 非一致存储访问（Non-Uniform Memory Access，NUMA）结构服务器：其基本特征是具有多个 CPU 模块，每个 CPU 模块由多个 CPU（如 4 个 CPU）组成，并且具有独立的本地内存、I/O 槽口等，如图 6-3 右侧所示。NUMA 结构服务器的每个 CPU 模块通常被称为一个 NUMA 节点（Node），由于其节点之间可以通过互联模块（如 Crossbar Switch）进行连接和信息交互，因此，每个 CPU 可以访问整个系统的内存。显然，访问本地内存的速度将远远高于访问远地内存（系统内其他节点的内存）的速度，这也是 NUMA 的由来。为了更好地发挥系统性能，开发应用程序时需要尽量减少不同 CPU 模块之间的信息交互。利用 NUMA 技术，可以把几十个 CPU（甚至上百个 CPU）组合在一个服务器内。NUMA 技术同样有一定的缺陷，由于访问远地内存的延时远远超过本地内存，因此当 CPU 数量增加时，系统性能无法线性增加。

- 海量并行处理（Massive Parallel Processing，MPP）结构服务器：和 NUMA 结构服务器不同，MPP 结构服务器提供了另外一种进行系统扩展的方式，它由多个 SMP 结构服务器通过一定的节点互联网络进行连接，协同工作，完成相同的任务，从程序员的角度来看是一个服务器系统。

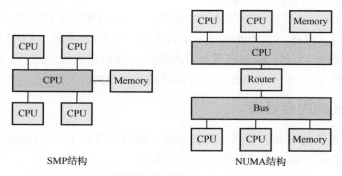

SMP结构　　　　　　　　　　　NUMA结构

图 6-3　商用服务器常见的系统架构

以上三类商用服务器的共享存储模型主要有以下两种。

- 一致性内存访问（Uniform Memory Access，UMA）存储模型，是指所有的处理器访问内存花费的时间是一样的，也可以理解为整个内存只有一个节点。事实上，严格意义上的 UMA 结构几乎不存在。

- 非一致性内存访问（Non-Uniform Memory Access，NUMA）存储模型，是指内存被划分为各个节点，访问一个节点花费的时间取决于 CPU 离这个节点的距离。每个 CPU 内部都有一个本地的节点，访问本地节点的时间比访问其他节点的时间短。

为了对 NUMA 存储模型进行描述，从 Linux 2.4 开始，Linux 引入了内存节点，把访问时间相同的内存存储空间称为一个内存节点。Linux 内存管理将物理内存划分为四个层次：物理内存区域、内存节点、管理区、页面。

- 物理内存区域（Physical Memory Area）：这是对物理内存最高级别的划分，通常包括 RAM 的各个部分，如 RAM 的起始和结束地址。
- 内存节点（Node）：在现代多核处理器系统中，为了更好地管理内存，会将物理内存划分为多个节点，每个节点管理一部分的物理内存。通常把 CPU 访问时间相同的内存存储空间划分为一个内存节点。例如，在图 6-3 右侧的 NUMA 结构中，右上角的"Memory"区域是一个内存节点，右下角的"Memory"区域是另外一个内存节点。
- 管理区（Zone）：在某些 Linux 版本中，物理内存被划分为不同的区域，也被称为"Zone"，例如低端内存区、中间内存区和高端内存区。这些区域被用于满足不同的内存访问需求，例如 DMA、常规内存和高端内存。
- 页面（Page）：页面是内存的最小分配单位。Linux 使用页面来分配和回收物理内存。尽管处理器的最小可寻址单位通常为字节，但内存管理单元（Memory Management Unit，MMU）通常以页面为单位进行处理。因此，虚拟内存和物理内存都以页面为单位进行管理。

2. 虚拟内存管理

我们通过一个简单的问题来理解虚拟内存的管理。

下列关于虚拟内存的叙述中，正确的是（　　　）。
A. 虚拟内存只能基于连续分配技术　　　B. 虚拟内存只能基于非连续分配技术
C. 虚拟内存容量只受外存容量的限制　　D. 虚拟内存容量只受内存容量的限制

进程的虚拟地址空间被称为虚拟内存。在装入程序时，只将程序的一部分装入内存，而将其余部分留在外存，就可以启动程序执行。采用连续分配方式，会使相当一部分的内存空间都处于"暂时"或"永久"空闲的状态，这会造成内存资源的严重浪费，也无法从逻辑上扩大内存容量。因此，虚拟内存的实现只能建立在离散分配的内存管理的基础上。虚拟内存容量既不受外存容量限制，也不受内存容量限制，而是由 CPU 的寻址范围来决定的。故这道题选 B。

操作系统引入了虚拟内存。基于 CPU 中内存管理单元（MMU）的映射关系，进程持有的虚拟地址会被转换成物理地址，然后，程序再通过物理地址访问内存。

使用虚拟寻址技术的计算机系统如图 6-4 所示。CPU 通过生成一个虚拟地址来访问主存，这个虚拟地址在被送到内存之前先被转换成适当的物理地址。将一个虚拟地址转换为物理地址的任务叫作地址翻译（Address Translation）。就像异常处理一样，地址翻译需要 CPU 硬件和操作系统之间的紧密合作。内存管理单元利用存放在主存中的查询表来动态翻译虚拟地址，该表的内容由操作系统管理。

虚拟内存与物理内存之间的映射关系如图 6-5 所示。操作系统为每个进程维护了一个从虚拟地址到物理地址的映射关系的数据结构，其被称为页表。页表是存储在内存里的。当进程访问的虚拟地址在页表中查不到时，系统会产生一个缺页异常中断，并进入系统核函数空间分配物理内存、更新进程页表，最后再返回用户空间，恢复进程的运行。

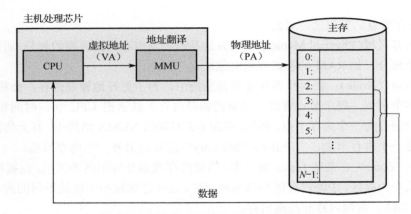

图 6-4 使用虚拟寻址技术的计算机系统

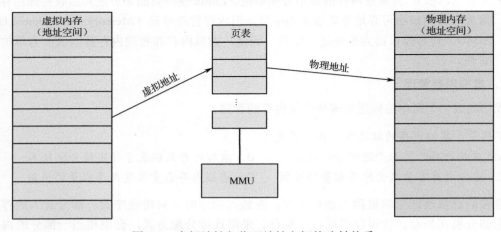

图 6-5 虚拟地址与物理地址之间的映射关系

6.2 MXMACA 内存层次模型

MXMACA 内存层次模型如图 6-6 所示。内存是分层次的,每种不同类型的内存空间都有不同的作用域、生命周期和缓存行为。在一个核函数中,每个线程都有自己的私有内存(Private Memory),每个线程块都有自己的工作组共享内存(Work-group Shared Memory,WSM)且其对块内的所有线程可见,一个线程网格中的所有线程都可以访问全局内存和常量内存,其中常量内存为只读内存空间。理解基于沐曦 GPU 硬件架构的 MXMACA 内存层次模型,可以帮助MXMACA 程序员通过改进访存策略来提升 MXMACA 核函数的性能。

根据是否可以被程序员控制,可将 MXMACA 编程中的存储单元分为以下两种类型。

- 可编程存储单元:程序员可以显示控制,并把应用程序数据在合适的时间点放在存储单元中的指定位置。
- 不可编程存储单元:程序员不能决定何时将应用程序数据放在这些存储单元中,也不能决定数据在存储单元中的位置。

GPU 的可编程存储单元包括全局存储、常量存储、共享存储、本地存储和寄存器等,不可编程存储单元则包括一级缓存、二级缓存等。另外,CPU 端(主机端)的存储类型,以及 CPU

和 GPU 的通信接口和通信方式也会影响 GPU 程序执行的性能。下面将一一介绍这些存储单元。

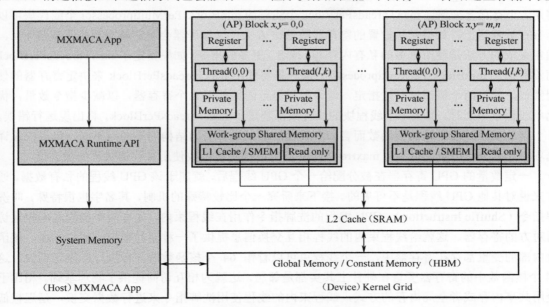

图 6-6　MXMACA 内存层次模型

6.2.1　GPU 寄存器

GPU 寄存器是 GPU 的片上高速缓存。执行单元可以以极低的延迟访问寄存器。寄存器的基本单元是寄存器文件（Register File），每个寄存器文件的大小为 32 比特。寄存器对每个线程而言都是私有的。一个核函数通常使用寄存器保存需要大量访问的私有变量。寄存器与核函数的生命周期相同，一旦核函数执行完毕，寄存器就不能通过核函数被访问。

核函数中声明的没有其他限定符的变量通常被放在寄存器中。在核函数声明的数组中，如果该数组的索引是常量且能在编译时确定，那么该数组也被放在寄存器中。如果每个线程使用了过多的寄存器，或者声明了大型的结构体或数据，或者编译器无法确定数据的大小，线程的私有数据就有可能被分配到私有内存（Private Memory）中。

同时，需要注意的是，寄存器是稀有资源。使用较少的寄存器就能够允许更多的线程块驻留在 AP 中。AP 中驻留的 GPU 线程越多，可以并行执行的计算任务也就越多，从而也就提升了程序性能。

编译器通过启发式算法来减少寄存器的使用。应用程序也可以通过添加辅助信息来帮助编译器优化这个启发式算法。

```
__global__ void
__launch_bounds__ _(maxThreadPerBlock, minBlocksPerMultiprocessor)
Kernel(…){
    //your kernel boby
}
```

其中，maxThreadsPerBlock 用于指明每线程块可以包含的线程的最大数量，minBlocksPerMultiprocessor 是可选参数，用于指明必要的最少的线程块数量。通过添加__launch_bounds__限定符来修饰 global 函数，可以达到限定寄存器数量的效果。

如果指定了__launch_bounds__限定符，编译器首先会得出寄存器数量的上限值 L，核函数将用 L 个寄存器来保证 maxThreadsPerBlock 个线程的 minBlocksPerMultiprocessor 个线程块可以运行在处理器上。如果初始设置的寄存器数量比 L 大，则编译器会将它减少至小于或等于 L，通常采取的方法是使用更多的私有内存和（或者）更多的指令。如果指定了 maxThreadsPerBlock 而没有指定 minBlocksPerMultiprocessor，编译器将使用 maxThreadsPerBlock 来决定寄存器的使用阈值。如果两个值都没有被指定，编译器将尽可能地使用 L 个寄存器，以减少指令数量，优化单线程指令延时。如果每个线程块的线程数都超过了 maxThreadsPerBlock，将出现运行错误。

请注意，对于不同的核函数而言，其优化的启动边界会因结构的不同而不同，可以在编译选项中加入 maxrregcount（如 maxrregcount=32）以控制核函数使用寄存器数量的最大值。

一定数量的 GPU 寄存器在被分配给一个 GPU 线程后，就属于该 GPU 线程的私有数据，通常来说对其他 GPU 线程是不可见的。接下来研究一个比较特殊的机制，其名字也很特殊，叫洗牌指令（Shuffle Instruction）。GPU 编程的洗牌指令作用在线程束内，允许两个线程之间相互访问对方的寄存器。这就给线程束内的线程相互交换信息提供了一种新的渠道。我们知道，核函数内部的变量都存在寄存器中，一个线程束可以看作 64 个核函数的并行执行，换句话说，这 64 个核函数中的寄存器变量在硬件上其实都是邻居，这就为相互访问提供了物理基础。相比于使用共享内存或者全局内存的方式，线程束内的线程使用洗牌指令来进行数据交换，延迟极低且不消耗额外的内存资源，这是线程束内线程通信的极佳方式。

洗牌指令引入了束内线程（Lane）的概念。一个束内线程就是一个线程束中的一个线程，每个束内线程在同一个线程束中由束内线程索引唯一确定。因此，MXMACA 束内线程 ID 的范围为[0,63]，且在线程束内唯一。一个线程块可能有很多个束内线程的索引，就像一个网格中有很多相同的变量 threadIdx.x 一样。可以通过以下方式计算线程在当前线程块内的束内线程 ID 和线程束 ID。

```
unsigned int LaneID=threadIdx.x%64;
unsigned int waveID=threadIdx.x/64;
```

根据上面的计算方法，当一个线程块内的变量 threadIdx.x 为 1、65、129 等时对应的束内线程 ID 都是 1。

MXMACA 有四种线程束洗牌函数（Wave Shuffle Function），用于设置洗牌指令，且这些函数都支持整型变量、浮点型变量、half 变量和 bfloat16 变量，以及这些变量的向量形式。这四种函数的基本函数如下。

（1）函数__shfl_sync：在线程束中的线程之间交换变量，从索引线程直接复制数值，也可以理解为从特定的束内线程广播到所有线程。

```
T __shfl_sync(unsigned mask, T var, int srcLane, int width=waveSize);
```

（2）函数__shfl_up_sync：在线程束中的线程之间交换变量，通过线程束上移获取数值，也就是从束内线程 ID 更小的前 delta 个线程复制数值。

```
T __shfl_up_sync(unsigned mask, T var, unsigned int delta, int
width=waveSize);
```

（3）函数__shfl_down_sync：在线程束中的线程之间交换变量，通过线程束下移获取数值，也就是从束内线程 ID 更大的后 delta 个线程复制数值。

```
T __shfl_down_sync(unsigned mask, T var, unsigned int delta, int width=
         waveSize);
```

（4）函数__shfl_xor_sync：在线程束中的线程之间交换变量，通过异或（XOR）计算得出目标线程 ID 交换数据，也就是从基于自己的线程 ID 的按位异或计算出的线程复制数值。

```
T __shfl_xor_sync(unsigned mask, T var, int laneMask, int width=waveSize);
```

关于这四种函数有以下几点说明。

- 数据类型 T 可以是 int、unsigned int、long、unsigned long、long long、unsignel long、float 或 double 类型。在包含头文件 maca_fp16.h 的情况下，T 也可以是 __half 或 __half2 类型。类似地，在包含括头文件 maca_bfloat16.h 或 maca_bfloat162.h 的情况下，T 也可以是 __maca_bfloat16 或 __maca_bfloat162 类型。

- mask 控制所涉及的线程，通常设置为 0xffffffffffffffff，相当于控制了所有的线程。

- var 是本地寄存器变量（int、unsigned int、long long、unsigned long long、float、double、__half 或 __maca_bfloat16 类型），var 也可以是它们的向量形式，如 __half2 或 __maca_bfloat162 类型。

- delta 是线程束内的偏移量，如果偏移后的线程不存在（即偏移后的线程 ID 超出了线程束的末端），则该值取自当前的线程。

下面以整型变量为例，进一步说明上述四种函数的使用方法。

（1）利用函数 __shfl_sync 同步线程束中的所有线程，并从通道 2 获取数值，使用示例如图 6-7 所示。

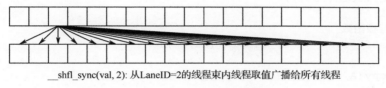

__shfl_sync(val, 2): 从 LaneID=2 的线程束内线程取值广播给所有线程

图 6-7   __shfl_sync 使用示例

完整的参考代码见示例代码 6-1，下述代码的运行结果全是第 3 号线程的数值。

示例代码 6-1   利用函数 __shfl_sync 同步线程束中的所有线程

```cpp
#include <iostream>
#include <cstdlib>
#include <mc_runtime_api.h>
using namespace std;

__global__ void test_shfl_sync(int A[], int B[])
{
    int tid = threadIdx.x;
    int value = B[tid];

    value = __shfl_sync(0xffffffffffffffff, value, 2);
    A[tid] = value;
}

int main()
{
    int *A,*Ad, *B, *Bd;
    int n = 64;
    int size = n * sizeof(int);
```

```
    // CPU端分配内存
    A = (int*)malloc(size);
    B = (int*)malloc(size);

    for (int i = 0; i < n; i++)
    {
      B[i] = rand()%101;
      std::cout << B[i] << std::endl;
    }

    std::cout <<"----------------------------" << std::endl;

    // GPU端分配内存
    mcMalloc((void**)&Ad, size);
    mcMalloc((void**)&Bd, size);
    mcMemcpy(Bd, B, size, mcMemcpyHostToDevice);

    // 定义核函数执行配置，（1024×1024/512）个线程块，每个线程块里面有512个线程
    dim3 dimBlock(128);
    dim3 dimGrid(1000);

    // 执行核函数
    test_shfl_sync <<<1, 64 >>> (Ad,Bd);

    mcMemcpy(A, Ad, size, mcMemcpyDeviceToHost);

    // 校验误差
    float max_error = 0.0;
    for (int i = 0; i < 64; i++)
    {
     std::cout << A[i] << std::endl;
    }

    cout << "max error is " << max_error << endl;

    // 释放CPU端、GPU端的内存
    free(A);
    free(B);
    mcFree(Ad);
    mcFree(Bd);

    return 0;
}
```

（2）利用函数__shfl_up_sync 把线程 ID 为 tid-delta 的 var 复制给线程 ID 为 tid 的 var，如果 tid-delta<0，则 var 保持原来的值。__shfl_up_sync 使用示例如图 6-8 所示。

用__shfl_up_sync 实现线程 ID 为 tid-delta 的 var 复制的设备端参考代码见示例代码 6-2。

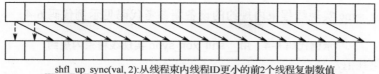

__shfl_up_sync(val, 2):从线程束内线程ID更小的前2个线程复制数值

图 6-8   __shfl_up_sync 使用示例

示例代码 6-2   用__shfl_up_sync 实现线程 ID 为 tid-delta 的 var 复制

```
__global__ void test_shfl_up_sync(int A[], int B[])
{
    int tid = threadIdx.x;
    int value = B[tid];

    value = __shfl_up_sync(0xffffffffffffffff, value, 2);
    A[tid] = value;

}
```

（3）利用函数__shfl_down_sync 把线程 ID 为 tid+delta 的 var 复制给线程 ID 为 tid 的 var，如果 tid+delta>63，则 var 保持原来的值。__shfl_down_sync 使用示例如图 6-9 所示。

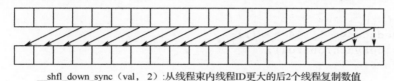

__shfl_down_sync（val，2）:从线程束内线程ID更大的后2个线程复制数值

图 6-9   __shfl_down_sync 使用示例

用__shfl_up_sync 实现线程 ID 为 tid+delta 的 var 复制的设备端参考代码见示例代码 6-3。

示例代码 6-3   用__shfl_up_sync 实现线程 ID 为 tid+delta 的 var 复制

```
__global__ void test_shfl_down_sync(int A[], int B[])
{
    int tid = threadIdx.x;
    int value = B[tid];

    value = __shfl_down_sync(0xffffffffffffffff, value, 2);
    A[tid] = value;

}
```

（4）利用函数__shfl_xor_sync 实现线程束内规约（Reduction across A Wave）。__shfl_xor_sync 使用示例如图 6-10 所示。

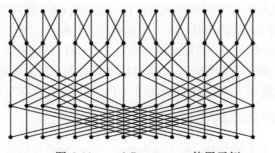

图 6-10   __shfl_xor_sync 使用示例

用__shfl_xor_sync 实现线程束内规约的设备端参考代码见示例代码 6-4。

示例代码 6-4　用__shfl_xor_sync 实现线程束内规约

```
#include <stdio.h>
#include <mc_runtime_api.h>

__global__ void waveReduce() {
    int laneId = threadIdx.x & 0x3f;
    // Seed starting value as inverse lane ID
    int value = 63 - laneId;

    // Use XOR mode to perform butterfly reduction
    for (int i=1; i<64; i*=2)
        value += __shfl_xor_sync(0xffffffffffffffff, value, i, 64);

    // "value" now contains the sum across all threads
    printf("Thread %d final value = %d\n", threadIdx.x, value);
}

int main() {
    waveReduce<<< 1, 64 >>>();
    mcDeviceSynchronize();
    return 0;
}
```

6.2.2　GPU 私有内存

私有内存是每个线程私有的,在核函数中存储在寄存器中但不能进入核函数分配的寄存器空间中的变量将被存储在私有内存中,私有内存中可能存放的变量有以下几种。

- 在编译时使用未知索引引用的本地数组。
- 可能会占用大量寄存器空间的较大的本地结构体或数组。
- 任何不满足核函数寄存器限定条件的变量。

另外,需要注意的是,溢出到私有内存的变量物理上与全局内存在同一块存储区域(DRAM 或 HBM)中,因此,私有内存具有较高的延迟和较低的带宽。

如果核函数使用了太多的私有内存,则在用 mxcc 编译时可能会报错并提示私有内存不足,这时可以尝试使用环境变量 MXC_PRIVATE_MEMORY 来设置单个 GPU 线程所需的私有内存大小(单位是字节)。

请注意,可以支持的最大单个 GPU 线程私有内存可能会随 GPU 硬件类型的不同而不同。即使是相同的 GPU 硬件类型,由于私有内存是从全局内存中划分出来的一块内存,MXMACA 软件发布的不同版本也可能会修改划分的大小。可以支持的最大单个 GPU 线程私有内存需要 MXMACA 程序员结合自己的 MXMACA 编程环境来确认。MXMACA 软件发布的版本通常都是经过精心设计并做过充分验证的,绝大多数情况下所支持的最大单个 GPU 线程私有内存都是够用的。

6.2.3　GPU 工作组共享内存

共享内存是 GPU 的一个关键部件,每个 AP 都有一个小的低延迟内存池,该内存池被当前在该 AP 上执行的线程块中的所有线程共享。共享内存使同一个线程块中的线程能够相互协作，便于重复使用已迁移到芯片上的数据，并可以大大降低核函数所需的全局内存带宽。由于共享内存的内容是由应用程序显式管理的，因此它通常被描述为可编程管理的缓存。

全局内存是较大的板载内存，具有相对较高的延迟。相比之下，共享内存是较小的片上内存，具有相对较低的延迟，并且可以提供比全局内存大得多的带宽。全局内存的所有加载和存储请求都要经过二级缓存，这是 AP 单元之间数据统一的基本点。同时，相比于全局内存，共享内存的延迟是全局内存的 1/30～1/20，而带宽要大约 10 倍。

当每个线程块开始执行时，会分配给它一定数量的共享内存。这个共享内存的地址空间被线程块中所有的线程共享。它的内容和创建时所在的线程块具有相同的生命周期。每个线程束都可以发出共享内存的访问请求。在理想的情况下，每个线程束共享内存访问的请求能在一个事务中完成。在最坏的情况下，每个请求在 32 个不同的事务中顺序执行。如果多个线程访问共享内存中的同一个字，则在一个线程读取该字后，通过多播把它发送给其他线程。

共享内存被 AP 中的所有常驻线程块划分，因此，它是限制设备并行性的关键资源。一个核函数使用的共享内存越多，处于并行活跃状态的线程块就越少。共享内存本质上是一个可受用户控制和管理的一级缓存。当数据移动到共享内存中以及数据被释放时，我们对它有充分的控制权。由于 MXMACA 允许手动管理共享内存，因此通过在数据布局上提供更多的细粒度控制和改善片上数据的移动，对应用程序代码进行优化就变得更简单了。例如，在循环转换中，通过重新安排迭代顺序，可以在循环遍历的过程中提高缓存的局部性，而通过共享内存的使用，我们可以实现更好的空间局部性。

毫无疑问，对于关心性能的 GPU 程序员来说，共享内存是一个应该认真掌握的概念。然而，需要注意的是，GPU 执行的是一种内存的加载/存储模型（Load-Store Model），即所有的操作都要在指令载入寄存器之后才能执行。因此，加载数据到共享内存与加载数据到寄存器是不同的。只有在数据重复利用、全局内存合并或线程之间有共享数据时，使用共享内存才更合适，否则，将数据直接从全局内存加载到寄存器，应用程序的性能会更好。

1. 分配共享内存

有多种方法可以用来分配或声明由应用程序的请求所决定的共享内存变量。可以静态或动态地分配共享内存变量。使用__shared__变量存储空间限定符，可以在核函数中申请将变量存放在共享内存中。也就是说，共享内存可以被声明在一个本地的核函数或一个全局的核函数中。可以在核函数的本地作用域内声明共享内存，这使得该内存只在核函数执行时存在，并在核函数结束时释放。也可以在全局作用域内声明共享内存，这意味着该内存会在核函数开始执行之前就存在，并在核函数结束时仍然存在，可被用于需要在多个核函数之间共享的数据。

因为共享内存是片上内存，所以与私有内存或全局内存相比，它具有更大的带宽和更低的延迟。它的使用类似于 CPU 一级缓存，但它是可编程的。每个 AP 都有一定数量的由线程块分配的共享内存。因此，不要过度使用共享内存，否则将在不经意间限制活跃线程束的数量。

共享内存是线程之间通信的基本方式。一个线程块内的线程通过使用共享内存中的数据可以相互合作。访问共享内存必须同步使用调用函数__syncthreads，该函数设立了一个执行障碍点，即同一个线程块中的所有线程必须在其他线程被允许执行前到达该处。为线程块里的所有线程设立障碍点可以避免潜在的数据冲突。

数据冲突是在并行计算中，特别是使用 GPU 进行通用计算时经常遇到的问题。当多个线程尝试同时访问同一内存位置，并且至少有一个线程试图写入数据时，就会发生这种情况。这可能导致所谓的"竞态条件"，其中，最终的内存状态取决于哪个线程首先执行写入操作，或者更糟糕的是，可能产生一个不一致的、不可预测的结果。函数__syncthreads可被用于确保同一线程块中的所有线程都到达了同一点，然后再继续执行。这对于协调并行操作以避免数据冲突和确保内存操作的正确顺序非常重要。然而，过度使用__syncthreads可能会导致程序性能问题，会导致线程块中的所有线程在每次调用时都同步它们的执行。这可能会引入显著的延迟，因为线程必须等待最慢的线程赶上来。此外，它还可能降低处理器的利用率，因为线程在同步点处空闲等待，而不是执行工作。

下面的代码段静态声明了一个共享内存的二维整型数组。如果在核函数中声明，那么这个变量的作用域就局限在该核函数中。如果在文件的任何核函数外进行声明，那么这个变量的作用域对所有核函数来说都是全局的。

```
__shared__ int tile[size_y][size_x]
```

如果共享内存的大小在编译时是未知的，那么可以用限定符 extern 声明一个未知大小的数组，这个声明可以在某个核函数的内部或所有核函数的外部进行。例如，下面的代码段就声明了共享内存中一个未知大小的一维整型数组。

```
extern __shared__ int tile[];
```

因为这个数组的大小在编译时是未知的，所以在每个核函数被调用时，需要动态分配共享内存，将所需的内存大小按字节数作为三重括号内的第三个参数，如下所示。

```
kernel <<<grid, block, size * sizeof(int)>>>(...)
```

需要注意的是，只能动态声明一维数组。

2．共享内存的存储体

为了获得较大的内存带宽，共享存储器被划分为多个大小相同的存储体，被称为 Bank，它们可以被同时访问。通常，共享内存是基于存储体切换架构（Bank-Switched Architecture）的。

沐曦架构的 GPU 设备支持 32 个存储体，每个存储体可以存 4 字节（32 比特）的数据，足以用来存储 1 个单精度的浮点型数，或者 1 个标准的 32 位的整型数（1 个双精度的浮点型数需要跨越两个存储体）。无论有多少个线程发起操作，每个存储体在每个周期只执行一次操作。因此，如果线程束中的每个线程访问一个存储体，那么所有线程的操作都可以在一个周期内同时执行。此时不需要顺序地访问，因为每个线程访问的存储体在共享内存中都是独立、互不影响的。这就大大提高了整体带宽——理想情况下，32 个存储体的整体带宽可以是单独一个存储体的带宽的 32 倍。

共享内存的地址映射方式如图 6-11 所示。连续的 32 个字（Word）被分配到连续的 32 个存储体中，按照箭头的方向依次映射。可以以电影院的座位为例来进行类比：一列座位就相当于一个存储体，每行有 32 个座位，在每个座位上可以"坐"一个 32 比特的数据（或者多个小于 32 比特的数据，如 4 个 char 型的数据、2 个 short 型的数据）；正常情况下，我们是按照先坐完一行再坐下一行的顺序来坐座位的，在共享内存中地址映射的方式也是这样的。

图 6-11 中的数字为存储体编号（Bank ID）。如果要申请一个共享内存数组（假设是 int 类型），那么每个元素所对应的存储体编号就是地址偏移量（也就是数组下标）对 32 取余所得的结果，比如下面的大小为 1024 个 int 类型数据的一维数组 my_shared（每个 int 类型数据占 4 个字节）。

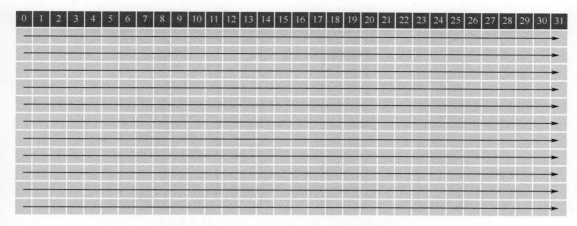

图 6-11　共享内存的地址映射方式

- my_shared[4]：对应的 Bank ID 为#4（相应的行偏移量为 0）。
- my_shared[31]：对应的 Bank ID 为#31（相应的行偏移量为 0）。
- my_shared[50]：对应的 Bank ID 为#18（相应的行偏移量为 1）。
- my_shared[128]：对应的 Bank ID 为#0（相应的行偏移量为 4）。
- my_shared[178]：对应的 Bank ID 为#18（相应的行偏移量为 5）。

3．存储体冲突（Bank 冲突）

当一个线程束中的不同线程访问一个存储体中不同的字地址时，就会发生 Bank 冲突。如果没有 Bank 冲突，共享内存的访存速度将会非常快，大约是全局内存的访问延迟的 1/100，但是没有寄存器快。然而，如果在使用共享内存时发生了 Bank 冲突，性能将会大幅降低。在最坏的情况下，即一个线程束中所有的线程访问了相同存储体的 32 个不同的字地址，那么这 32 个访问操作将会全部被序列化，这就大大降低了内存带宽。需要注意的是，不同线程束中的线程之间不存在 Bank 冲突。

接下来探讨一些典型的存储体访问方式，以加深对 Bank 冲突的理解。

图 6-12 所示是无 Bank 冲突访问方式的两个例子。例子（1）是典型的线性访问方式，访问步长（Stride）为 1，由于每个线程束中的线程 ID 与每个存储体的 ID 一一对应，因此不会产生 Bank 冲突。例子（2）是交叉访问方式，每个线程并没有与存储体一一对应，但每个线程都会对应一个唯一的存储体，所以也不会产生 Bank 冲突。

图 6-13 给出了有 Bank 冲突访问方式的两个例子。例子（1）虽然也是线性访问方式，但与图 6-12 中线性访问的区别是访问的步长变为 2，这就导致线程 0 与线程 16 都访问 Bank 0，线程 1 与线程 29 都访问 Bank 2…从而造成了 2 路的 Bank 冲突。下文会对以不同的步长访问 Bank 的情况做进一步讨论。例子（2）所示的多路访问方式会造成多路的 Bank 冲突。

这里需要注意以下两种无 Bank 冲突的特殊访问方式，如图 6-14 所示。

特殊访问方式 1：所有的线程都访问同一个存储体，这貌似产生了 32 路的 Bank 冲突，但实际上并不会发生，这是由于存在广播（Broadcast）机制，即当一个线程束中的所有线程都访问一个存储体中的同一个字地址时，这个字就会被广播给所有的线程。

特殊访问方式 2：这种多播（Multicast）访问方式也不会产生 Bank 冲突，即当一个线程束中的几个线程都访问同一个存储体中相同的字地址时，这个字就会被广播给这些线程。

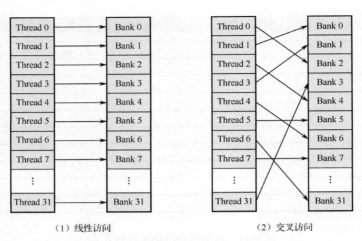

（1）线性访问　　　　　　　　　（2）交叉访问

图 6-12　无 Bank 冲突的访问方式示例

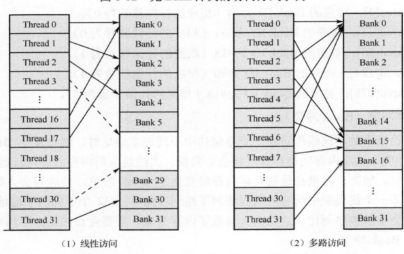

（1）线性访问　　　　　　　　　（2）多路访问

图 6-13　有 Bank 冲突的访问方式示例

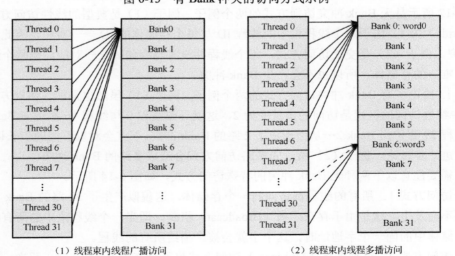

（1）线程束内线程广播访问　　　　　　　（2）线程束内线程多播访问

图 6-14　无 Bank 冲突的特殊访问方式示例

所有的沐曦架构 GPU 设备都支持多播机制，但部分老架构 GPU 设备可能不支持。

4．数据类型与 Bank 冲突

沐曦架构的 GPU 设备支持 32 位宽的存储体，这意味着每个线程可以独立地访问一个 32 位宽的内存地址，而不会与其他线程发生 Bank 冲突。

```
extern __shared__ int my_shared[];
foo = my_shared[baseIndex + threadIdx.x]
```

但是，如果多个线程尝试访问同一 Bank 中的不同地址，仍然会发生 Bank 冲突。对于每个线程访问一个字节的情况，如果多个线程尝试访问同一 Bank 中的不同字节，就会发生 Bank 冲突。例如，如果有 4 个线程访问同一 Bank 中的不同字节，就会发生 4 路 Bank 冲突。同样地，如果是 16 位宽的数据类型（如 short 类型），则会发生 2 路 Bank 冲突。数据类型与 Bank 冲突示例如图 6-15 所示。

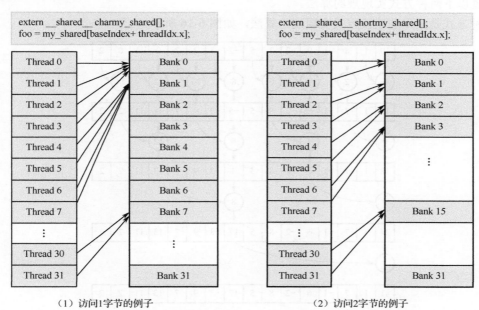

图 6-15　数据类型与 Bank 冲突示例

5．访问步长与 Bank 冲突

我们通常这样访问数组：每个线程根据线程编号 tid 与访问步长 s 的乘积来访问数组的 32 比特字（int 或 float 类型）。

```
extern __shared__ float my_shared[];
float data = my_shared[baseIndex + s * tid];
```

如果按照上面的方式，同一个线程束里的线程 tid 和线程 tid+n 满足以下任一条件，Bank 冲突就会发生。

● s×n 是存储体数量（即 32）的整数倍。
● n 是 32/d 的整数倍（d 是 32 和 s 的最大公约数）。

反之，如果两个线程不在同一个线程束中或者它们的访问地址不是 32 的某个因子的整数倍，那么它们就不会访问同一个存储体，从而避免 Bank 冲突。

仔细思考你会发现，只有当线程束里的线程数小于等于 32/d 时，Bank 冲突才不会发生。因为沐曦架构 GPU 的线程束有 64 个线程，所以只有当 d 等于 1 时 Bank 冲突发生的可能性才最小。要想让 d 为 1，s 必须为奇数。这就得到一个显而易见的结论：当访问步长 s 为奇数时，Bank 冲突发生的可能性最小，即一个线程束里的 64 个线程串行 2 次访问 32 个存储体。

6. Bank 冲突的例子

通过前面的举例和介绍，我们已经理解了 Bank 冲突，下面以并行计算中经典的规约算法为例来做一个简单的练习。

假设有一个大小为 2048 个 int 类型数据的向量，我们想用规约算法对该向量求和。我们申请了一个大小为 1024 个线程的线程块，并声明了一个大小为 2048 个 int 类型数组（一个 int 类型数组占用 4 字节）的共享内存数组，然后将数据从全局内存复制到了该共享内存数组。我们可以通过以下两种方式实现规约算法。

一种方式是采用非连续方式实现规约算法，如图 6-16 所示。

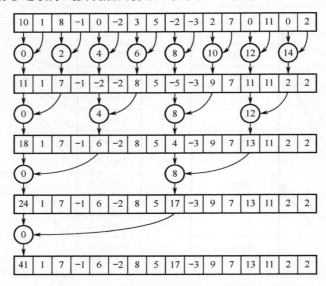

图 6-16　采用非连续方式实现规约算法示例

参考代码见示例代码 6-5。从"int index = 2 * i * cacheIndex"和"cache[index] += cache[index + i]"这两条语句，我们可以很容易地判断这种实现方式会产生 Bank 冲突。当 i=1 时，步长 s=2×i=2，会产生两路的 Bank 冲突；当 i=2 时，步长 s=2×i=4，会产生四路的 Bank 冲突；以此类推，当 i=n 时，步长 s=2×n=2n。可以看出，每次步长都是偶数，因此这种方式会产生严重的 Bank 冲突。

示例代码 6-5　非连续的规约求和

```
__global__ void BC_addKernel(const int *a, int *r)
{
    __shared__ int cache[ThreadsPerBlock];
    int tid = blockIdx.x * blockDim.x + threadIdx.x;
    int cacheIndex = threadIdx.x;
```

```
    // copy data to shared memory from global memory
    cache[cacheIndex] = a[tid];
    __syncthreads();

    // add these data using reduce
    for (int i = 1; i < blockDim.x; i *= 2)
    {
        int index = 2 * i * cacheIndex;
        if (index < blockDim.x)
        {
            cache[index] += cache[index + i];
        }
        __syncthreads();
    }

    // copy the result of reduce to global memory
    if (cacheIndex == 0)
        r[blockIdx.x] = cache[cacheIndex];
}
```

另一种方式是采用连续方式实现规约算法,如图 6-17 所示。参考代码见示例代码 6-6,由于每个线程的编号与操作的数据编号一一对应,因此不会产生 Bank 冲突。

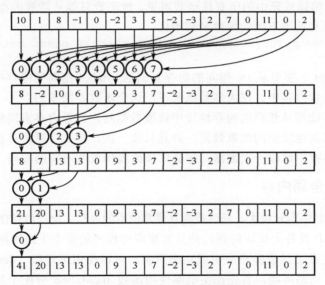

图 6-17　采用连续方式实现规约算法示例

示例代码 6-6　连续的规约求和

```
__global__ void NBC_addKernel2(const int *a, int *r)
{
    __shared__ int cache[ThreadsPerBlock];
    int tid = blockIdx.x * blockDim.x + threadIdx.x;
    int cacheIndex = threadIdx.x;

    // copy data to shared memory from global memory
    cache[cacheIndex] = a[tid];
```

```
    __syncthreads();

    // add these data using reduce
    for (int i = blockDim.x / 2; i > 0; i /= 2)
    {
        if (cacheIndex < i)
        {
            cache[cacheIndex] += cache[cacheIndex + i];
        }
        __syncthreads();
    }

    // copy the result of reduce to global memory
    if (cacheIndex == 0)
        r[blockIdx.x] = cache[cacheIndex];
}
```

6.2.4　GPU 常量内存

GPU 常量内存驻留在设备内存中，并缓存在每个 AP 专用的常量缓存中。常量变量用限定符 __constant__ 来修饰。常量变量必须在全局空间内和所有的核函数外进行声明。常量内存是静态声明的，并对同一编译单元中的所有核函数可见。核函数只能从常量内存中读取数据。因此，常量内存必须在主机端使用下面的函数来初始化。

```
mcError_t mcMemcpyToSymbol(const void* symbol, const void* src, size_t count);
```

这个函数将 count 个字节从 src 指向的内存复制到 symbol 指向的内存中，这个变量存放在设备的全局内存或常量内存中。在大多数情况下，这个函数是同步的。

线程束中的所有线程从相同的内存地址中读取数据时，常量内存表现最好。如果线程束里的每个线程都从不同的地址空间读取数据，并且只读一次，那么常量内存就不是最佳的选择，因为每从一个常量内存中读取一次数据，都会广播给线程束中所有的线程。

6.2.5　GPU 全局内存

全局内存是 GPU 中容量最大、延迟最高且最常使用的内存。全局内存使用限定符 __global__ 声明，可以在任何 AP 设备上被访问到，并且贯穿应用程序的整个生命周期。

一个全局内存变量可以被静态声明或动态声明。可以使用限定符 __device__ 在设备代码中静态声明一个变量。动态声明，首先在主机端使用函数 mcMalloc 分配全局内存，获得指向全局内存的指针。然后，把该指针作为参数传递给核函数使用。最后，等使用结束后在主机端使用函数 mcFree 释放全局内存。全局内存分配空间存在于应用程序的整个生命周期中，并且允许所有核函数中的所有线程访问。从多个线程访问全局内存时须注意：因为线程的执行不能跨线程块同步，所以不同线程块内的多个线程并行地修改全局内存的同一位置时可能会出现问题，这将导致一个未定义的程序行为。

我们把一次内存请求（从核函数发起请求，到硬件响应返回数据这个过程）称为一个内存事务（加载或存储都可以）。全局内存常驻于设备内存中，可通过 32 字节、64 字节或 128 字节的内存事务进行访问。这些内存事务必须自然对齐，也就是说，首地址的值必须是 32 字节、64

字节或 128 字节的倍数。优化内存事务对于获得最优性能来说是至关重要的。当一个线程束执行内存加载/存储时，需要满足的传输数量通常取决于跨线程的内存地址分布、每个内存事务内存地址的对齐方式这两个因素。

1. 静态全局内存

CPU 内存分配方式有动态分配和静态分配两种类型。从内存位置来说，动态分配在堆上进行，静态分配在栈上进行。在代码上的表现是，一个需要 new、malloc 等类似的函数来动态分配空间，并用函数 delete 和 free 来释放，另一个需要直接用编程语言支持的数据类型（如 int、bool 等）来声明变量，让系统自动分配和释放。在 MXMACA 中也有类似的动态分配、静态分配之分，我们前面用到的都是需要函数 mcMalloc 的，是动态分配方式。接下来我们展示一个采用静态分配方式的示例（见示例代码 6-7），与动态分配相同，其也需要显式地将内存复制到设备端。

示例代码 6-7　静态全局内存使用示例

```
#include <mc_runtime_api.h>
#include <stdio.h>

__device__ float devData;
__global__ void checkGlobalVariable()
{
    printf("Device: the value of the global variable is %f\n", devData);
    devData += 2.0;
}

Int main()
{
    float value = 3.14f;
    mcMemcpyToSymbol(devData, &value, sizeof(float));
    printf("Host: copy %f to the global variable\n", value);
    checkGlobalVariable<<<1,1>>>();
    mcMemcpyFromSymbol(&value, devData, sizeof(float));
    printf("Host: the value changed by the kernel to %f\n", value);
    mcDeviceReset();
    return EXIT_SUCCESS;;
}
```

示例代码的运行结果如下。

```
Host: copy 3.140000 to the global variable
Device: the value of the global variable is 3.140000
Host: the value changed by the kernel to 5.140000
```

这段示例代码中特别要注意的就是下面这一行。

```
mcMemcpyToSymbol(devData,&value,sizeof(float));
```

函数原型规定的第一个变量应该是个 void* 类型，但示例代码中却是 device float devData 变量。出现这种情况的原因是，设备端变量的定义和主机端变量的定义不同，代码中定义的设备端变量其实是一个指针，指针的指向、指针指向的内容主机端都是不知道的，想知道指向的内容，唯一的办法是通过显式的方式传输过来。

```
mcMemcpyFromSymbol(&value,devData,sizeof(float));
```

这里需要注意，在主机端，**devData** 只是一个限定符，不是设备全局内存的变量地址。在核函数中，**devData** 就是一个全局内存中的变量。主机代码不能直接访问设备变量，设备也不能访问主机变量，这就是 MXMACA 编程与常规 CPU 编程最大的不同之处。

```
mcMemcpy(&value,devData,sizeof(float));
```

上面这行代码是错误的，这个函数是无效的，即不能用动态复制的方法给静态变量赋值。如果一定要使用函数 mcMemcpy，只能用下面的方式。

```
float *dptr=NULL;
mcGetSymbolAddress((void**)&dptr,devData);
mcMemcpy(dptr,&value,sizeof(float),mcMemcpyHostToDevice);
```

主机端不可以对设备变量进行取地址操作，这是非法的。想要得到 **devData** 的地址可用下面的方法。

```
float *dptr=NULL;
mcGetSymbolAddress((void**)&dptr,devData);
```

当然，也有一个例外，即可以直接从主机端引用 GPU 内存（MXMACA 页锁定内存）。后面我们会讲解这些内容。MXMACA 运行时库 API 能访问主机端和设备端的变量，但前提是给正确的函数提供了正确的参数。在使用 MXMACA 运行时库 API 时，如果参数（尤其是主机端和设备端上的指针）填错，其结果是无法预测的。

2. 对齐访问和合并访问

全局内存通过缓存来实现加载/存储。全局内存是一个逻辑内存空间，可以通过核函数来访问。所有的应用程序数据最初存储在 DRAM 中，即物理设备内存中。核函数的内存请求通常是在 DRAM 设备和片上内存间以 128 字节或 32 字节的内存事务来实现的。

所有对全局内存的访问都会通过二级缓存来实现，也有许多会通过一级缓存，这取决于访问类型和 GPU 架构。如果这两级缓存都被用到，这个内存访问是由一个 128 字节的内存事务来实现的。如果只使用了二级缓存，这个内存访问是由一个 32 字节的内存事务来实现的。如果允许使用一级缓存，那可以在编译时选择启用或禁用一级缓存，并对全局内存的缓存架构进行修改。

一行一级缓存的大小是 128 字节，它映射设备内存中一个 128 字节的对齐段。一个线程束分配有两组存储块，每组存储块包含 32 个存储体。在这种情况下，如果线程束中的每个存储体都发起一个 4 字节的数据请求，那么每次请求将导致 128 字节的数据被载入，这个数据量正好与缓存行和设备内存段的尺寸一致。因此，在优化应用程序时需要注意设备内存访问的两个特性：对齐内存访问和合并内存访问。本书将在第 8.3.1 节中进行更详细的介绍。

3. 全局内存读取

全局内存的读取首先会尝试从一级缓存获取数据。如果一级缓存缺失，所有对全局内存的加载请求将直接进入二级缓存；如果二级缓存缺失，则由 DRAM 完成请求。根据需要，每个内存事务可被分为一段、两段或四段来执行，每段有 32 字节。

4. 全局内存写入

全局内存的写入操作首先通过二级缓存进行，然后发送到设备内存。存储操作在 32 字节段的粒度上被执行。根据需要，内存事务可以被分成一段、两段或四段。例如，如果两个地址属于同一个 128 字节区域，但是不属于一个对齐的 64 字节区域，则会执行一个四段内存事务（也就是说，执行一个四段内存事务比执行两个一段内存事务的效果更好）。

以下讨论全局内存对齐内存访问的三种情况。其中的一种理想情况如图 6-18 所示，线程束中所有的线程访问在一个连续的 128 字节的范围内，写入请求由一个四段内存事务来实现。

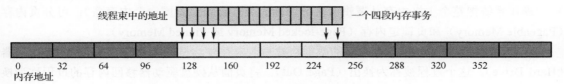

图 6-18   全局内存对齐内存访问示例一

另一种比较理想的情况如图 6-19 所示，地址访问在一个连续的 64 字节的范围内，写入请求由一个两段事务来完成。

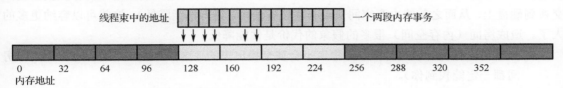

图 6-19   全局内存对齐内存访问示例二

一般的情况如图 6-20 所示，地址分散在一个 192 字节的范围内，写入请求由三个一段事务来实现。

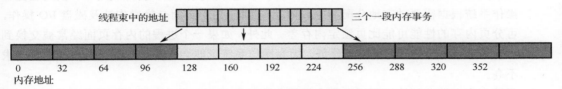

图 6-20   全局内存对齐内存访问示例三

6.2.6   GPU 缓存

和 CPU 缓存一样，GPU 缓存是不可编程的内存。在 GPU 上只有一级缓存和二级缓存，没有三级缓存。每个 AP 都有一个一级缓存，所有 AP 共享一个二级缓存。一级缓存和二级缓存都被用来存储私有内存、常量内存和全局内存中的数据，以及寄存器溢出的部分。在 CPU 上，内存的加载和存储都可以通过缓存单元加速，但是，在 GPU 上只有内存加载可以通过缓存单元加速，内存存储操作不能通过缓存单元加速。

6.3   MXMACA 内存管理

6.3.1   常规内存管理

如第 6.2 节所述，MXMACA 编程语言和 C 语言等底层语言类似，提供了对硬件更为直观的控制选项和独特的内存管理机制，这要求程序员直接进行内存管理。通过基于 MXMACA C/C++ 的语言拓展和运行时库 API，MXMACA 编程语言集成了对设备内存和主机内存的管理，从而使程序员能够合理地运用内存。接下来介绍常规内存管理，主要包括主机内存的分配和释放、设备内存的分配和释放、主机和设备之间的内存数据传输等内容。

1．主机内存的分配和释放

操作系统把整个主机内存从逻辑上区分为两大类（物理上是同一个内存条）：可分页内存（Pageable Memory）和页锁定内存（Page-locked Memory 或 Pinned Memory）。

当主存没有足够的空间且有更多的数据将被写入内存时，一些页面将被移动到硬盘驱动器（Hard Drive），这个过程被称为换出（Page Out）。将页面从硬盘驱动器移回内存的过程称为换入（Page In）。允许换入或换出的特定内存被称为可分页内存。反之，不允许换出或换入的特定内存被称为页锁定内存。

打个比方，页锁定内存是 VIP 房间，只给你一个人用，其他人不可以占用。可分页内存是普通房间，在房间不够的时候，选择性地把你的房间腾出来给其他人交换用（内存交换出去，交换到硬盘上，从而之前的内存空间交给其他任务使用，使得性能降低），这就可以容纳更多的人了。造成房间（内存空间）很多的假象的代价是性能降低。

● 页锁定内存具有锁定特性，是稳定不会被交换出去的（这很重要，相当于每次去这个房间都一定能找到你）。

● 可分页内存没有锁定特性，第三方设备（如 GPU）去访问时，因为无法感知内存是否被交换，可能得不到正确的数据（每次去房间找你时，不确定你的房间是否被人交换了）。

● 可分页内存允许操作系统将不经常使用的数据页面交换到磁盘上，从而释放物理内存空间供其他进程使用。这种内存管理策略提供了更好的灵活性和资源利用率，因为它允许操作系统根据需要动态地分配和回收内存。然而，由于页面交换操作涉及磁盘 I/O 操作，可分页内存的性能可能比页锁定内存差。此外，如果一个进程的内存页面经常被交换到磁盘上，它的优先级可能会被降低，因为操作系统可能会认为该进程不重要或资源需求不高。

● 页锁定内存被分配给进程后，不会被操作系统交换到磁盘上，直到进程明确地释放它。这种内存管理策略提供了更好的性能，因为不需要进行页面交换操作。然而，页锁定内存的数量有限，如果所有页锁定内存都被占用，而其他进程需要更多的内存，操作系统可能需要采取一些措施来回收页锁定内存，这可能会产生延迟或影响其他进程的性能。

总的来说，可分页内存和页锁定内存各有优缺点，选择哪种类型的内存取决于具体的应用场景和需求。在一些要求高性能和资源稳定性的场景下，页锁定内存可能是更好的选择；而在一些需要更灵活的资源管理和调度的场景下，可分页内存可能更适合。

相应地，CPU 和 GPU 之间的数据交互传输方式也有两种不同的方式，如图 6-21 所示。一种是可分页数据传输（Pageable Data Transfer）。GPU 不能直接访问可分页内存，当主机可分页内存有数据传输需求时，需要 MXMACA 驱动软件分配一个临时的页锁定内存，并将主机端的数据放到这个临时的页锁定内存空间里，随后 GPU 读取临时数据。因为可分页内存没有锁定特性，无法感知内存是否被交换，可能无法得到正确的数据，所以直接访问它可能会造成错误。另一种是固定数据传输（Pinned Data Transfer），即 GPU 可以直接访问页锁定内存。

主机内存的分配和释放有两种方式：一种是使用可分页内存管理，即直接使用系统函数 malloc 分配的常规主机可分页内存，不需要使用 MXMACA 运行时库 API；另一种是使用页锁定内存管理，即由函数 mcMallocHost 和 mcFreeHost 分配和释放页锁定内存，或者由函数 mcHostRegister 将函数 malloc 分配的内存变为页锁定内存。

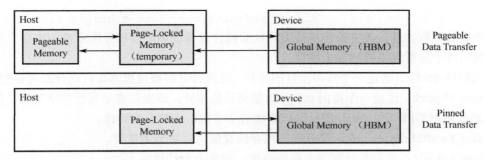

图 6-21　CPU 和 GPU 之间的数据交互传输方式

CPU 和 GPU 之间的数据传输使用主机页锁定内存有以下几个好处。

● 主机页锁定内存和设备内存之间的复制可以与异步并行执行中提到的某些设备的核函数执行同时执行。

● 在某些设备上，主机页锁定内存可以被映射到设备端的地址空间中，从而避免了数据从主机内存到设备内存的复制操作。这种技术通常被称为内存映射（Memory Map）。利用这种技术，主机端可以直接访问设备内存，就好像它是在自己的地址空间内访问一样。这有助于减少数据传输的延迟并提高性能。

● 在具有前端总线的系统中，如果主机内存被分配为页锁定内存，主机内存和设备内存之间的带宽相对较高。如果主机内存被分配为页锁定内存，再使用合并访存，则带宽有可能会更高，因为合并访存技术进一步减少了数据传输的需求，提高了数据传输的效率。

然而，主机页锁定内存是一种稀缺资源，可以被分配为页锁定内存的物理内存空间是有限的。因此，如果一个进程请求了大量的页锁定内存，就需要通过减少操作系统中可分页内存的物理内存量。因为可分页内存和页锁定内存各有不同的优缺点，合理地管理和使用页锁定内存对于系统的性能和稳定性至关重要。同时还需要注意，主机页锁定内存不会缓存在非 I/O 一致的 GPU 上。

2．设备内存的分配和释放

MXMACA 编程会对异构系统进行内存管理，包括主机端和设备端的内存。在经典的内存管理中，主机端和设备端的内存彼此独立，MXMACA 提供了在主机端分配内存的函数。

```
mcError_t mcMalloc(void **ptr, size_t sizeBytes);
```

其中，设备端分配了 sizeBytes 字节的内存，并将内存起始地址的指针通过 ptr 返回。动态分配的内存支持 int、float 等多种数据类型。如果内存分配失败，函数 mcMalloc 会返回 mcErrorMemoryAllocation，如果内存分配成功，则会返回 mcSuccess，此时，程序员可调用函数 mcMemset 或 mcMemcpy 来初始化此内存。

```
mcError_t mcMemset(void *dst, int value, size_t sizeBytes);
```

这个函数将 value 赋值给由 dst 指向的内存范围，这通常用于初始化或设置内存区域为特定的值。如果想赋值多字节，请查看 mcMemsetD8、mcMemsetD16、mcMemsetD32 等函数的用法。

当分配的内存不再继续被使用时，可调用下方的函数来释放内存。

```
mcError_t mcFree(void *ptr);
```

需要注意的是，内存不可被重复释放，否则会返回错误。如果指针指向未被分配的内存，调用释放函数同样会返回错误。

```
mcError_t mcMallocPitch( void** devPtr, size_t* pitch,
```

```
                        size_t widthInBytes, size_t height );
```

这个函数比较特殊，其主要作用是为特定的硬件设备或图形接口分配正确的内存空间。接下来，我们逐个分析该函数的各个参数。

- void** devPtr：这是一个指向指针的指针，返回时它将被设置为指向已分配内存的指针。
- size_t* pitch：这是一个指向 size_t 类型变量的指针，该变量表示每行的字节数。在沐曦曦云系列 GPU 中，pitch 表示每行数据的字节数，也被称为跨距。
- size_t widthInBytes：表示要分配的内存的宽度，以字节为单位。
- size_t height：表示要分配的内存的高度，通常表示行数。

函数 mcMallocPitch 不仅进行普通的内存分配，还会考虑内存的跨距。了解跨距是很重要的，因为它会影响有效地从设备读取或写入数据。当使用这种内存时，程序员需要确保他们了解并正确地处理每行的字节数（通过 pitch 参数）。跨距作为存储器分配的一个独立参数，用于在二维数组内计算地址。如果给定一个 T 类型数组元素的行和列，可按如下方法计算地址。

```
T* pElement = (T*)((char*)BaseAddress + Row * pitch) + Column;
```

对于二维数组的分配，建议 MXMACA 程序员考虑使用函数 mcMallocPitch 来执行跨距分配。由于硬件中存在跨距对齐限制，如果应用程序将在设备存储器的不同区域之间执行二维存储器复制，这种方法将非常有用。

3. 主机端和设备端之间的内存数据传输

对于有些异构系统来说，主机线程无法直接访问设备内存，设备线程也无法直接访问主机内存。此时，内存复制就变得格外重要，这可以用函数 mcMemcpy 来实现，其技术原理如图 6-22 所示。

```
mcError_t mcMemcpy(void *dst, const void *src, size_t sizeBytes,
                                        mcMemcpyKind kind);
```

其中，dst 为指向目的地址内存的指针，src 为指向源地址内存的指针，从源地址向目的地址复制 sizeBytes 字节的数据，由 kind 指明复制的方向（mcMemcpyHostToHost、mcMemcpyHostToDevice、mcMemcpyDeviceToHost、mcMemcpyDeviceToDevice）。

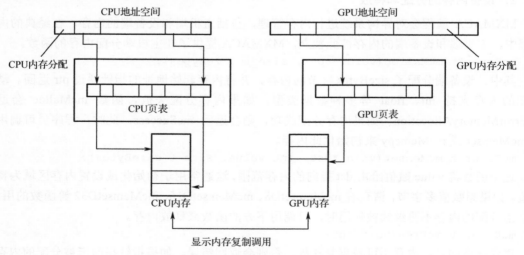

图 6-22   函数 mcMemcpy 的技术原理

以上这些常规的内存管理方式我们在第 3.3 节和第 3.6.2 节中已经使用过。

6.3.2 零复制内存

到现在为止，主机端和设备端之间的数据访问都是通过 API 进行内存复制来手动完成的，这样程序员可以控制数据不同阶段的存放位置，方便性能优化。MXMACA 运行时库也提供了一些 API 用于申请零复制内存——设备端可以直接通过地址访问的主机内存，如图 6-23 所示。

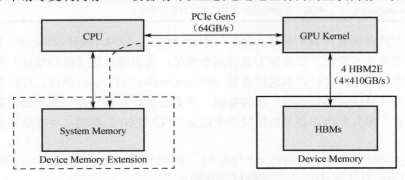

图 6-23　零复制内存

在 GPU 核函数中使用零复制内存有以下几个优势。
- 当设备内存不足时可使用主机内存（可以用主机内存来拓展内存容量）。
- 避免设备端和主机端之间显式的数据传输。

零复制内存是主机页锁定内存，零复制内存技术原理如图 6-24 所示。如果需要在主机端和设备端之间共享少量的数据，那么零复制内存是不错的选择。不过，对于需要频繁读写的操作，使用零复制内存会显著降低程序的性能，因为每次映射到内存的传输都需要通过 PCIe 总线进行。另外，使用零复制内存必须同步主机端和设备端的内存访问操作以避免潜在的数据冲突。

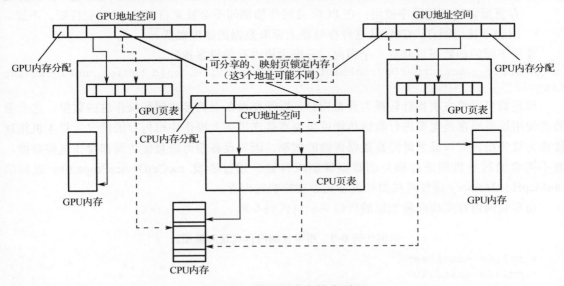

图 6-24　零复制内存技术原理

MXMACA 提供的零复制内存相关的函数见表 6-1。

表 6-1 MXMACA 零复制内存相关的函数

函数	说　　明
mcMallocHost	通过参数指定分配内存为零复制内存,需要将分配的 flags 设置为 mcMallocHostMapped
mcHostRegister	通过参数注册已有内存为零复制内存
mcHostGetFlags	查询内存是否为零复制内存（或者页锁定内存）
mcHostGetDevicePointer	获取一个指向已分配主机内存的设备指针

分配零复制内存需要在调用函数 mcMallocHost 时加上 mcMallocHostMapped 标志,将页锁定内存映射到设备地址空间。该分配方式有两个地址：主机端地址（内存地址）和设备端地址（显存地址）。在设备端,指针可以通过函数 mcHostGetDevicePointer 获得,可以在核函数中直接访问映射内存（Mapped Memory）中的数据,不必在内存和显存之间进行数据复制,即零复制功能。请注意,零复制内存必须使用同步来保证 CPU 和 GPU 对同一块存储器操作顺序的一致性。

```
mcError_t mcMallocHost(void **pHost, size_t count, unsigned int flags);
```
mcMallocHost 的参数 flags 可以选择以下几种。

- mcMallocHostDefault：分配能被当前线程和上下文（Context）使用的页锁定内存。
- mcMallocHostPortable：分配能被所有线程和上下文（Context）使用的页锁定内存,让控制不同 GPU 的主机线程操作同一块便携式内存（Portable Memory）,以实现 CPU 线程之间的通信。
- mcMallocHostMapped：分配被映射到设备端地址空间的主机内存,也就是本节所述的零复制内存。
- mcMallocHostWriteCombined：分配写合并内存,提高从 CPU 向 GPU 单向传输数据的速度；不使用 CPU 的 L1 和 L2 缓存来对这一块页锁定内存中的数据进行缓冲,而将缓存资源留给其他程序使用；在 PCIe 总线传输期间不会被来自 CPU 的监视打断。不过,因为不使用缓存,CPU 从这种存储器上读取数据的速度很低。

使用下面的函数可以获取一个指向已分配主机内存的设备指针。

```
mcError_t mcHostGetDevicePointer(void **pDevice, void *pHost, unsigned int
flags);
```
该函数可以将主机指针转换为设备指针,以便在设备上直接访问和操作这些数据。这个函数的使用场景通常是需要进行数据传输或需要直接在设备上操作主机内存的情况。将主机指针转换为设备指针可以显著地提高数据传输的效率,因为设备端可以直接访问和操作这些数据,而不需要通过主机端进行额外的数据复制或传输。通过函数 mcGetDeviceProperties 返回的 canMapHostMemory 属性可以得知设备是否支持映射内存。

用零复制内存实现向量相加的代码见示例代码 6-8。

示例代码 6-8　用零复制内存实现向量相加

```
#include <iostream>
#include <cstdlib>
#include <sys/time.h>
#include <mc_runtime_api.h>
```

```cpp
using namespace std;

__global__ void vectorAdd(float* A_d, float* B_d, float* C_d, int N)
{
    int i = threadIdx.x + blockDim.x * blockIdx.x;
    if (i < N) C_d[i] = A_d[i] + B_d[i] + 0.0f;
}

int main(int argc, char *argv[]) {

    int n = atoi(argv[1]);
    cout << n << endl;

    size_t size = n * sizeof(float);
    mcError_t err;

    // Allocate the host vectors of A&B&C
    unsigned int flag = mcMallocHostMapped;
    float *a = NULL;
    float *b = NULL;
    float *c = NULL;
    err = mcMallocHost((void**)&a, size, flag);
    err = mcMallocHost((void**)&b, size, flag);
    err = mcMallocHost((void**)&c, size, flag);

    // Initialize the host vectors of A&B
    for (int i = 0; i < n; i++) {
        float af = rand() / double(RAND_MAX);
        float bf = rand() / double(RAND_MAX);
        a[i] = af;
        b[i] = bf;
    }

    // Get the pointer in device on the vectors of A&B&C
    float *da = NULL;
    float *db = NULL;
    float *dc = NULL;
    err = mcHostGetDevicePointer((void**)&da, (void *)a, 0);
    err = mcHostGetDevicePointer((void**)&db, (void *)b, 0);
    err = mcHostGetDevicePointer((void**)&dc, (void *)c, 0);

    // Launch the vector add kernel
    struct timeval t1, t2;
    int threadPerBlock = 256;
    int blockPerGrid = (n + threadPerBlock - 1)/threadPerBlock;
    printf("threadPerBlock: %d \nblockPerGrid: %d \n",
                             threadPerBlock,blockPerGrid);
    gettimeofday(&t1, NULL);
    vectorAdd<<< blockPerGrid, threadPerBlock >>> (da, db, dc, n);
    gettimeofday(&t2, NULL);
    double timeuse = (t2.tv_sec - t1.tv_sec)
```

```
                                     + (double)(t2.tv_usec - t1.tv_usec)/1000000.0;
        cout << timeuse << endl;

        // Free host memory
        err = mcFreeHost(a);
        err = mcFreeHost(b);
        err = mcFreeHost(c);

        return 0;
}
```

6.3.3　统一虚拟寻址技术

1. 技术介绍

图 6-25 所示为是否采用统一虚拟寻址（Unified Virtual Addressing，UVA）技术的主要区别。在统一虚拟寻址技术出现之前，CPU 和每个 GPU 的内存空间都是独立的，但它们的虚拟内存地址空间可能重叠。统一虚拟寻址技术将一个系统统一成了单个内存空间，对 CPU 和 GPU 的虚拟内存地址空间进行了统一划分，如图 6-25 所示，CPU 用 0x0000～0xFFFF，GPU0 用 0x10000～0x1FFFF，GPU1 用 0x20000～0x2FFFF。

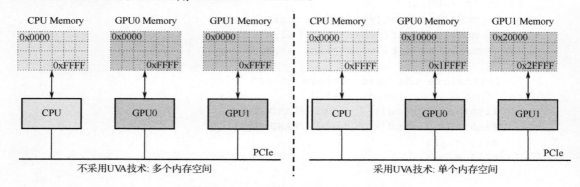

图 6-25　是否采用统一虚拟寻址技术的对比

对于零复制内存来说，在统一虚拟寻址技术出现之前，管理设备端和主机端的地址指针是一件非常麻烦的事情。统一虚拟寻址技术可以使设备内存和主机内存被映射到同一虚拟内存地址中，主机内存和设备内存共享统一的虚拟地址空间。这和之前介绍的零复制内存技术的功能相同，但不再需要用函数 mcMemcpy 来完成主机内存与设备内存之间的数据互传，而可以在主机端和设备端中直接读写。

统一虚拟寻址技术省略了通过函数获取零复制内存转换的设备指针的步骤，而可以直接使用主机端的地址进行内存访问，如图 6-26 所示。通过函数 mcMallocHost 分配的主机页锁定内存（分配的 flags 设置为 mcMallocHostPortable）具有相同的主机和设备指针。与零复制内存相比，使用统一虚拟寻址技术无须获取设备指针或管理物理上数据完全相同的两个指针。从函数 mcMallocHost 返回的指针可以被直接传递给核函数，这就减少了代码量，提高了应用程序的可读性和可维护性。

沐曦 GPU 硬件都支持统一虚拟寻址技术。目前，为了更好地兼容一些 Legacy GPU 架构的异构计算程序编程，MXMACA 编程 API 保留了零复制内存部分。

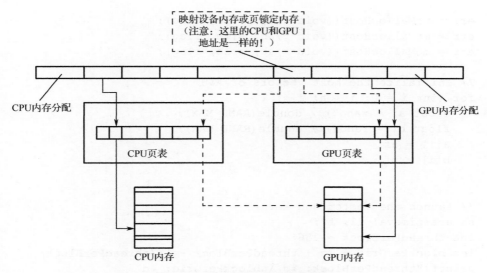

图 6-26　统一虚拟寻址技术原理

2. 使用方法

下面以用统一虚拟寻址技术实现向量相加为例，来展示统一虚拟寻址技术的使用方法，相关的代码见示例代码 6-9。

示例代码 6-9　用统一虚拟寻址技术实现向量相加

```cpp
#include <iostream>
#include <cstdlib>
#include <sys/time.h>
#include <mc_runtime_api.h>

using namespace std;

__global__void vectorAdd(float* A_d, float* B_d, float* C_d, int N)
{
    int i = threadIdx.x + blockDim.x * blockIdx.x;
    if (i < N) C_d[i] = A_d[i] + B_d[i] + 0.0f;
}

int main(int argc, char *argv[]) {

    int n = atoi(argv[1]);
    cout << n << endl;

    size_t size = n * sizeof(float);
    mcError_t err;

    // Allocate the host vectors of A&B&C
    unsigned int flag = mcMallocHostPortable;
    float *a = NULL;
    float *b = NULL;
    float *c = NULL;
```

```
err = mcMallocHost((void**)&a, size, flag);
err = mcMallocHost((void**)&b, size, flag);
err = mcMallocHost((void**)&c, size, flag);

// Initialize the host vectors of A&B
for (int i = 0; i < n; i++) {
    float af = rand() / double(RAND_MAX);
    float bf = rand() / double(RAND_MAX);
    a[i] = af;
    b[i] = bf;
}

// Launch the vector add kernel
struct timeval t1, t2;
int threadPerBlock = 256;
int blockPerGrid = (n + threadPerBlock - 1)/threadPerBlock;
printf("threadPerBlock: %d \nblockPerGrid: %d
                \n",threadPerBlock,blockPerGrid);
                gettimeofday(&t1, NULL);
vectorAdd<<< blockPerGrid, threadPerBlock >>> (a, b, c, n);
gettimeofday(&t2, NULL);
double timeuse = (t2.tv_sec - t1.tv_sec)
            + (double)(t2.tv_usec - t1.tv_usec)/1000000.0;
cout << timeuse << endl;

// Free host memory
err = mcFreeHost(a);
err = mcFreeHost(b);
err = mcFreeHost(c);

return 0;
}
```

6.3.4 统一寻址内存技术

1. 技术介绍

随着 GPU 编程技术在内存管方面的简化和演进，一个新的内存管理方法被提出，这就是本节要介绍的统一寻址内存（Unified Addressing Memory，UAM）技术，其原理如图 6-27 所示。统一寻址内存技术创建了一个系统管理的内存池，在该内存池中所有的处理器（CPU 或 GPU）都可以看到具有公共地址空间的单个连贯内存映像，可以用相同的内存地址在 CPU 和 GPU 上访问。这种使用统一寻址内存技术管理的内存和内存池，我们分别称之为托管内存和托管内存池。

统一寻址内存技术为 GPU 编程带来了很多便利，主要体现在以下两个方面。

● 简化了编程模型。通过统一系统中所有 GPU 和 CPU 的内存空间，统一寻址内存技术为 MXMACA 程序员提供了更紧密、更直接的语言集成。这意味着程序员不需要在 GPU 和 CPU 之间手动管理数据的复制，简化了数据传输的过程。这提高了 GPU 编程效率，减少了错误，降低了编程的复杂性。

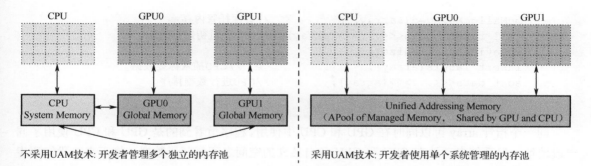

| CPU | GPU0 | GPU1 | | CPU | GPU0 | GPU1 |

| CPU System Memory | GPU0 Global Memory | GPU1 Global Memory | | Unified Addressing Memory （APool of Managed Memory， Shared by GPU and CPU） |

不采用UAM技术: 开发者管理多个独立的内存池 | 采用UAM技术: 开发者使用单个系统管理的内存池

图 6-27 统一寻址内存技术原理

- 提高了数据访问速度。统一寻址内存技术自动地在主机端和设备端之间传输数据，这种传输对应用程序而言是透明的。这意味着数据可以根据需要自动地被迁移到使用它的处理器上，从而最大限度地提高了数据访问的速度。这有助于提高 GPU 的计算效率，特别是在处理大规模数据集时，能够显著地减少数据传输的延迟，从而加快计算速度。

统一寻址内存技术依赖于统一虚拟寻址技术的支持，但两者是完全不同的技术。统一虚拟寻址技术为系统中所有的处理器提供了一个单一的虚拟内存地址空间，但其不会自动地将数据从一个物理位置转移到另一个位置，而统一寻址内存技术会。

统一寻址内存技术提供了一个"单指针到数据"模型，其功能与零复制内存类似。两者之间的一个关键区别是，在零复制分配中，内存的物理位置是固定在 CPU 系统内存中的，因此，程序可以快速或慢速地访问它，这具体取决于访问它的位置。另一方面，统一寻址内存技术将内存和执行空间解耦，系统可以根据需要将数据透明地传输到主机端或设备端，尽量让应用程序对数据进行本地访问，从而提升程序性能。

2. 内存分配管理

统一寻址内存技术运行程序员在一个系统自动管理的内存池上分配内存，我们把这种方式分配的内存称为托管内存。托管内存可以与前面章节介绍的其他内存分配方式分配的内存进行互操作。因此，我们可以在核函数中使用两类内存：由系统控制的托管内存、由应用程序明确分配和调用的未托管内存。

由系统控制的托管内存既可以被静态分配，也可以被动态分配。静态分配使用限定符 __managed__ 将设备变量作为托管变量，这个变量可从主机端或设备端代码中直接被引用。

```
__device__ __managed__ int y;
```

动态分配可用 MXMACA 运行时库函数来实现。

```
mcError_t mcMallocManaged(void **devPtr, size_t size, unsigned int flags=0);
```

上述函数返回的指针在所有的设备端和主机端都有效，使用托管内存的程序可以利用自动数据传输和重复指针消除功能。所有的托管内存都必须在主机端动态声明或者在全局范围内静态声明。

1）运行逻辑

接下来，我们以示例代码 6-10 为例来说明统一寻址内存技术的运行逻辑。

示例代码 6-10 统一寻址内存技术的基本使用方法

```
{
    char * array = nullptr;
```

```
    mcMallocManaged(&array, N)          //分配托管内存
    fill_random_data<<<...>>>(array);   //GPU随机初始化数据
    mcDeviceSynchronize();
    insert_labels(array);                //CPU插入标签数据
    sort_data<<<...>>>(array);           //GPU进行数据排序
    mcFree(array);
}
```

同一个指针 array 可以同时在 GPU 和 CPU 中使用。程序员看到的是 GPU 和 CPU 使用了同一段地址，但系统自动地在 CPU 和 GPU 各自独立的空间之间复制了数据。接下来，我们逐步对系统行为进行拆解。

示例步骤一：如图 6-28 所示，当使用函数 mcMallocManaged 进行内存分配时，假如指针 array 指向的内存占用两个页面，内存被分配在 GPU 上，同时，MXMACA 也在 CPU 虚拟地址上创建了指向两个页面地址的指针。值得注意的是，由于 CPU 和 GPU 都用相同数值的 array 指针，所以页面的页号在 CPU 和 GPU 端是相同的。程序调用核函数 fill_random_data<<<...>>>(array)在 GPU 设备端完成数据的随机初始化。

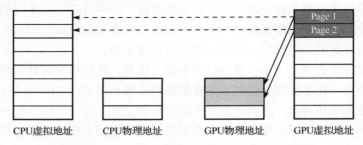

图 6-28　统一寻址内存技术运行逻辑示例步骤一

示例步骤二：如图 6-29 所示，接下来，程序在主机端调用函数 insert_labels(array)在指针 array 指向的部分内存中插入一些标签数据，但实际上 CPU 此时并没有为指针 array 分配实际的内存空间，仅保留了页面的存在，所以必然会产生缺页中断。

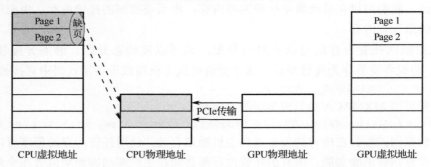

图 6-29　统一寻址内存技术运行逻辑示例步骤二

这时，缺页中断会促使 GPU 指针 array 指向的内存数据通过 PCIe 总线转移到 CPU 内存中。当 CPU 处理完缺页中断，写入数据才会继续执行。而为了保证数据的一致性，当 GPU 物理地址的页面数据完全被转移到 CPU 物理地址的页面后，GPU 虚拟地址的原有页面就会被标记为失效状态。

示例步骤三：如图 6-30 所示，随后当程序调用核函数 sort_data<<<...>>>(array)在设备端对

插入标签后的最新数据进行排序时，轮到 GPU 触发缺页中断，指针 array 指向的内存数据会被转移到 GPU 中进行处理。主机端的页表会被标记为失效状态。

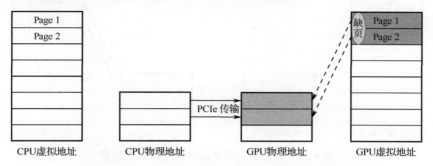

图 6-30　统一寻址内存技术运行逻辑示例步骤三

通过这个例子可以看到，虽然托管内存简化了对指针的管理，降低了显式复制的使用次数，但是频繁的缺页中断和数据迁移会使 PCIe 总线非常繁忙，应用程序在 CPU 函数和 GPU 核函数态之间来回切换使用托管内存，其性能必然会很差。可采用以下两种方式来提升传输性能。

一种是应用程序在调用函数 mcMemPrefetchAsync 时采用预取的方式，提前告知 MXMACA 驱动软件即将使用的内存大小和所在的位置，让 MXMACA 驱动软件可以调用 DMA 进行异步传输。然后，应用程序再通过函数 mcStreamSynchronize 完成同步。我们修改了示例代码 6-10，通过增加调用函数 mcMemPrefetchAsync，按需指定数据通过 DMA 进行异步并行传输，这就不会频繁发生缺页中断了，修改后的代码见示例代码 6-11。

示例代码 6-11　统一寻址内存技术按需进行预取

```
#define CPU_HOST -1
#define GPU_DEVICE 0
{
    char * array = nullptr;
    mcMallocManaged(&array, N)                          //分配托管内存
    fill_random_data<<<...>>>(array);                   //GPU随机初始化数据
    mcMemPerfetchAsync(array, N, CPU_HOST ,NULL);       //设置预取数据量
    mcDeviceSynchronize();
    insert_labels(array);                               //CPU插入标签数据
    mcMemPerfetchAsync(array, N, GPU_DEVICE ,NULL);     //设置预取数据量
    mcDeviceSynchronize();
    sort_data<<<...>>>(array);                          //GPU进行数据排序
    mcFree(array);
}
```

另一种是应用程序通过函数 mcMemAdvise 告知 MXMACA 驱动软件该内存的属性，这又包括以下两种情况。

先看第一种情况。在有些不需要严格地保证数据一致性的场景中（例如，CPU 和 GPU 对同一片地址空间进行读取操作，且两端都没有写入操作），应用程序可以使用函数 mcMemAdvise 告知 MXMACA 驱动软件这块内存是主读属性设置（mcMemAdviseSetReadMostly），如图 6-31 所示。当主机端进行数据访问时，其会分配给定大小的内存并从设备端复制一份只读副本，而不发生实质性的迁移，这就减少了迁移的次数。在此种情况下，当任意一端决定写入数据时，

另一端的数据就会立刻失效，且只保留写入端的内存分配。

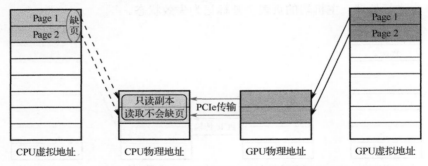

图 6-31 告知统一寻址内存的主读属性设置

我们修改了示例代码 6-10，假设 CPU 主要是读取数组 array，但 GPU 不仅要经常读取数组 array，而且会偶尔更新数组 array。调用函数 mcMemAdvise 设置主读属性后，在 GPU 未更新数组 array 期间，CPU 和 GPU 两端可以同时读取数据且不会发生数据迁移，详见示例代码 6-12。

示例代码 6-12 统一寻址内存技术设置主读属性避免数据迁移

```
#define CPU_HOST -1
{
    char * array = nullptr;
    mcMallocManaged(&array, N)            //分配托管内存
    fill_random_data<<<...>>>(array);     //GPU随机初始化数据
    mcDeviceSynchronize();
    mcMemAdvise(array, N, mcMemAdviseSetReadMostly, CPU_HOST);
    //提示CPU端几乎仅用于读取这片数据
    cpu_read_data (array);                //CPU page-fault产生read-only副本
    gpu_read_data<<<...>>>(array);        //GPU读取没有page-fault
    update_data<<<...>>>(array);          //GPU写入，CPU端read-only副本失效
    mcFree(array);
}
```

再看第二种情况。让应用程序通过设置首选位置属性（mcMemAdvisePreferredLocation）来指定数据的首选存储位置，让 MXMACA 驱动软件把数据分配到经常读写的设备上。当数据被另一端访问时，会发生缺页中断，随后，系统会把该设备的内存直接映射到另一端的内存虚拟地址上，而不发生迁移和复制，如图 6-32 所示。如果内存映射失败，数据仍然会被迁移。

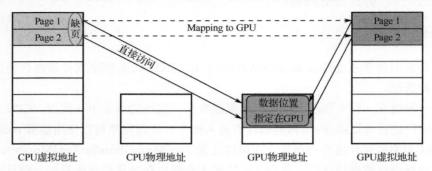

图 6-32 统一寻址内存的首选位置属性设置（mcMemAdvisePreferredLocation）

我们修改了示例代码 6-10，通过增加调用函数 mcMemAdvise 来设置首选位置为 GPU，这样 CPU 和 GPU 两端可以同时读取数据且不会发生数据迁移，详见示例代码 6-13。

示例代码 6-13　统一寻址内存技术设置首选位置为 GPU

```
#define GPU_DEVICE 0
{
    char * array = nullptr;
    mcMallocManaged(&array, N)              //分配托管内存
    mcMemAdvise(array, N, mcMemAdvisePreferredLocation, GPU_DEVICE);
    //从此，这片内存空间仅可以存在GPU上。
    fill_random_data<<<...>>>(array);  //GPU
    mcDeviceSynchronize();
    cpu_read_data (array);                  //CPU发生缺页中断，将内存映射到CPU，
    // 也就是建立一个CPU访问GPU内存的映射表
    cpu_update_data (array);                //CPU直接写GPU内存
    mcDeviceSynchronize();
    gpu_update_data<<<...>>>(array);  //GPU直接写GPU内存
    mcFree(array);
}
```

如果想降低缺页中断发生的频率而又不关注数据的局部性时，我们也可以通过设置访问者属性（mcMemAdviseSetAccessedBy）来达到相似的目的。这将意味着允许在数据的位置建立到指定处理器页面的映射，如果数据因其他原因被迁移，映射也会相应地更新。访问者属性（mcMemAdviseSetAccessedBy）与首选位置属性（mcMemAdvisePreferredLocation）的作用相似。

2）通过设备属性检查 GPU 是否支持统一寻址内存技术

采用沐曦 GPU 新架构的硬件支持统一寻址内存技术，可以通过 MXMACA 运行时库分配托管内存。我们有两种方式来查询 GPU 设备是否支持分配托管内存。一种是通过应用程序来调用函数 mcGetDeviceProperties，并检查函数输出的设备属性 prop，如果设备属性 prop 里的托管内存属性（mcDevAttrManagedMemory）值为 1，则该设备支持分配托管内存，如果值为 0，则不支持。另一种是通过应用程序调用函数 mcDeviceGetAttribute，并设置函数输入的待查询属性 attr 为 mcDevAttrManagedMemory，如果函数 mcDeviceGetAttribute 的输出值 value 为 1，则该设备支持分配托管内存，如果值为 0，则不支持。

3．数据迁移和连贯性

系统会自动尝试将数据迁移到正在访问它的设备中来优化内存性能，也就是说，如果 CPU 正在访问数据，则数据将被迁移到主机内存，如果 GPU 正在访问数据，则数据将被迁移到设备内存。数据迁移是统一寻址内存技术的基础，但其对程序是透明的。系统将尝试把数据放到访问最有效而不违反一致性的位置。

数据的物理位置对程序而言是透明的，这意味着程序不需要关心数据在物理内存中的实际位置。数据可以随时被更改，并且其虚拟地址对程序的访问始终保持有效，无论数据被实际存储在哪个物理位置。这里有以下几个关键点。

- 物理位置透明。程序在访问数据时只关心数据的虚拟地址，而不关心数据在物理内存中的实际位置。操作系统和硬件负责处理数据在物理内存中的布局和迁移。
- 数据可随时被更改。数据可以在任何时间被修改，这可能是由于程序本身的修改操作或

是操作系统的内存管理机制（如垃圾回收、页面置换等）所导致的。

● 处理器之间确保一致性。这是首要要求，在多处理器或多核系统中，对数据的访问应该保持一致的状态。如果一个处理器对数据进行了修改，其他的处理器也应该能够看到这个修改。为了实现这一点，操作系统可能需要采取一些策略或技术来确保数据在不同处理器之间的同步。

● 性能与一致性的权衡。在实际操作中，为了确保一致性，可能需要进行一些额外的操作（例如缓存失效、内存屏障等）。这些操作可能会对性能产生影响，但在很多时候，一致性被放在了高于性能的位置。这意味着，即使某些操作可能导致性能下降，但如果它们有助于保持处理器之间的一致性，这些操作也是必要的。

● 系统访问失败或移动数据。为了确保一致性，系统可能需要采取一些极端措施，如拒绝某些访问请求或移动数据。这表明在某些情况下，为了确保数据的一致性，系统可能会作出一些非常规决策。

早期的 GPU 在处理托管数据时，可能需要将整个数据集一次性传输到 GPU 内存中，这可能会导致大量的数据传输延迟。现代的 GPU 通过引入 GPU 页面缺页错误机制，提供了更精细和高效的内存管理功能。具体来说，GPU 页面缺页错误机制允许系统软件在核函数运行时按需将数据页面迁移到 GPU 内存中，而不是一次性全部迁移。当核函数访问一个不在其 GPU 内存中的页面时，会触发一个页面错误，随后系统会自动将该页面迁移到 GPU 内存中。这种机制的好处有以下几点。

● 按需迁移。仅将实际需要的页面迁移到 GPU 内存中，从而减少不必要的传输开销。

● 减少同步需求。由于数据页面是按需迁移的，因此系统软件不需要在每次核函数启动前都进行全部数据的同步操作。

● 灵活性。通过映射或迁移页面，可以灵活地处理数据在 GPU 内存中的访问方式，例如通过 PCIe 总线或 MetaXLink 互连进行访问。

● 性能优化。可以更高效地利用 GPU 资源，因为这种机制可以根据实际需求动态地加载和释放内存，并不依赖于固定的数据传输模式。

总之，GPU 页面错误机制通过提供更精细和高效的内存管理功能，提高了 GPU 通过托管内存处理数据的性能和效率。这种机制有助于降低数据传输延迟，提高系统吞吐量，并使 GPU 资源得到更有效的利用。

4．示例程序

下面通过一些示例代码来说明如何使用统一寻址内存技术改变主机代码的编写方式。首先给出一个未使用统一寻址内存技术的 A 加 B 程序，见示例代码 6-14。

示例代码 6-14　未使用统一寻址内存技术的 A 加 B 程序

```
__global__ void AplusB(int *ret, int a, int b) {
    ret[threadIdx.x] = a + b + threadIdx.x;
}
int main() {
    int *ret;
    mcMalloc(&ret, 1000 * sizeof(int));
    AplusB<<< 1, 1000 >>>(ret, 10, 100);
    int *host_ret = (int *)malloc(1000 * sizeof(int));
```

```
    mcMemcpy(host_ret, ret, 1000 * sizeof(int), mcMemcpyDefault);
    for(int i = 0; i < 1000; i++)
        printf("%d: A+B = %d\n", i, host_ret[i]);
    free(host_ret);
    mcFree(ret);
    return 0;
}
```

上述示例在 GPU 中将两个数字与每个线程 ID 组合在一起，并以数组的形式返回值。如果没有托管内存，返回值的主机端和设备端的内存都是必需的（示例中为 host_ret 和 ret）。使用函数 mcMemcpy 在两者之间显式复制也是如此。

进一步地，对上述示例进行改进，可以得到使用统一寻址内存技术的 A 加 B 程序，见示例代码 6-15。

示例代码 6-15　使用统一寻址内存技术的 A 加 B 程序

```
__global__ void AplusB(int *ret, int a, int b) {
    ret[threadIdx.x] = a + b + threadIdx.x;
}
int main() {
    int *ret;
    mcMallocManaged(&ret, 1000 * sizeof(int));
    AplusB<<< 1, 1000 >>>(ret, 10, 100);
    mcDeviceSynchronize();
    for(int i = 0; i < 1000; i++)
        printf("%d: A+B = %d\n", i, ret[i]);
    mcFree(ret);
    return 0;
}
```

与示例代码 6-14 相比，此程序允许从主机端直接访问 GPU 数据。请注意，函数 mcMallocManaged 将从主机代码和设备代码分别返回一个有效的指针。这允许在没有单独的 host_ret 副本的情况下使用 ret，从而大大简化了程序。

最后，采用语言集成，这样就可以直接引用 GPU 声明的__managed__变量，并在使用全局变量时进一步简化程序，就得到了使用统一寻址内存__managed__变量的 A 加 B 程序，见示例代码 6-16。

示例代码 6-16　使用统一寻址内存__managed__变量的 A 加 B 程序

```
__device__ __managed__ int ret[1000];
__global__ void AplusB(int a, int b) {
    ret[threadIdx.x] = a + b + threadIdx.x;
}
int main() {
    AplusB<<< 1, 1000 >>>(10, 100);
    mcDeviceSynchronize();
    for(int i = 0; i < 1000; i++)
        printf("%d: A+B = %d\n", i, ret[i]);
    return 0;
}
```

请注意，在示例代码 6-14 中，函数 mcMemcpy 确保了流内的同步，也就是说，函数

mcMemcpy 会等前面的核函数（AplusB）运行完成后再开始将数据传输到主机端，函数 mcMemcpy 后面的 CPU 函数 printf 也会等数据传输完成后再开始执行。使用统一内存寻址技术编码的示例代码不调用函数 mcMemcpy，因此，需要显式调用函数 mcDeviceSynchronize，然后主机程序才能安全地使用 GPU 的输出。

5．习题思考

采用统一寻址内存技术来简化第 3.6.2 小节的示例代码 3-2。

6.3.5 虚拟内存管理 API

虚拟内存管理 API 用于直接管理统一虚拟地址空间，其将物理内存映射到 GPU 可访问的虚拟地址。前面提到了内存的分配调用，如函数 mcMalloc 可以分配一个设备地址空间，并返回指向它的指针。然而，这种分配的内存无法根据实际需求调整大小。如果需要更大的内存空间，程序员必须进行一系列的显式操作，如分配更大的缓冲区、从原始内存中复制数据、释放原始内存等。这会导致应用程序的性能下降，不过也提高了内存的利用率。为什么程序员必须进行上述一系列的显式操作？本质原因是，MXMACA 运行时库有一个类似 C 语言函数 malloc 的函数 mcMalloc，其用于初次分配 GPU 内存，但是 MXMACA 运行时库没有类似 C 语言函数 realloc 的函数来动态调整已分配内存的大小。这种设计限制可能导致处理动态内存需求的不便和低效。

为了解决上述问题，MXMACA 运行时库也提供了一套虚拟内存管理 API。通过解耦地址和内存的概念，应用程序可以根据需要先申请一个虚拟地址空间，然后在该虚拟地址空间范围内映射内存和取消映射内存。这帮助应用程序简化了内存管理，提高了应用程序的性能和内存资源利用率，为应用程序提供了更大的灵活性。MXMACA 虚拟内存管理示意图如图 6-33 所示。MXMACA 虚拟内存管理 API 支持以下功能：保留虚拟地址范围和释放虚拟地址范围、分配物理内存和释放物理内存、将分配的内存映射到虚拟地址范围和从已映射的虚拟地址范围移除、控制已映射虚拟地址范围的访问权限。接下来将逐一介绍这些功能涉及的一系列函数。

图 6-33　MXMACA 虚拟内存管理示意图

使用虚拟内存管理，会使地址和内存在概念上产生差异。程序员需要手动定义一个地址的范围，用于保留函数 mcMemCreate 产生的内存分配，该范围大小还需要预留计划放入其中的内存块和预备扩展的内存。

　　首先介绍一下划定保留虚拟地址范围的函数，如下所示。通过此函数获取的地址范围与物理地址不相关联，包括 GPU 或 CPU 的物理内存，且保留的虚拟地址范围可以映射到系统中所有设备的内存块，这就实现了为程序提供由多个不同物理地址组成的连续的虚拟地址范围。

```
mcError_t mcMemAddressReserve(mcDeviceptr_t *ptr, size_t size, size_t
            alignment, mcDeviceptr_t addr, unsigned long long flags);
```

　　接下来就是要根据应用程序的需要，调用函数 mcMemCreate 创建一个物理内存块。注意，此函数创建的分配没有映射到任何 GPU 和 CPU 上。其中，入参 handle 描述了对内存的属性要求，即分配的位置、是否可以共享、物理属性等等。

```
mcError_t mcMemCreate(mcMemGenericAllocationHandle *handle, size_t size,
            const mcMemAllocationProp *prop, unsigned long long flags);
```

　　随后，为了访问此内存，需要将此内存映射到函数 mcMemAddressReserve 保留的虚拟地址范围中，并需要开放访问权限。最后调用函数 mcMemRelease 进行释放内存。

　　调用函数 mcMemMap 可以关联分配的物理块和保留的虚拟地址范围。

```
mcError_t mcMemMap(mcDeviceptr_t ptr, size_t size, size_t offset,
            mcMemGenericAllocationHandle handle, unsigned long long flags);
```

　　程序员可以关联来自多个设备的物理内存块和连续的虚拟地址范围，也可以通过函数 mcMemUnmap 取消已经映射的地址，且同一地址范围可以反复地被映射或取消映射。

　　虚拟内存管理 API 也提供了一种与其他进程和设备进行互操作的新方法，并提供了一系列相关的内存属性，程序员可以根据应用程序的需求进行调整。这些内存属性包括内存的访问权限、缓存行为等，从而使程序员能够更精细地控制内存的使用，有助于提高应用程序的性能、可扩展性和可靠性。跨设备的虚拟内存管理和使用介绍如图 6-34 所示，MXMACA 应用程序可以通过虚拟内存管理 API 完成以下功能：将分配在不同设备上的内存放入一个连续的虚拟地址范围内；使用平台的特定机制执行内存共享的进程间通信（Inter-Process Communication，IPC）；在支持它们的设备上根据应用程序的需求调整内存的访问权限、缓存行为等。

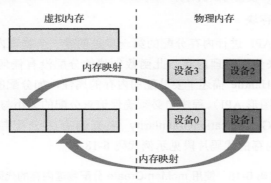

图 6-34　跨设备的虚拟内存管理和使用介绍

　　通过与其他进程和设备的互操作，虚拟内存管理 API 进一步扩展了应用程序的功能和可访问性。例如，程序员可以使用这些 API 与 OpenGL、Vulkan 等图形 API 进行交互，以实现更高效的图形渲染或并行计算。接下来将逐个介绍虚拟内存管理 API 的功能和使用方法。

1. 通过设备属性检查 GPU 是否支持虚拟内存管理 API

在尝试使用虚拟内存管理 API 之前，应用程序必须确保他们希望使用的设备支持 MXMACA 虚拟内存管理 API。设备虚拟内存管理 API 的能力查询代码见示例代码 6-17。

示例代码 6-17　设备虚拟内存管理 API 的能力查询代码

```
int deviceSupportsVmm;
mcError_t result = mcDeviceGetAttribute(&deviceSupportsVmm,
mcDevAttrVirtualMemoryManagementSupported, device);
if (deviceSupportsVmm != 0) {
  // 该设备支持虚拟内存管理
  …
}
```

2. 保留虚拟地址范围

如果 GPU 支持虚拟内存管理 API，由于地址和内存的概念是不同的，因此，应用程序在使用虚拟内存管理 API 时必须划出一个地址范围，以容纳由函数 mcMemCreate 创建的内存分配。保留的地址范围须至少与程序员计划放入其中的所有物理内存分配的大小总和相匹配。

应用程序可以通过将适当的参数传递给函数 mcMemAddressReserve 来保留虚拟地址范围。其获得的地址范围不会有任何与之关联的设备或主机物理内存，保留的虚拟地址范围可以映射到属于系统中任何设备的内存块，从而为应用程序提供由属于不同设备的内存支持和映射的连续虚拟地址范围。应用程序应使用函数 mcMemAddressFree 将虚拟地址范围返回给 MXMACA。程序员必须确保在调用函数 mcMemAddressFree 之前未映射整个虚拟地址范围。这些函数在概念上类似于 Linux 系统的 mmap/munmap 函数或 Windows 系统的 VirtualAlloc/VirtualFree 函数。以下代码片段说明了函数 mcMemAddressFree 的用法。

```
mcDeviceptr_t ptr;
//指针ptr用于获取待保留的虚拟地址范围的起始位置
mcError_t result = mcMemAddressReserve(&ptr, size, 0, 0, 0);
// alignment = 0，设置为默认对齐
```

3. 创建一个物理内存块

通过虚拟内存管理 API 进行内存分配的第一步是创建一个物理内存块。应用程序必须使用函数 mcMemCreate 来分配物理内存。此函数创建的分配没有任何设备或主机映射。参数 mcMemGenericAllocationHandle 描述了要分配的内存的属性，如分配的位置、分配是否要共享给另一个进程（或其他的图形 API）。程序员必须确保请求分配的大小与分配的粒度要求相匹配。可以使用函数 mcMemGetAllocationGranularity 来查询有关分配粒度要求的信息。使用 mcMemCreate 分配物理内存的代码片段见示例代码 6-18。

示例代码 6-18　使用 mcMemCreate 分配物理内存的代码片段

```
mcMemGenericAllocationHandle allocatePhysicalMemory(int device, size_t size)
{
    mcMemAllocationProp prop = {};
    prop.type = mcMemAllocationTypePinned;
    prop.location.type = mcMemLocationTypeDevice;
    prop.location.id = device;
    mcMemGetAllocationGranularity(&granularity, &prop,
```

```
                                     MC_MEM_ALLOC_GRANULARITY_MINIMUM);

    // 确保待分配内存大小与分配的粒度要求相匹配
    size_t padded_size = ROUND_UP(size, granularity);

    // 分配物理内存
    mcMemGenericAllocationHandle allocHandle;
    mcMemCreate(&allocHandle, padded_size, &prop, 0);

    return allocHandle;
}
```

函数 mcMemCreate 分配的内存由它返回一个句柄（mcMemGenericAllocationHandle）。这与函数 mcMalloc 不同，后者返回一个指向 GPU 内存的指针，该指针可被在正在执行的 MXMACA 核函数直接访问。函数 mcMemCreate 分配的内存的句柄可以通过调用函数 mcMemGetAllocation PropertiesFromHandle 来查询该句柄的属性，但该句柄尚不能被用来进行内存读写。为了使此内存可被访问，应用程序必须将此内存映射到由函数 mcMemAddressReserve 保留的虚拟地址范围中，并为其提供适当的访问权限。应用程序必须使用函数 mcMemRelease 来释放分配的内存。

MXMACA 虚拟内存管理 API 并不支持传统的 IPC 函数及其内存。相反，MXMACA 公开了一种利用操作系统特定句柄的 IPC 新机制，即跨进程可共享内存分配，如图 6-35 所示。

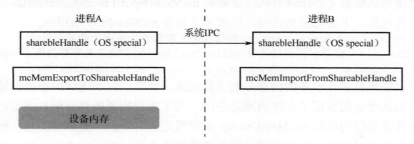

图 6-35　跨进程可共享内存分配介绍

进行跨进程可共享内存分配有以下几个关键步骤。

● 设置请求的句柄类型。MXMACA 应用程序可以通过设置属性 mcMemAllocationProp::requestedHandleTypes 来指定所需的操作系统句柄类型。

● 获取共享句柄。使用函数 mcMemExportToShareableHandle，MXMACA 应用程序可以获取与分配的内存相对应的操作系统特定句柄。这些句柄可以通过常规的 OS 本地机制进行传输，以实现 IPC。

● IPC。通过使用这些操作系统句柄，另一个句柄接收进程可以通过调用函数 mcMemImportFromShareableHandle 来导入句柄原始进程的内存分配。

总之，程序员可以使用函数 mcMemCreate 来进行跨进程可共享内存分配，并指定将该分配用于 IPC。程序员必须确保在尝试导出使用函数 mcMemCreate 分配的内存之前查询是否支持请求的句柄类型。例如，在 Linux 系统中，可以使用示例代码 6-19 来查询句柄类型是否被支持。

示例代码 6-19　Linux 系统中查询句柄类型是否被支持的代码

```
int deviceSupportsIpcHandle;
#if defined(__linux__)
```

```
    mcDeviceGetAttribute(&deviceSupportsIpcHandle,
            mcDevAttrHandleTypePosixFileDescriptorSupported,
device));
    #else
    mcDeviceGetAttribute(&deviceSupportsIpcHandle,
            mcDevAttrHandleTypeWin32HandleSupported, device));
    #endif
```

应用程序需要通过将属性mcMemAllocationProp::requestedHandleTypes正确设置为OS平台特定字段来完成这个操作，可以参考以下代码片段。

```
#if defined(__linux__)
    prop.requestedHandleTypes = mcDevAttrHandleTypePosixFileDescriptor;
#else
    prop.requestedHandleTypes = mcDevAttrHandleTypeWin32Handle;
    prop.win32HandleMetaData = // Windows系统特定字段
#endif
```

4. 映射内存

函数 mcMemCreate 分配的物理内存和函数 mcMemAddressReserve 挖出的虚拟地址空间，是虚拟内存管理 API 在处理内存和地址时所体现出的核心差异。要让分配的内存可用，程序员首先需要将其放置在特定的地址空间内。利用函数 mcMemMap 可以把从函数 mcMemAddressReserve 获取的地址范围与从函数 mcMemCreate（或函数 mcMemImportFromShareableHandle）获取的实际内存分配关联起来。下面的示例代码片段演示了函数 mcMemMap 的用法。

```
// ptr: 函数mcMemAddressReserve先前保留了虚拟地址范围中的某个地址
// allocHandle: 假设已经通过函数 mcMemCreate分配了物理内存并获得了句柄
mcError_t result = mcMemMap(ptr, size, 0, allocHandle, 0);
```

程序员可以将来自多个设备的内存分配关联起来，使它们位于连续的虚拟地址范围内，前提是他们已经为这些分配预留了足够的地址空间。为了实现物理内存分配与虚拟地址范围之间的解耦，程序员需要使用函数 mcMemUnmap 来取消之前的映射。更重要的是，程序员可以根据需求多次将内存映射到同一地址范围，但必须确保不会在已映射的虚拟地址范围内创建新的映射。

5. 控制访问权限

虚拟内存管理 API 使应用程序能够通过访问控制机制显式地保护其虚拟地址范围。虽然使用函数 mcMemMap 能将分配的内存映射到地址范围，但该区域默认是不可访问的。如果尝试直接访问，可能会导致程序崩溃。

应用程序需要使用函数 mcMemSetAccess 显式地设置访问控制权限。该函数允许程序员允许或限制特定设备对映射地址范围的访问。下面的示例代码片段演示了函数 mcMemSetAccess 的用法。

```
void setAccessOnDevice(int device, mcDeviceptr_t ptr, size_t size) {
    mcMemAccessDesc accessDesc = {};
    accessDesc.location.type = mcMemLocationTypeDevice;
    accessDesc.location.id = device;
    accessDesc.flags = mcMemAccessFlagsPortReadWrite;

    // Make the address accessible
    mcMemSetAccess(ptr, size, &accessDesc, 1);
}
```

虚拟内存管理 API 提供的访问控制机制可以帮助程序员明确指定他们希望与系统中的其他哪些设备共享哪些分配。此外，MXMACA 运行时库也提供了函数 mcDeviceEnablePeerAccess，其可以强制将所有先前和将来在对等设备（PeerDevice）上分配的所有内存映射到当前设备上，允许当前设备直接访问对等设备。这种机制为程序员提供了便利，因为他们不必跟踪分配到系统中的每个设备的映射状态。然而，通过使用函数 mcDeviceEnablePeerAccess 这种方法也可能会对应用程序的性能产生影响。对于关心性能的程序员，虚拟内存管理函数 mcMemSetAccess 提供了一种更精细的跨设备内存映射机制，通过这种方式，程序员可以更精确地控制对等设备的访问，从而以最小的开销实现所需的映射。

通过使用虚拟内存管理 API 的访问控制机制，程序员可以在保护应用程序的内存的同时，灵活地管理内存的共享和访问，从而实现更好的性能和安全性。在实际使用中，根据应用程序的需求和性能要求，程序员可以选择适合的访问控制策略来优化其应用程序的性能。

6.3.6　流序内存分配器

在常规的内存管理中，使用函数 mcMalloc 和 mcFree 进行内存分配和释放会导致 GPU 在所有正在执行的 MXMACA 流之间进行同步。在很多用户场景下，这种内存的分配和释放带来的 MXMACA 流之间的同步是不需要的，会带来额外的时间损耗并降低 MXMACA 应用程序的并行度。

流序内存分配器（Stream Order Memory Allocator，SOMA）支持 MXMACA 应用程序将内存的分配和释放（类似核函数启动等其他的 MXMACA 流操作）放到相应的 MXMACA 流中进行排序，也就是利用 MXMACA 流排序语义来合理安排内存的分配和释放，并提升应用程序的内存使用效率。流序内存分配器有以下几个主要特点。

- 流内同步。流序内存分配器允许将内存分配和释放的操作放在特定的 MXMACA 流中进行排序，这就减少了不必要的流间同步，提高了并行度。
- 缓存控制。通过设置适当的释放阈值，流序内存分配器可以控制其内存缓存的行为，这有助于避免在应用程序需要更多的内存时昂贵的操作系统调用，从而提高性能。
- 进程间共享。流序内存分配器支持在进程之间安全地共享内存分配，这为多进程或多线程应用程序提供了便利。
- 减少自定义内存管理需求。对于许多 MXMACA 应用程序而言，流序内存分配器减少了使用自定义内存管理这一抽象的需求，使创建高性能应用程序变得更加容易。
- 内存池共享。对于已经具有自定义内存分配器的应用程序和库而言，流序内存分配器可以使它们共享由驱动程序管理的公共内存池，从而减少内存消耗。
- 底层驱动程序优化。MXMACA 的底层驱动程序可以根据其对流序内存分配器和其他流管理 API 的理解来执行优化，从而提高整体性能。

总的来说，MXMACA 流序内存分配器通过减少同步、优化缓存行为、进程间共享及共享内存池等方式，提供了一种更高效的方式来管理 GPU 内存。接下来将介绍 MXMACA 流序内存分配器的各个功能和使用方法。

1. 通过设备属性检查 GPU 是否支持流序内存分配器

GPU 流序内存分配器的能力查询代码见示例代码 6-20。程序员可以通过调用函数 mcDeviceGetAttribute 并检查该函数返回的相关设备属性，来确定 GPU 是否支持流序内存分配器。

- mcDevAttrMemoryPoolsSupported：这个属性用于表明 GPU 是否支持流序内存分配器。如果返回值为真，则表明支持。
- mcDevAttrMemoryPoolSupportedHandleTypes：这个属性用于程序员查询支持的句柄类型。这可以帮助程序员确认 GPU 是否支持 IPC 内存池等功能。

示例代码 6-20　GPU 流序内存分配器的能力查询代码

```
int deviceSupportsMemoryPools = 0;
int poolSupportedHandleTypes = 0;
mcDeviceGetAttribute(&deviceSupportsMemoryPools,
                     mcDevAttrMemoryPoolsSupported, device);
if (deviceSupportsMemoryPools != 0) {
  // GPU支持流序内存分配
  …
}

mcDeviceGetAttribute(&poolSupportedHandleTypes,
mcDevAttrMemoryPoolSupportedHandleTypes, device);
}
if (poolSupportedHandleTypes & mcMemHandleTypePosixFileDescriptor) {
  // 指定设备上的内存池可以使用基于posix文件描述符的IPC创建
  …
}
```

2．流序内存分配器基本 API

在上述检查中如果确认了 GPU 支持流序内存分配管理，应用程序在使用流序内存分配时的基本 API 是 MXMACA 运行时库函数 mcMallocAsync 和 mcFreeAsync。函数 mcMallocAsync 负责返回分配，函数 mcFreeAsync 负责释放分配。两个函数都接受流参数来定义分配何时变为可用和停止可用。函数 mcMallocAsync 返回的指针值是同步确定的，可用于构建未来的工作。更重要的是，函数 mcMallocAsync 在确定分配的位置时会忽略当前的设备/上下文。相反，函数 mcMallocAsync 会根据指定的内存池或提供的流来确定常驻设备。最简单的使用模式是分配、使用和释放内存到同一个流中，见示例代码 6-21。

示例代码 6-21　相同流中的流序内存分配和使用

```
void *ptr;
size_t size = 512;
mcMallocAsync(&ptr, size, mcStreamPerThread);
// 核函数kernel使用函数mcMallocAsync分配的内存
kernel<<<..., mcStreamPerThread>>>(ptr, ...);
// 可以在不同步CPU和GPU的情况下释放内存
mcFreeAsync(ptr, mcStreamPerThread);
```

应用程序可以使用函数 mcFreeAsync 来释放函数 mcMalloc 分配的内存，见示例代码 6-22。

示例代码 6-22　常规内存分配 API 搭配流序内存释放 API

```
mcMalloc(&ptr, size);
kernel<<<..., stream>>>(ptr, ...);
mcFreeAsync(ptr, stream);
```

应用程序也可以使用函数 mcFree 来释放函数 mcMallocAsync 分配的内存，见示例代码 6-23。通过函数 mcFree 释放此类分配时，驱动程序会假定对分配的所有访问都已完成，且不执行进一步的同步。如果在调用函数 mcFree 时不确定使用这块内存的异步工作任务是否已完成，程序员需要先通过相关的查询函数（如 mcStreamQuery、mcEventQuery）或同步函数（如 mcStreamSynchronize、mcEventSynchronize、mcDeviceSynchronize）确保这些异步工作任务已完成后，再调用函数 mcFree 来释放内存分配。

示例代码 6-23　流序内存分配 API 搭配常规内存释放 API

```
mcMallocAsync(&ptr, size,stream);
kernel<<<..., stream>>>(ptr, ...);
// 使用函数mcFree释放的话，需要同步以避免过早释放内存
mcStreamSynchronize(stream);
mcFree(ptr);
```

3. 内存池和内存池数据结构

内存池是一种封装了虚拟地址和物理内存资源的机制。内存池的特性和属性可用于进行内存的分配和管理。内存池的主要关注点是它所管理的内存的种类和位置。内存池相关的函数有以下几种。

- mcMallocAsync：该函数的调用会使用内存池的资源，当没有指定特定的内存池时，它会使用提供流设备的当前内存池。
- mcDeviceSetMempool：该函数可以设置设备的当前内存池。
- mcDeviceGetMempool：该函数用于查询设备的当前内存池。
- mcMallocFromPoolAsync：该函数允许程序员指定用于分配的特定内存池，而不必将其设置为当前池。
- mcDeviceGetDefaultMempool：该函数为程序员提供默认内存池的句柄。
- mcMemPoolCreate：该函数用于创建新的内存池，并为程序员提供内存池的句柄。
- mcMemPoolSetAttribute 和 mcMemPoolGetAttribute：这两个函数分别用于设置和查询内存池的属性。

4. 默认内存池

可以使用函数 mcDeviceGetDefaultMempool 来检索设备的默认内存池。来自设备默认内存池的分配是位于该设备上不可迁移的设备分配，这些分配始终可以从该设备访问。默认内存池的可访问性可以通过函数 mcMemPoolSetAccess 进行修改，并通过函数 mcMemPoolGetAccess 进行查询。由于不需要显式创建，因此，有时也将默认内存池称为隐式内存池。设备默认内存池不支持 IPC 功能。

5. 显式内存池

函数 mcMemPoolCreate 用于创建显式内存池。与隐式内存池不同，显式内存池需要显式创建，并且目前只能用于分配设备内存。在创建显式内存池时，必须在属性结构中指定显式内存池将要驻留的设备。示例代码 6-24 提供了更多创建显式内存池的示例。

示例代码 6-24　显式内存池的创建

```
// 在设备0上创建一个显式内存池（方法和创建隐式内存池类似）
int device = 0;
mcMemPoolProps poolProps = { };
poolProps.allocType = mcMemAllocationTypePinned;
```

```
poolProps.location.id = device;
poolProps.location.type = mcMemLocationTypeDevice;

mcMemPoolCreate(&memPool, &poolProps));
```

显式内存池的主要用途之一是支持 IPC 功能。通过显式内存池，程序员可以更灵活地管理和控制内存的分配，特别是在需要跨进程共享内存的场景中。

6. 页面缓存行为

流序内存分配器允许应用程序为内存池配置释放阈值属性 mcMemPoolAttrReleaseThreshold。这个属性让流序内存分配器为该内存池保留指定大小的物理内存占用（不释放给操作系统）。当程序进行频繁的内存分配和内存释放操作时，这种配置可以让程序尽可能地在自己保留的内存池中进行分配和释放，减少调用操作系统内存分配函数/释放函数的次数，避免程序过多地在用户态和内核态之间切换，从而提高程序的效率，如图 6-36 所示。

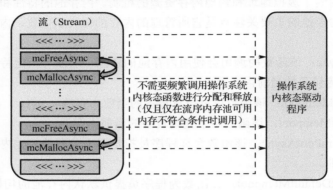

图 6-36　流（Stream）内的内存重用

这种功能可以被看作页面的缓存行为，配置释放阈值属性 mcMemPoolAttrReleaseThreshold 的代码片段如下。

```
mcuint64_t setVal = UINT64_MAX;
mcMemPoolSetAttribute(memPool, mcMemPoolAttrReleaseThreshold, &setVal);
```

关于释放阈值的具体解释如下。

- 释放阈值：这是内存池在尝试将内存释放回操作系统之前应保留的内存量（以字节为单位）。
- 默认设置：在默认情况下，流序内存分配器会尝试最小化内存池所占用的物理内存，因此 mcMemPoolAttrReleaseThreshold 的默认值是 0。
- 特殊设置：如果将释放阈值设置为 UINT64_MAX，那么驱动程序在每次同步后将不会尝试收缩内存池。

通过合理配置释放阈值，应用程序可以在保证性能的同时更好地管理物理内存的使用。根据实际需求和应用场景，程序员可以选择合适的释放阈值以实现更好的内存管理和程序效率。内存池占用空间的动态配置和使用见示例代码 6-25。

示例代码 6-25　内存池占用空间的动态配置和使用

```
uint64_t setVal = UINT64_MAX;
mcMemPoolSetAttribute(memPool, mcMemPoolAttrReleaseThreshold, &setVal);
```

```
// 应用程序在某个阶段需要通过流序内存分配器来分配大量的内存
for (i=0; i<10; i++) {
    for (j=0; j<10; j++) {
        mcMallocAsync(&ptrs[j],size[j], stream);
    }
    kernel<<<...,stream>>>(ptrs,...);
    for (j=0; j<10; j++) {
        mcFreeAsync(ptrs[j], stream);
    }
}
// 应用程序在下一阶段不需要那么多的内存
// 先进行流同步，再配置释放阈值，把该流上超过该阈值的未使用的内存分配释放给系统
mcStreamSynchronize(stream);
size_t minBytesToKeep = 0;
mcMemPoolTrimTo(mempool, minBytesToKeep 0);
// 其他的应用程序可以申请和使用上面释放给系统的内存分配
```

从上述示例代码中可以看出，将释放阈值 mcMemPoolAttrReleaseThreshold 设置得足够高可以有效地禁止内存池的收缩。如果应用程序在某个阶段希望显式地收缩内存池的内存占用，可以使用函数 mcMemPoolTrimTo 来实现。在通过函数 mcMemPoolTrimTo 调整内存池的占用空间时，参数 minBytesToKeep 允许应用程序保留预期在后续执行阶段需要的内存量。这个参数为应用程序提供了一种控制机制，以确保在显式收缩内存池后，应用程序仍保留足够的内存以满足其后续执行阶段的需要。

7．内存池的资源使用统计

MXMACA 运行时库为内存池添加了一些资源使用统计属性，用于查询内存池的内存使用情况。以下是关于这些属性的解释和用途。

- mcMemPoolAttrReservedMemCurrent：这个属性报告了当前内存池消耗的总的 GPU 物理内存。应用程序通过这个属性可以了解当前内存池的内存使用情况。
- mcMemPoolAttrUsedMemCurrent：这个属性返回从内存池中分配且当前不可重用的所有内存的总和。应用程序通过这个属性可以了解当前内存池中已被分配但未被释放的内存量。
- mcMemPoolAttrReservedMemHigh 和 mcMemPoolAttrUsedMemHigh：这两个属性分别用来记录自上次重置以来，mcMemPoolAttrReservedMemCurrent 和 mcMemPoolAttrUsedMemCurrent 这两个属性的最大值。这意味着，它们提供了一种方式来跟踪内存池的内存使用随时间变化的情况，以及哪些属性达到过更高的值。

使用这些属性可以帮助应用程序更好地管理和监控其内存的使用情况。例如，通过定期检查这些属性，应用程序可以了解内存池的使用趋势，并在必要时采取适当的措施来优化内存的使用或释放不再需要的内存。内存池的资源使用统计见示例代码 6-26。

示例代码 6-26　内存池的资源使用统计

```
// 用于批量获取使用情况统计信息的示例代码
struct usageStatistics {
    mcuint64_t reserved;
    mcuint64_t reservedHigh;
    mcuint64_t used;
    mcuint64_t usedHigh;
};
```

```
void getUsageStatistics(mcMemoryPool_t memPool, struct usageStatistics
*statistics)
{
    mcMemPoolGetAttribute(memPool, mcMemPoolAttrReservedMemCurrent,
                          statistics->reserved);
    mcMemPoolGetAttribute(memPool, mcMemPoolAttrReservedMemHigh,
                          statistics->reservedHigh);
    mcMemPoolGetAttribute(memPool, mcMemPoolAttrUsedMemCurrent,
                          statistics->used);
    mcMemPoolGetAttribute(memPool, mcMemPoolAttrUsedMemHigh,
                          statistics->usedHigh);
}

// 重置统计，将其设置为指定值
void resetStatistics(mcMemoryPool_t memPool)
{
    mcuint64_t value = 0;
    mcMemPoolSetAttribute(memPool, mcMemPoolAttrReservedMemHigh, &value);
    mcMemPoolSetAttribute(memPool, mcMemPoolAttrUsedMemHigh, &value);
}
```

8．内存重用策略

驱动程序会在尝试从操作系统分配更多的内存之前，重用之前函数 mcFreeAsync 释放的内存。例如，流中释放的内存可以立即被重新用于同一流中的后续的分配请求。类似地，当一个流与 CPU 同步时，之前在该流中释放的内存可以被重新用于任何流中的分配。流序内存分配器有一些可控的分配策略，并允许应用程序根据业务需求定制内存重用策略。应用程序可以通过启用或禁用相关的内存池属性来定制自己的内存重用策略。流序内存分配器支持的内存池属性有 mcMemPoolReuseFollowEventDependencies、mcMemPoolReuseAllowOpportunistic 和 mcMemPoolReuseAllowInternalDependencies。

需要注意的是，更新 MXMACA 驱动程序后，内存重用策略可能会改进或调整，以便更好地适应新的需求和技术发展。

（1）根据内存池属性 mcMemPoolReuseFollowEventDependencies，流序内存分配器在分配更多 GPU 的物理内存之前，会检查由 MXMACA 事件建立的依赖信息，并尝试从另一个流释放的内存中进行分配。内存池跨流内存重复使用示例一如图 6-37 所示，相应的代码见示例代码 6-27。

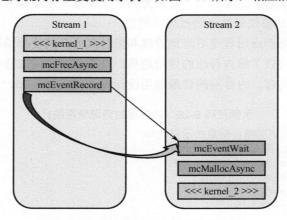

图 6-37　内存池跨流内存重复使用示例一

示例代码 6-27　内存池跨流重复使用示例一

```
// 启用属性mcMemPoolReuseFollowEventDependencies控制的内存重用策略
int enable = 1;
mcMemPoolSetAttribute(mempool, mcMemPoolReuseFollowEventDependencies,
&enable);

// 在一个流中分配内存，启动计算任务，释放内存并记录一个内存释放事件
mcMallocAsync(&ptr1, size, stream1);
Kernel_1<<<..., stream1>>>(ptr1, ...);
mcFreeAsync(ptr1, stream1);
mcEventRecord(event,stream1);

// 在另一个流中等待上面的内存释放事件完成
mcStreamWaitEvent(otherStream, event);
// 在另一个流中分配内存
mcMallocAsync(&ptr2, size, stream2);
kernel_2<<<...,stream2>>>(ptr2, ...);
```

（2）根据内存池属性 **mcMemPoolReuseAllowOpportunistic**，流序内存分配器将检查不同流里的任务在 GPU 上执行的进度，以查看其他流中是否有任务会在当前流上的任务启动前完成并释放流序内存分配，如果有就从另一个流释放的内存中进行分配。内存池跨流重复使用示例二如图 6-38 所示，相应的代码见示例代码 6-28。

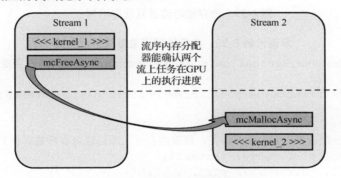

图 6-38　内存池跨流重复使用示例二

示例代码 6-28　内存池跨流重复使用示例二

```
//启用属性mcMemPoolReuseAllowOpportunistic控制的内存重用策略
int enable = 1;
mcMemPoolSetAttribute(mempool, mcMemPoolReuseAllowOpportunistic,
&enable);

// 在一个流中分配内存，启动计算任务，释放内存（无须创建内存释放事件）
mcMallocAsync(&ptr1, size, stream1);
kernel_1<<<..., stream1>>>(ptr1, ...);
mcFreeAsync(ptr1, stream1);

// 等待核函数kernel_1完成，ptr1内存释放
wait(10);

// 流序内存分配器发现此时stream1上ptr1的内存分配已经释放
```

```
// 根据属性mcMemPoolReuseAllowOpportunistic的分配策略
// 流序内存分配器把stream1释放的内存直接用于stream2的内存分配请求
mcMallocAsync(&ptr2, size, stream2);
kernel_2<<<...,stream2>>>(ptr2, ...);
```

（3）根据内存池属性 **mcMemPoolReuseAllowInternalDependencies**，当流序内存分配器发现其内存池没有足够的可用内存且无法从操作系统中分配和映射所需要的物理内存时，流序内存分配器将寻找其他流上是否有待释放的流序内存分配。如果有，驱动程序会将所需的依赖项插入分配流，并使用其他流待释放的流序内存分配。内存池跨流重复使用示例三如图 6-39 所示，相应的代码见示例代码 6-29。

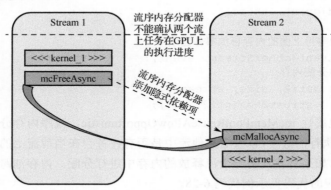

图 6-39　内存池跨流重复使用示例三

示例代码 6-29　内存池跨流重复使用示例三

```
// 启用属性mcMemPoolReuseAllowInternalDependencie控制的内存重用策略
int enable = 1;
mcMemPoolSetAttribute(mempool, mcMemPoolReuseAllowInternalDependencie,
&enable);

// 在一个流中分配内存，启动计算任务，释放内存（无须创建内存释放事件）
mcMallocAsync(&ptr1, size, stream1);
Kernel_1<<<..., stream1>>>(ptr1, ...);
mcFreeAsync(ptr1, stream1);

// 流序内存分配器在stream2上运行函数mcMallocAsync时找不到可用内存
// 根据属性mcMemPoolReuseAllowInternalDependencie的分配策略
// 流序内存分配器发现stream1上有流序内存释放已经在任务队列上（待释放）
// 流序内存分配器自动在stream2中插入函数mcStreamWaitEvent
// 等待stream1释放了足够的内存后，执行足额内存分配并返回
mcMallocAsync(&ptr2, size, stream2);
kernel_2<<<...,stream2>>>(ptr2, ...);
```

虽然上述三种可定制的内存重用策略提高了内存的使用效率，但是，以下两种内存重用策略也可能给应用程序带来一定的风险。

● 允许机会重用策略（即属性 **mcMemPoolReuseAllowOpportunistic** 控制的分配策略）：该策略会依据 GPU 执行任务的顺序，动态选择内存分配模式。这可能导致同一个程序在不同时刻或不同环境下对系统资源的使用呈现出一定的差异。

- 内部依赖插入（即属性 **mcMemPoolReuseAllowInternalDependencies** 控制的分配策略）：该策略可以以意想不到的和潜在的非确定性方式序列化工作，把原来可以并发执行的一些任务改为串行执行。

所以，应用程序也可能希望禁用这些有一定风险的重用策略，宁愿在内存分配失败时显式地返回，然后调整和优化应用程序相关的设计和代码实现。应用程序禁用内存重用策略的代码片段如下。

```
int enable = 0;
mcMemPoolSetAttribute(mempool, mcMemPoolReuseAllowOpportunistic,
&enable);
mcMemPoolSetAttribute(mempool, mcMemPoolReuseAllowInternalDependencie,
&enable);
```

上面的代码片段禁用了两个内存重用策略后，流序内存分配器仍将重用在流与 CPU 同步时可用的内存。在这个代码片段里，禁用属性 **mcMemPoolReuseAllowOpportunistic** 的分配策略，不会阻止属性 **mcMemPoolReuseFollowEventDependencies** 的分配策略。

9. 支持多 GPU 的设备可访问性

在多 GPU 场景下，流序内存分配器提供了函数 **mcMemPoolSetAccess** 用于设置哪些设备可以访问流序内存池中的分配，详细使用方法见示例代码 6-30。

示例代码 6-30　设置多设备间的流序内存访问

```
// 函数mcMemPoolSetAccess用法的代码片段
mcError_t setAccessOnDevice(mcMemPool_t memPool, int residentDevice,
            int accessingDevice) {
  mcMemAccessDesc accessDesc = {};
  accessDesc.location.type = mcMemLocationTypeDevice;
  accessDesc.location.id = accessingDevice;
  accessDesc.flags = mcMemAccessFlagsProtReadWrite;

  int canAccess = 0;
  mcError_t error = mcDeviceCanAccessPeer(&canAccess, accessingDevice,
            residentDevice);
  if (error != mcSuccess) {
    return error;
  } else if (canAccess == 0) {
    return mcErrorPeerAccessUnsupported;
  }

  // Make the address accessible
  return mcMemPoolSetAccess(memPool, &accessDesc, 1);
}
```

在默认情况下，可以从流序内存分配器所在的设备访问该分配，并且这种访问权限是无法撤销的。要允许其他设备访问，需要确保这些设备与内存池的设备对等，即它们之间具有对等访问能力，可以通过函数 **mcDeviceCanAccessPeer** 来查询设备之间的对等能力是否符合要求。有以下两种常见的错误场景。

- 应用程序未检查对等功能就尝试设置其他设备的访问权限，函数 **mcMemPoolSetAccess** 可能会失败，并返回错误码 **mcErrorInvalidDevice**。

- 在某些情况下，即使设备不具备对等能力，函数 mcMemPoolSetAccess 调用也可能成功。但这种情况下，内存池中的下一次分配将会失败。

值得注意的是，一旦通过函数 mcMemPoolSetAccess 设置了内存池的访问权限，它会影响内存池中的所有分配，而不仅是未来的分配。同样的道理，函数 mcMemPoolGetAccess 报告的可访问性适用于池中所有的分配，而不仅是未来的分配。为了提高效率和确保稳定性，建议不要频繁地更改给定 GPU 的内存池的可访问性设置。一旦内存池可以从给定的 GPU 访问，它应该在内存池的整个生命周期内都可以从该 GPU 访问。

10. IPC 内存池

支持 IPC 的内存池允许在进程之间轻松、高效、安全地共享 GPU 内存，这非常重要，能使不同的进程能够更好地协同工作。MXMACA 的 IPC 内存池和 MXMACA 的虚拟内存管理一样，所提供的 API 都是安全可靠的，这意味着应用程序可以依赖这些函数管理内存共享和 IPC，而不用担心数据的安全性和完整性。

在具有内存池的进程间共享内存有两个阶段。首先，进程需要设置内存池的共享访问权限，然后，共享来自该内存池的特定分配。第一个阶段涉及设置内存池的共享访问权限，这是建立安全性所必须的，确保了只有被授权的进程才能访问共享的 GPU 内存。第二个阶段涉及协调每个进程中使用的虚拟地址以及确保映射在导入进程中的有效性，这是为了确保不同进程之间的内存访问不会发生冲突，并确保数据的一致性和正确性。

接下来，我们继续了解与 IPC 内存池相关的更多技术细节。

（1）创建和共享 IPC 内存池。在设备上创建一个可导出的内存池，并在不同的进程之间共享该内存池，相应的步骤如下。创建和共享 IPC 内存池的详细过程见示例代码 6-31。

- 创建一个物理内存池。源进程使用函数 mcMemPoolCreate 在设备上创建一个可导出的 IPC 内存池，创建时需要正确地设置函数入参，也就是内存池属性。
- 将内存池导出为可共享的句柄。源进程使用函数 mcMemPoolExportToShareableHandle 将该 IPC 内存池导出为本机共享句柄，使用适当的本机操作系统 IPC 机制在进程之间传输该句柄。
- 通过共享句柄创建导入内存池。目标进程收到共享句柄后，使用函数 mcMemPool ImportFromShareableHandle 从该句柄创建导入的内存池。

示例代码 6-31　创建和共享 IPC 内存池

```
// 源进程（也叫导出进程）
// create an exportable IPC capable pool on device 0
mcMemPoolProps poolProps = { };
poolProps.allocType = mcMemAllocationTypePinned;
poolProps.location.id = 0;
poolProps.location.type = mcMemLocationTypeDevice;

// 将handleTypes设置为非零值，使该内存池可导出（支持IPC）
poolProps.handleTypes = mcDevAttrHandleTypePosixFileDescriptor;

mcMemPoolCreate(&memPool, &poolProps));

// FD句柄是整数类型
```

```
int fdHandle = 0;

// 获得操作系统本机句柄
// 注意：这里传递了一个指向句柄内存的指针
mcMemPoolExportToShareableHandle(&fdHandle,
            memPool,
            mcDevAttrHandleTypePosixFileDescriptor,
            0);

// 目标进程（也叫导入进程）
 int fdHandle;
// 通过所在操作系统支持的相关API获得上述可共享句柄
// 从可共享句柄创建导入的IPC内存池
// 注意：这里传递的是可共享句柄的值
mcMemPoolImportFromShareableHandle(&importedMemPool,
            (void*)fdHandle,
            mcDevAttrHandleTypePosixFileDescriptor,
            0);
```

（2）在导入进程中设置访问权限。目标进程在导入源进程创建的 IPC 内存池后，使用前还有一些需要注意的细节。

首先，导入的 IPC 内存池最初只能从其常驻设备访问，这是因为导入的内存池不会继承源进程中设置的任何可访问性。这意味着，如果导入的 IPC 内存池计划从其他 GPU 访问内存，程序员需要在目标进程中显式地启用这些访问权限。具体来说，目标进程可以使用函数 **mcMemPoolSetAccess** 来为想要访问的 GPU 设置对该 IPC 内存池的访问权限。这个步骤是必要的，以确保所有的目标 GPU 都可以正常地访问和使用共享的内存资源。

此外，如果导入的 IPC 内存池在目标进程中属于不可见的设备，程序员必须使用函数 **mcMemPoolSetAccess** 来显式地启用目标 GPU 对该 IPC 内存池的访问。这是因为在默认情况下，不可见的设备不会自动获得对共享内存的访问权限。

总之，在目标进程中需要特别关注并设置访问权限，以确保所有相关的 GPU 都能够正确地访问和使用 IPC 内存池。通过这些措施，可以确保 IPC 内存池在目标进程中能够与其他进程和设备进行正常、高效的交互。

（3）从导出的 IPC 内存池创建和共享分配。源进程创建的 IPC 内存池在被共享给目标进程后，源进程中使用函数 **mcMallocAsync** 从该 IPC 内存池中进行的内存分配，可以与已导入该 IPC 内存池的目标进程共享。由于 IPC 内存池的安全策略是在内存池级别建立和验证的，操作系统不需要额外地引用计数来为该 IPC 内存池里的分配提供安全性。换句话说，源进程在已导出 IPC 内存池进行的任何分配（由类型 **mcMemPoolPtrExportData** 定义的内存分配句柄），可以使用任何机制将其发送到目标进程。

无论是在源进程导出 IPC 内存池的操作，还是在目标进程导入 IPC 内存池的操作，都无须与 IPC 内存池在源进程中任何的分配操作同步。但是，目标进程在对 IPC 内存池中分配的内存进行访问时，必须遵循与源进程访问该内存块相同的规则。例如，对分配的内存进行访问，必须发生在一个流中对该内存块完成分配操作之后。从导出的 IPC 内存池创建和共享分配的代码见示例代码 6-32，从中可以看到如何使用函数 **mcMemPoolExportPointer** 和 **mcMemPoolImportPointer**，并通过 IPC 事件，来保证在源进程完成内存分配操作之后，目标进程才会访问该内存分配。

示例代码 6-32 从导出的 IPC 内存池创建和共享分配

```
// 在源进程中准备创建IPC内存池
mcMemPoolPtrExportData exportData;
mcEvent_t readyIpcEvent;
mcIpcEventHandle_t readyIpcEventHandle;

// 通过IPC事件进行进程间操作的协调和同步
// 用mcEventInterprocess该事件设置为IPC事件
// 用mcEventDisableTiming降低IPC事件对程序性能的影响

mcEventCreate(
        &readyIpcEvent, mcEventDisableTiming | mcEventInterprocess)

// 源进程在IPC内存池中进行内存分配
mcMallocAsync(&ptr, size,exportMemPool, stream);

// 通过IPC事件等待源进程在IPC内存池中完成内存分配
mcEventRecord(readyIpcEvent, stream);
mcMemPoolExportPointer(&exportData, ptr);
mcIpcGetEventHandle(&readyIpcEventHandle, readyIpcEvent);

// 有多种IPC方式可以跨进程共享IPC事件和指向共享数据的指针
// 这里我们使用共享内存方式，将数据复制到共享内存中
shmem->ptrData = exportData;
shmem->readyIpcEventHandle = readyIpcEventHandle;
// 通过信号告诉目标进程数据已经就绪
// 导入分配
mcMemPoolPtrExportData *importData = &shmem->prtData;
mcEvent_t readyIpcEvent;
mcIpcEventHandle_t *readyIpcEventHandle = &shmem->readyIpcEventHandle;

// 有多种IPC方式可以获得源进程IPC事件句柄和指向共享数据的指针
// 这里我们使用共享内存方式，使用共享内存里的数据之前要进行同步
mcIpcOpenEventHandle(&readyIpcEvent, readyIpcEventHandle);

// 导入IPC内存池。这期间它不会阻止源进程在IPC内存池中进行分配
mcMemPoolImportPointer(&ptr, importedMemPool, importData);

// 在目标进程使用分配之前，须等待先前的流操作完成
mcStreamWaitEvent(stream, readyIpcEvent);
kernel<<<..., stream>>>(ptr, ...);
```

在释放 IPC 内存池分配的内存时，需要先在目标进程中释放分配，然后再在源进程中释放分配。从导出的 IPC 内存池释放分配的代码见示例代码 6-33，其演示了使用 MXMACA IPC 事件在两个进程中调用函数 mcFreeAsync 的操作之间提供所需的同步的方法。目标进程对该内存分配的访问也会受到目标进程释放操作的控制，也就是说，在调用函数 mcFreeAsync 对该内存进行释放操作后，目标进程就不能再次访问了，详细使用方法见示例代码 6-33。值得注意的是，函数 mcFree 可用于释放两个进程中的分配，并且可以使用其他流同步函数来代替 MXMACA IPC 事件。

示例代码 6-33　从导出的 IPC 内存池释放分配

```
// IPC内存池分配的内存必须先在目标进程完成释放，然后才在源进程进行释放
kernel<<<..., stream>>>(ptr, ...);

// 目标进程最后一次访问
mcFreeAsync(ptr, stream);

// 目标进程调用mcFreeAsync释放后不能再次访问
mcIpcEventRecord(finishedIpcEvent, stream);

// 源进程需要等目标进程先完成释放
mcStreamWaitEvent(stream, finishedIpcEvent);
kernel<<<..., stream>>>(ptrInExportingProcess, ...);

// 目标进程释放IPC内存池的分配后，不影响源进程继续使用该内存分配
mcFreeAsync(ptrInExportingProcess,stream);
```

（4）IPC 导出内存池限制。IPC 内存池目前不支持将物理块释放回操作系统。因此，函数 mcMemPoolTrimTo 事实上是一个空操作，并且阈值参数 mcMemPoolAttrReleaseThreshold 会被忽略。相关的行为由 MXMACA 运行时库控制，并且可能会在未来版本的运行时库更新时发生变化。

（5）IPC 导入内存池限制。目标进程不允许在导入的 IPC 内存池中进行内存分配。具体来说，目标进程不能把导入的 IPC 内存池设置为当前内存池，也不能在函数 mcMallocFromPoolAsync 中使用导入的 IPC 内存池。因此，分配重用策略属性对这些导入的 IPC 内存池没有意义。导入的 IPC 内存池目前不支持将物理块释放回操作系统。因此，在目标进程中使用函数 mcMemPoolTrimTo 也是空操作，阈值参数 mcMemPoolAttrReleaseThreshold 也会被忽略。

在目标进程中如果进行资源使用统计属性查询，查询的结果只会反映目标进程使用的共享内存分配和这些共享内存分配所在的物理内存的信息。

11. 同步 API 操作

作为 MXMACA 运行时库的一部分，流序内存分配器带来的优化之一是与 MXMACA 运行时库提供的同步相关的函数进行集成。这可以更好地管理和优化内存使用，确保资源的有效利用，并避免潜在的竞态条件。这种优化对提高 GPU 编程的性能和效率非常重要。

当程序员请求 MXMACA 运行时库同步时，运行时库会等待异步工作完成后再返回。在返回之前，MXMACA 运行时库会检查阈值属性 mcMemPoolAttrReleaseThreshold，阈值内释放后未使用的内存都可被再分配，超过阈值的任何多余的物理内存都将被释放。

6.3.7　MXMACA 编程内存相关的知识汇总

MXMACA 变量和类型限定符的总结见表 6-2。

表 6-2　MXMACA 变量和类型限定符

限 定 符	变 量 名 称	存储器位置	作 用 域	生 命 周 期
n/a	float var	寄存器	线程	与线程生命周期相同
n/a	float var[100]	私有内存	线程	与线程生命周期相同

限 定 符	变量名称	存储器位置	作 用 域	生 命 周 期
__shared__	float var *	共享内存	线程块	与线程块生命周期相同
__device__	float var *	全局内存	全局	与程序生命周期相同
__constant__	float var *	常量内存	全局	与程序生命周期相同

GPU 存储器的特征总结见表 6-3。

表 6-3　GPU 存储器的特征

存 储 器	位 置	缓 存	读写操作	范 围	生 命 周 期	速 度
寄存器	芯片内	无缓存	读/写	一个线程	与线程生命周期相同	最快
私有内存	芯片外	L1/L2 缓存	读/写	一个线程	与线程生命周期相同	较慢
共享内存	芯片内	无缓存	读/写	块内所有线程	与线程块生命周期相同	在无存储体冲突时快
全局内存	芯片外	L1/L2 缓存	读/写	所有线程+主机	与程序生命周期相同	较慢
常量内存	芯片外	L1/L2 缓存	读	所有线程+主机	与程序生命周期相同	较慢

MXMACA 编程中与内存相关的设备属性见表 6-4。

表 6-4　MXMACA 编程中与内存相关的设备属性

设备属性类型定义	设备属性描述
char name[256]	设备标识符的 ASCII 字符串
size_t totalGlobalMem	设备上全局内存的总数量（单位是字节）
size_t sharedMemPerBlock	单个线程块可以使用的共享内存最大数量（单位是字节）
size_t regsPerBlock	单个线程块可以使用的寄存器数量（单位是 4 字节，单个寄存器大小是 32 比特，也就是 4 字节）
size_t totalConstMem	设备上常量内存的总数量（单位是字节）

以曦云架构 GPU 为例，设备内存信息查询代码见示例代码 6-34。

示例代码 6-34　设备内存信息查询代码

```
#include<mc_runtime_api.h>

int main( void ) {
    mcDeviceProp_t prop;

    int count;
    mcGetDeviceCount( &count );
    for (int i=0; i< count; i++) {
        mcGetDeviceProperties( &prop, i );
        printf( " --- Memory Information for device %d ---\n", i );
        printf( "Total global mem: %ld[bytes]\n", prop.totalGlobalMem );
        printf( "Total constant Mem: %ld[bytes]\n", prop.totalConstMem );
        printf( "Max mem pitch: %ld[bytes]\n", prop.memPitch );
        printf( "Texture alignment: %ld[bytes]\n", prop.textureAlignment );
```

```
        printf( "Shared mem per AP: %ld[bytes]\n",prop.sharedMemPerBlock );
        printf( "Registers per AP: %d[bytes]\n", prop.regsPerBlock );
        printf( "\n" );
    }
}
```

上述代码的运行结果如下。

```
--- Memory Information for device 0 ---
Total global mem: 68719476736[bytes]
Total constant Mem: 2147483647[bytes]
Max mem pitch: 58411556864[bytes]
Texture alignment: 256[bytes]
Shared mem per AP: 65536[bytes]
Registers per AP: 131072[bytes]

--- Memory Information for device 1 ---
Total global mem: 68719476736[bytes]
Total constant Mem: 2147483647[bytes]
Max mem pitch: 58411556864[bytes]
Texture alignment: 256[bytes]
Shared mem per AP: 65536[bytes]
   Registers per AP: 131072[bytes]
```

6.3.8 MXMACA 内存管理函数的分类及特点

MXMACA 内存管理函数汇总见表 6-5。可以在 MXMACA 编程环境的头文件 mc_runtime_api.h 里，或者在沐曦官网发布的 MXMACA 运行时库编程指南文档里查阅这些函数的详细定义。

表 6-5　MXMACA 内存管理函数汇总

功 能 分 类	MXMACA 运行时库函数	描　　述
常规内存 管理	mcMallocHost mcFreeHost mcMalloc mcFree mcMemset mcMemcpy mcMemcpyPeer	优点：更细致地分配内存，可使效率最大化。 缺点：相互复制，应用开发较复杂
零复制内存	mcHostMalloc mcHostRegister mcHostGetFlags mcHostGetDevicePointer	优点：当设备内存不足时可以利用主机内存，应用开发较方便。 缺点：设备通过 PCIe 总线访问内存，速度慢
统一虚拟 寻址	mcMallocHost mcHostRegister mcHostGetFlags	和零复制内存技术的功能相同，不需要函数 mcMemcpy 来完成主机内存与设备内存数据的相互传输，即在主机和设备中都可以直接读写。详细介绍见第 6.3.3 节
统一寻址 内存	mcMallocManaged mcMemPerfechAsync mcMemAdvise	优点：统一编址，应用开发最方便；相比于零复制内存增加了性能优化逻辑。 缺点：性能优化逻辑复杂

功能分类	MXMACA 运行时库函数	描 述
2D/3D 内存	mcMallocPitch(2D) mcMemcpy2D mcMemset2D mcMalloc3D mcMemcpy3D mcMemset3D	此类 API 多用于建模分析，如 OpenCV 等
虚拟内存管理	mcMemAddressReserve mcMemAddressFree mcMemCreate mcMemRelease mcMemMap mcMemUnmap mcMemSetAccess mcMemGetAccess mcMemGetAllocationGranularity mcMemGetAllocationPropertiesFromHandle mcMemRetainAllocationHandle	优点：将地址和内存的概念解耦，允许应用程序单独处理它们。可以根据具体业务的动态需求调整分配的内存大小。常用于一些数据分析的场景。与 libc 的 realloc 函数或者 C++的 std::vector 类似。 缺点：应用开发需要了解业务动态，须按需增加内存分配并及时释放未使用的内存
流序内存管理	mcMallocAsync mcFreeAsync mcMallocFromPoolAsync mcMemPoolCreate mcMemPoolDestroy mcMemPoolExportPointer mcMemPoolExportToShareableHandle mcMemPoolGetAccess mcMemPoolGetAttribute mcMemPoolImportFromShareableHandle mcMemPoolImportPointer mcMemPoolSetAccess mcMemPoolSetAttribute mcMemPoolTrimTo	优点：引入了内存池的概念，从而实现了内存的重用，同时消除了一些无关的同步，进一步提高了性能。 缺点：需要结合复杂的内存池管理机制，应用开发复杂

6.3.9 部分 MXMACA 内存管理函数的行为总结

GPU 内存管理函数的同步和异步行为总结如下。

- 同步行为：函数 mcMemcpy 和 mcMemset 是具有同步行为的函数，在理想情况下，当主机端执行完该函数后，函数对应的操作会随之结束。
- 异步行为：函数 mcMemcpyAsync 和 mcMemsetAsync 是具有异步行为的函数（通过后缀*Async 进行标识），主机端执行完该函数并不意味着该函数对应的操作结束，该函数对应的操作可能会在 PCIe 总线和设备端继续执行。
- 隐式同步行为（隐藏的同步行为）：在特定场景下，函数的执行会导致某些执行异步操作的流被阻塞，被阻塞流的操作执行完毕后函数才会退出。该行为无法从函数的命名来判别，故称为隐式同步行为。隐式同步行为处理不当会带来错误的结果，并严重影响程序的性能。

- 隐式异步行为（隐藏的异步行为）：在特定场景下，同步函数执行完毕后，对应的操作可能还在继续执行，这种行为称为隐式异步行为。

部分 MXMACA 内存管理函数的同步和异步行为及相关的规律总结如下。

（1）函数 mcMemcpy 的同步和异步行为汇总见表 6-6。

表 6-6　函数 mcMemcpy 的同步和异步行为汇总

目 标 内 存	源　内　存	当前设备	目标内存设备	源内存设备	其他设备
主机内存	主机内存	同步	-	-	异步
主机内存	设备内存（mcMalloc）	同步	-	同步	异步
主机内存	设备内存（mcMallocManaged）	同步	-	同步	异步
设备内存（mcMalloc）	主机内存	同步	同步	-	异步
设备内存（mcMalloc）	设备内存（mcMalloc）	异步	异步	异步	异步
设备内存（mcMalloc）	设备内存（mcMallocManaged）	同步	同步	同步	异步
设备内存（mcMallocManaged）	主机内存	同步	同步	-	异步
设备内存（mcMallocManaged）	设备内存（mcMalloc）	同步	同步	同步	异步
设备内存（mcMallocManaged）	设备内存（mcMallocManaged）	同步	同步	同步	异步

（2）函数 mcMemcpyAsync 隐式同步行为的规律如下。

- 从主机内存复制到主机内存：只会在复制完成后才会退出，不会阻塞任何设备。
- 从设备内存（由函数 mcMalloc 或 mcMallocManaged 分配）复制到主机可分页内存：只会在复制完成后才会退出，不会阻塞任何设备。

（3）函数 mcMemset 隐式同步行为的规律如下。

- 操作设备内存（由函数 mcMalloc 分配）：不会阻塞任何其他的设备，会被关联到当前设备、内存对应设备的阻塞流最新操作之后，相对于主机是异步的。
- 操作主机或设备内存（由函数 mcMallocManaged 分配）：会阻塞当前设备、内存对应设备的阻塞流，在函数 mcMemset 完成后才会退出。

（4）函数 mcFree 隐式同步行为的规律是，该操作会阻塞内存对应设备的阻塞流和非阻塞流。

（5）函数 mcFreeHost 或 mcHostUnregister 隐式同步行为的规律是，该操作会阻塞该内存分配时对应设备的阻塞流和非阻塞流。

6.3.10　习题和思考

第 3.6.4 节的习题和思考中有一道题是写一个矩阵乘法，请尝试利用第 6.2.3 节介绍的共享内存来实现矩阵乘法，并测试比较一下使用共享内存前后的结果差异。

第7章 MXMACA 程序的编译、运行和调试

本章内容
- MXMACA 代码的编译和运行
- MXMACA 程序的调试
- 常见问题及其解决方案

使用 MXMACA C/C++语言进行程序开发的步骤和其他语言一样（见图 7-1），通常有以下这些步骤。

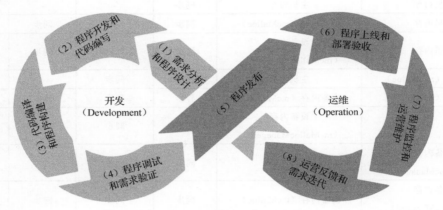

图 7-1 程序开发的步骤

（1）需求分析和程序设计。在开发应用程序之前，我们需要对应用程序要实现的功能有清晰的想法：程序需要输入何种信息，程序需要进行什么样的计算和操作，程序应该报告什么样的结果。在这一规划阶段，应该用一般概念来考虑问题，而不是一些具体的计算机语言术语。在对应用程序需要完成的事情有概念性的认识后，再来考虑程序实现方式、用户界面设计、程序组织结构、程序实现周期等问题。

（2）程序开发和代码编写。有了清晰的应用程序设计思路后，就可以开始程序开发和编写代码了，也就是将设计思路转变为 MXMACA 语言。一般来说，需要使用文本编辑器来创建源代码文件，该文件包含程序设计的 MXMACA 实现形式。

（3）代码编译和程序构建。编译细节取决于编程环境，编译器能检查程序是否为有效的 MXMACA 语言程序。编译成功后会构建可执行程序，可执行程序是可以直接在 MXMACA 编程环境中运行的文件。

（4）程序调试和需求验证。程序能够正常运行并符合设计预期那是最好的，但有时候它也可能运行不正确，或者和需求有偏差。因此，应该进行程序调试，看程序是否存在错误，是否满足设计阶段定义的业务需求。

（5）程序发布。程序调试和需求验证完成后一般就进入发布环节，这标志着程序开发人员的工作已经到了一个重要的里程碑，程序的运维人员可以开启工作。

（6）程序上线和部署验收。在生产环境和项目现场进行程序部署、上线，并进行验收测试

看其是否符合预期。

（7）程序监控和运营维护。在程序部署验收后，我们需要持续地监控程序，针对监控过程中发现的各种问题，进行运营维护。

（8）运营反馈和需求迭代。在程序被广泛地使用后，可能会产生新的功能需求和性能改进需求，将其反馈给程序开发人员，以期待在后续发布的程序版本中予以支持，这就是程序的需求迭代。

MXMACA 程序开发的前两个步骤（需求分析和程序设计、程序开发和代码编写）在前面的章节中已经进行了详细的介绍，本章重点介绍编译代码和构建程序的步骤，以及程序调试和需求验证步骤的基础部分。第 8 章将会进一步讲解程序调试和需求验证的内容。

程序设计的思路是多种多样的，针对同样的问题可以设计出不同的程序。不同程序的执行效率大为不同，特别是数据规模很大时，区别尤为明显，所以，有时需要借助性能分析工具来分析程序的执行效率，并充分利用 CPU 和 GPU 架构的不同特点，对程序进行优化，从而达到提高程序性能的目的。

程序调试（Debug）是程序设计的重要环节，也是程序设计人员必须掌握的重要技能。MXMACA 针对沐曦 GPU 架构的特点和特性，提供了相应的程序调试功能。MXMACA 程序员既可以利用 MXMACA 提供的调优工具对程序进行调试和优化，也可以基于 MXMACA 提供的编程调优 API 进行编程开发或创建分析工具，并对 MXMACA 程序进行定制化的功能调试和性能优化。

7.1 MXMACA 代码的编译和运行

沐曦提供了用于编译 MXMACA C/C++程序的编译器 mxcc，所有的 MXMACA 代码编译都是通过 mxcc 完成的。以单文件编译流程为例，MXMACA 代码编译工作流程如图 7-2 所示。

假设某个 MXMACA 程序的源文件为 a.cpp。mxcc 前端在对 a.cpp 进行编译时，会自动解析并将其分为设备代码（Device Code，运行在 GPU 上的代码）和主机代码（Host Code，运行在 CPU 上的代码）。mxcc 对设备代码和主机代码的处理流程差异较大。对主机代码的处理较为简单，mxcc 会直接调用 mxcc 内部的主机编译器（Host Compiler），将主机代码编译成主机对象（Host Object）。而设备代码则复杂得多。对于设备代码，mxcc 设备前端编译器（Device Frontend Compiler）会先将设备代码编译并生成二进制文件，再由 mxcc 设备后端编译器（Device Backend Compiler）编译生成设备可执行（Device Executable）文件，随后

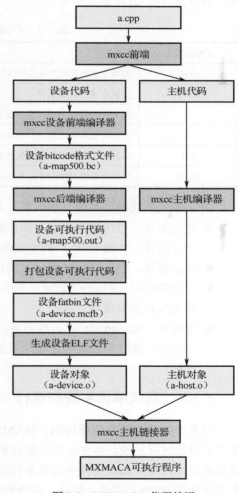

图 7-2　MXMACA 代码编译
工作流程

依次经过打包（Bundle）和生成（Generate）ELF 文件这两步，生成 MXMACA 对象（MXMACA Object）。最终，mxcc 主机链接器（Host Linker）会将 MXMACA 对象和主机对象进行链接，生成常规意义上的可执行（Executable）文件。此时，我们可直接运行这个可执行文件。

在代码编写和编译过程中会产生各种不同类型的文件，这些文件的含义见表 7-1。MXMACA 编译最终生成的可执行文件是标准的 ELF 文件，其中，GPU 的可执行代码被包含在段.mc_fatbin 内。段内的内容是 Fatbinary 格式，在 Linux 系统中，Fatbinary 被简称为 FatELF。FatELF 是一种文件格式，它将针对不同架构的多个 ELF 二进制可执行代码文件格式嵌入到一个文件格式中。该格式非常简单：它在文件开头添加了一些登记信息，然后在文件后面附加了所有的 ELF 二进制文件，以进行对齐。由于 FatELF 文件集成了很多不同平台上的可执行 GPU 二进制代码，所以文件的体量（占用空间）会大一些，于是会说 FatELF 文件很"胖"。

MXMACA 运行时进行的实时（Just-In-Time，JIT）编译采用了 LLVM Bitcode 格式的文件。程序在运行过程中，只需从 Fatbinary 文件中解析出与本机 GPU 架构相匹配的设备端可执行代码，然后发送给 GPU 执行即可。

表 7-1　不同类型 MXMACA 文件的含义

文件扩展名	含　　义
c/cpp	混合了主机代码和设备代码的源文件
c/cc/cpp	主机 C 或 C++源文件
bc	LLVM Bitcode 格式文件，是 LLVM IR 的二进制形式
o	可重定位代码的 ELF 二进制映像（Image）
out	可执行代码的 ELF 二进制映像（Image）
mcfb	编译生成的 MXMACA fatbin 文件，可包含一个或多个 GPU 侧 ELF 二进制映像（Image）

GPU 相关的代码（主要是核函数）有以下四种编译方式。

● 静态编译：也叫离线编译，指在执行前由 C++、GCC 或 VENDOR SPECIFIC 的工具链进行编译。沐曦 GPU 厂商专业的编译工具链是 mxcc。

● 动态编译：也叫运行时编译，指在 CPU 运行过程中编译 GPU 核函数代码。

● 二进制缓存（Binary Cache）：指运行时在二进制缓存配置目录下搜索匹配的缓存编译结果文件并直接使用。

● 重编译（Recompile）：若核函数启动时判断发生了特定条件的改变，不能使用已有的编译结果，这时会自动触发快速重编译（Rapid Recompile）流程，重新生成设备端可执行代码。

7.1.1　离线编译和静态运行

以多个文件的静态编译为例，MXMACA 代码静态编译的工作原理如图 7-3 所示。通过和图 7-2 对比可以发现，多文件编译流程和单文件编译流程基本相似。唯一的区别是，在多文件编译流程中，每个.cpp 文件中的设备代码都会先经过编译器前端（mxcc Frontend）的处理，并生成单独的 Bitcode 文件，然后，编译器会将多个 Bitcode 文件统一链接并编译，生成一个设备可执行文件。链接后的 Bitcode 文件会经过编译器后端的一系列处理，并生成设备 Fatbinary 文件。随后，mxcc 主机链接器（Host Linker）将设备 Fatbinary 文件嵌入合成到主机对象（库文件或可执行文件）中，存放在段.mc_fatbin 内，并最终生成可执行文件。

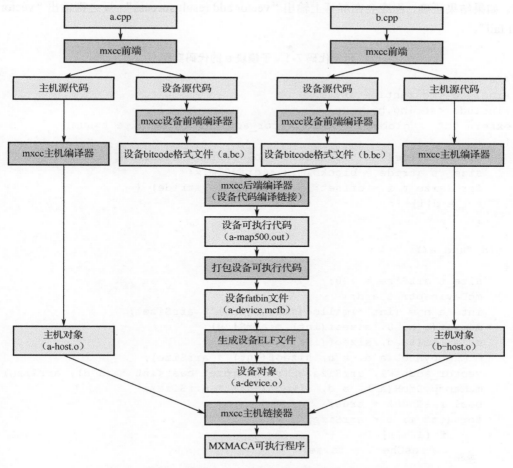

图 7-3　MXMACA 代码静态编译的工作原理

可以看到，编译过程分两部分：一部分是在主机端和普通 C++程序一样的编译，另一部分是针对 MXMACA 中扩展的 C++程序的编译。设备端编译的最终结果文件为 Fatbinary 文件，其后缀名是.mcfb。

为了让应用程序适应不同的 GPU 架构，Fatbinary 文件需包含多种 GPU 架构，以便程序在运行时根据当前 GPU 的真实架构，选择最合适的 GPU 架构实现。MXMACA 运行时库和沐曦 GPU 驱动程序会检查 Fatbinary 文件中的内容，在每次程序运行时，MXMACA 运行时库和沐曦 GPU 驱动程序都会找到 Fatbinary 文件中最合适部分并映射到当前的 GPU。

1. 使用 Makefile 文件进行编译的示例

以下是一个简单的示例。假设一个代码项目有如图 7-4 所示的目录结构，该代码项目的工程构建可以使用 Makefile 文件。

其中，子模块 a 的代码实现见示例代码 7-1。这个模块的主要作用是在核函数中对数组 a_d 中的每个元素进行加 1 操作。

图 7-4　一个简单的 MXMACA 源代码项目文件目录

操作完成后，这个模块先将数组 a_d 中的结果复制到数组 a_h 中，然后检测 a_h 中的结果是否正确。如果结果正确，程序会在屏幕上输出"vector add result success"，反之则输出"vector add result fail"。

示例代码 7-1　子模块 a 的代码实现

```cpp
//a.cpp:
#include <mc_runtime_api.h>
#include <string.h>
extern "C" __global__ void vector_add(int *A_d, size_t num)
{
    size_t offset = (blockIdx.x * blockDim.x + threadIdx.x);
    size_t stride = blockDim.x * gridDim.x;
    for (size_t i = offset; i < num; i += stride) {
        A_d[i]++;
    }
}
void func_a()
{
    size_t arrSize = 100;
    mcDeviceptr_t a_d;
    int *a_h = (int *)malloc(sizeof(int) * arrSize);
    memset(a_h, 0, sizeof(int) * arrSize);
    mcMalloc(&a_d, sizeof(int) * arrSize);
    mcMemcpyHtoD(a_d, a_h, sizeof(int) * arrSize);
    vector_add<<<1, arrSize>>>(reinterpret_cast<int *>(a_d), arrSize);
    mcMemcpyDtoH(a_h, a_d, sizeof(int) * arrSize);
    bool resCheck = true;
    for (int i; i < arrSize; i++) {
        if (a_h[i] != 1){
            resCheck = false;
        }
    }
    printf("vector add result: %s\n", resCheck ? "success": "fail");
    free(a_h);
    mcFree(a_d);
}

//a.h:
extern void func_a();
```

子模块 b 的代码实现见示例代码 7-2。

示例代码 7-2　子模块 b 的代码实现

```cpp
//b.cpp:
#include<mc_runtime_api.h>
__global__ void kernel_b()
{
/* kernel code*/
  printf("Hello World from GPU!\n");
}
```

```
void func_b()
{
    /* launch kernel */
    kernel_b<<<1, 1>>>();
}

//b.h:
extern void func_b();
```

主程序的代码实现见示例代码 7-3。主程序先后调用模块 a 提供的函数 func_a 和模块 b 提供的函数 func_b，然后打印 "my program done!" 表示程序结束。

示例代码 7-3   主程序的代码实现

```
//main.cpp:
#include <stdio.h>
#include "a.h"
#include "b.h"
int main()
{
    func_a();
    func_b();
    printf("my program done!\n");
    return 1;
}
```

上述代码工程包含 main.cpp、a.cpp、b.cpp 三个源文件，其中，a.cpp 包含核函数 vector_add，b.cpp 包含核函数 kernel_b。若要将该工程编译成可执行文件，可以按照示例代码 7-4 编写 Makefile 文件。

示例代码 7-4   Makefile 文件的代码实现

```
//Makefile文件

# MXMACA Compiler
MXCC = $(MACA_PATH)/mxgpu_llvm/bin/mxcc

# Compiler flags
MXCCFLAGS = -xmaca

# Source files
SRCS= main.cpp src/a.cpp src/b.cpp

# Object files
OBJS = $(SRCS:.cpp=.o)

# Executable
EXEC = my_program

# Default target
all: $(EXEC)

# Link object files to create executable
```

```
$(EXEC): $(OBJS)
$(MXCC) $(OBJS) -o $(EXEC)

%.o: %.cpp
$(MXCC) $(MXCCFLAGS) -c $< -o $@ -I include

# clean up object files and executable
clean:
rm -f $(OBJS) $(EXEC)
```

值得注意的是，在执行 make 命令之前，需要正确地设置环境变量，这里以缺省安装位置（/opt/maca）为例。

```
$ export MACA_PATH=/opt/maca
$ export LD_LIBRARY_PATH=${MACA_PATH}/lib:${LD_LIBRARY_PATH}
```

然后，在 Makefile 文件同级目录下执行 make 命令，就能得到可执行程序 my_program，详细步骤和结果如图 7-5 所示。在该工程中，源文件 a.cpp 使用了一种利用核函数实现向量加法的典型方法。

图 7-5 使用 Makefile 文件进行编译的步骤和结果

2. 使用 Cmake 工具进行编译的示例

继续以图 7-4 所示的代码项目结构为例，如果程序员希望使用 CMake 工具来构建项目，则需在 main.cpp 同级目录中创建 CMakeLists.txt 文件。程序员可以按照示例代码 7-5 给出的代码来编写 CMakeLists.txt 文件。

示例代码 7-5　Cmake 文件的代码实现

```
# Specify the minimum CMake version required
cmake_minimum_required(VERSION 3.0)

# Set the project name
project(my_program)

# Set the path to the compiler
set(MXCC_PATH $ENV{MACA_PATH})
set(CMAKE_CXX_COMPILER ${MXCC_PATH}/mxgpu_llvm/bin/mxcc)
```

```
# Set the compiler flags
set(MXCC_COMPILE_FLAGS -x maca)
add_compile_options(${MXCC_COMPILE_FLAGS})

# Add source files
File(GLOB SRCS src/*.cpp main.cpp)
add_executable(my_program ${SRCS})

# Set the include paths
target_include_directories(my_program PRIVATE include)
```

此外，执行 cmake ..命令之前也需要确保正确地设置环境变量，这里以缺省安装位置（/opt/maca）为例。

```
$ export MACA_PATH=/opt/maca
$ export LD_LIBRARY_PATH=${MACA_PATH}/lib:${LD_LIBRARY_PATH}
```

在 CMakeLists.txt 同级目录中创建 build 文件夹。进入 build 目录执行 cmake ..命令，再执行 make 命令，即可得到可执行程序 my_program，详细步骤和结果如图 7-6 所示。

```
(base) sw@LG-PC-10-2-120-162:~/my_program$ export MACA_PATH=/opt/maca
(base) sw@LG-PC-10-2-120-162:~/my_program$ export LD_LIBRARY_PATH=${MACA_PATH}/lib:${LD_LIBRARY_PATH}
(base) sw@LG-PC-10-2-120-162:~/my_program$ mkdir build
(base) sw@LG-PC-10-2-120-162:~/my_program$ cd build/
(base) sw@LG-PC-10-2-120-162:~/my_program/build$ cmake ..
-- The C compiler identification is GNU 9.4.0
-- The CXX compiler identification is GNU 9.4.0
-- Detecting C compiler ABI info
-- Detecting C compiler ABI info - done
-- Check for working C compiler: /usr/bin/cc - skipped
-- Detecting C compile features
-- Detecting C compile features - done
-- Detecting CXX compiler ABI info
-- Detecting CXX compiler ABI info - done
-- Check for working CXX compiler: /usr/bin/c++ - skipped
-- Detecting CXX compile features
-- Detecting CXX compile features - done
-- Configuring done
-- Generating done
-- Build files have been written to: /home/sw/my_program/build
(base) sw@LG-PC-10-2-120-162:~/my_program/build$ make
[ 25%] Building CXX object CMakeFiles/my_program.dir/main.cpp.o
[ 50%] Building CXX object CMakeFiles/my_program.dir/src/a.cpp.o
[ 75%] Building CXX object CMakeFiles/my_program.dir/src/b.cpp.o
[100%] Linking CXX executable my_program
[100%] Built target my_program
(base) sw@LG-PC-10-2-120-162:~/my_program/build$ ./my_program
vector add result: success
Hello World from GPU!
my program done!
```

图 7-6 使用 Cmake 工具进行编译的步骤和结果

7.1.2 运行时编译和动态加载

第 7.1.1 节提供了"MXMACA 运行时库、C++编程模板和 C++语言拓展集、离线编译以及静态运行"相结合的经典 GPU 编程模式。其允许程序员将 GPU 设备代码和 CPU 主机代码混合编写到同一个源文件中，以此降低程序员的学习和使用成本。

本节将介绍另一种选择，即运行时编译。运行时编译的英文名是 MCRTC，其中，"MC"是 MXMACA 编程的缩写，"RTC"是 Runtime Compile 的意思。它和第 7.1.1 节的离线编译、静态运行模式一样功能强大，且同时具有能在其他语言中使用的优点。此外，使用这种编程模式可以极大地缩短应用程序的编译时间，并减小可执行文件的代码规模。当然，使用这种编程模式也是有代价的，那就是应用程序在第一次运行时会引入额外的运行时编译步骤，将增加程序的运行时间，最终导致第一次运行所消耗的时间较传统的离线编译和静态运行模式有所增加。

对 GPU 程序员来说，运行时编译并不是一个陌生的概念。在图形编程里面，着色器（Shader）

通常是基于运行时编译来实现的。因此，同一款游戏才有可能在不同厂商、不同型号的 GPU 上运行。在 OpenCL 里，运行时编译是默认的编译方式。同样的，用于沐曦 GPU 的 MXMACA 编程语言也支持运行时编译功能，该功能由 MXMACA 编程平台中的 MCRTC 模块提供。

MCRTC 模块所有的功能都包含在 MXMACA 运行时库中。通过引入头文件 mcrtc.h，程序员即可使用其提供的所有功能。和 MXMACA 运行时库中其他的 API 一样，MCRTC 模块中所有的 API 都是编译过的 host 函数。因此，MCRTC 模块所提供的所有 API 都可以在任何和 C/C++语言有互操作的语言里调用。

MCRTC 模块在一定程度上可以简化编译流程，程序员只需要依照流程依次调用 API，即可以让用原始的 C++语法编写的 MXMACA 代码正确地运行在 GPU 上。运行时编译和动态加载的流程如图 7-7 所示。

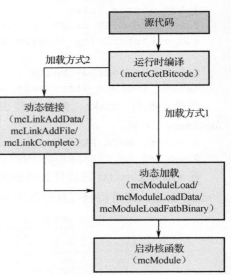

图 7-7　运行时编译和动态加载的流程

- MCRTC 模块将原始的 C++语法的 MXMACA 代码，通过函数 mcrtcGetBitcode 编译生成 Bitcode 格式的二进制代码。
- 在应用程序运行过程中，MXMACA 运行时库将动态加载生成的 Bitcode 代码，然后调用沐曦 GPU 的驱动程序进行后续的编译并生成设备端的可执行代码，应用程序再调用函数 mcModuleLaunchKernel 将这些设备端可执行代码送入 GPU 执行。其中，动态加载有两种方式：第一种是，应用程序调用前缀是 mcModuleLoad 的函数直接加载一个 Bitcode 格式的数据；第二种是，应用程序先调用前缀是 mcLink 的函数把所需要的多个 Bitcode 格式的二进制代码动态链接到一个 Bitcode 格式的数据，然后再调用前缀是 mcModuleLoad 的函数加载动态链接返回 Bitcode 格式的数据。

引入 MXMACA 运行时编译模式有以下好处。

- 更高的灵活性。MXMACA 运行时编译允许程序在运行时根据需要加载和执行不同的 GPU 核函数。这使得程序员可以更加灵活地编写和调整代码，以满足不同的计算需求。
- 性能更优化。运行时编译和优化核函数代码可以更好地利用 GPU 资源，提高代码的执行效率。
- 易于调试和维护。在开发和测试阶段，MXMACA 运行时编译允许程序员快速地加载和测试不同的代码段，而不需要重新编译整个应用程序。这有助于提高开发效率和代码质量。
- 动态均衡负载。在多线程应用程序中，MXMACA 运行时编译可以动态地分配线程块和线程网格，以实现更好的负载均衡，从而提高 GPU 利用率。

需要注意的是，MXMACA 运行时编译也面临着一些挑战和限制，如性能开销、内存占用增加、安全风险等。因此，在决定使用 MXMACA 运行时编译时，需要进行全面的评估。

1. 运行时编译示例

程序员可以将 GPU 设备代码和 CPU 主机代码分别写在不同的文件中。在编译生成可执行程序时，mxcc 可以只编译 CPU 主机代码，而 GPU 设备代码将在程序运行时动态加载并进行编译。下文介绍这种编程模式的实现方法。

首先，将 GPU 设备代码写在单独的文件 my_kernel.cpp 中，见示例代码 7-6。

示例代码 7-6　运行时编译的设备代码实现

```
//my_kernel.cpp
extern "C" __global__ void test_kernel()
{
    /* kernel code */
    printf("my kernel\n");
}
```

然后，将 CPU 主机代码写在另外的文件 rtc_test.cpp 中，见示例代码 7-7。这个文件主要实现以下功能。

- 读取文件 my_kernel.cpp 中的内容。
- 调用 MCRTC 模块的相关函数，将读取的内容进行编译并生成 Bitcode 格式的二进制代码。
- 调用函数 mcModuleLoadData，加载前面生成的二进制代码，完成后续编译，生成 GPU 可识别的二进制可执行代码。
- 调用函数 mcModuleLaunchKernel，以启动核函数。核函数最终会在屏幕上打印"My kernel"这个字符串。

示例代码 7-7　运行时编译的主机端代码实现

```
//host文件rtc_test.cpp
#include <fstream>
#include <vector>
#include<mc_runtime_api.h>
#include<mcrtc.h>
static inline std::vector<char> load_file_data(const char *filename)
{
    std::ifstream file(filename, std::ios::binary | std::ios::ate);
    std::streamsize fsize = file.tellg();
    file.seekg(0, std::ios::beg);
    std::vector<char> buffer(fsize + 1);
    file.read(buffer.data(), fsize);
    buffer[fsize] ='\x0';
    file.close();
    return buffer;
}

void rtcTest()
{
    /* load kernel file to buffer*/
    std::vector<char> buffer = load_file_data("my_kernel.cpp");
    /* Create an instance of mcrtcProgram */
    mcrtcProgram prog;
    mcrtcCreateProgram(    &prog,              //prog
            (char *)&buffer[0],        //buffer
             "",                    //name
            0,                      //numHeaders
            NULL,                   //headers
            NULL);                  //includeNames
```

```
        const char *opts[] = {"-xmaca"};
        /* Compile the program */
        mcrtcCompileProgram(prog,               //prog
                            1,                  //numOptions
                            opts);      //options
        size_t codeSize;
        mcrtcGetCodeSize(prog, &codeSize);
        char *code = new char[codeSize];
        /* get binary file */
        mcrtcGetCode(prog, code);
        mcrtcDestroyProgram(&prog);
        mcModule_t module;
        mcFunction_t kernel_addr;
        /* load binary file to buffer */
        mcModuleLoadData(&module, code);
        /* get kernel function point */
        mcModuleGetFunction(&kernel_addr, module, "test_kernel");
        /* launch kernel function */
        mcModuleLaunchKernel(kernel_addr, 1, 1, 1, 1, 1, 1, 0, NULL,NULL,NULL);
        mcModuleUnload(module);
        delete[] code;
}
int main()
{
        rtcTest();
        return 1;
}
```

程序员须正确设置环境变量，以缺省安装位置（/opt/maca）为例来演示。

```
$ export MACA_PATH=/opt/maca
$ export LD_LIBRARY_PATH=${MACA_PATH}/lib:${LD_LIBRARY_PATH}
$ export PATH=${MACA_PATH}/mxgpu_llvm/bin:${PATH}
```

最后，在源文件 rtc_test.cpp 的同级目录下执行文件 mxcc -x maca rtc_test.cpp，即可得到可执行文件 a.out。此时，包含设备代码的文件 my_kernel.cpp 并没有被编译到 a.out 中，而是在运行 a.out 的过程中动态加载并编译文件 my_kernel.cpp，其运行结果如图 7-8 所示。

```
(base) sw@LG-PC-10-2-120-162:~/rtc$ ls
my_kernel.cpp  rtc_test.cpp
(base) sw@LG-PC-10-2-120-162:~/rtc$ mxcc rtc_test.cpp -x maca
(base) sw@LG-PC-10-2-120-162:~/rtc$ ls
a.out  my_kernel.cpp  rtc_test.cpp
(base) sw@LG-PC-10-2-120-162:~/rtc$ export MXLOG_LEVEL=error,MCC=info
(base) sw@LG-PC-10-2-120-162:~/rtc$ ./a.out
[16:56:35.846][MCC][I]AddDevice device_id:0, arch:xcore1000, compatible_arch:xcore1000. Use compatible arch
[16:56:35.846][MCC][I]RTC: Create Program Success
[16:56:35.846][MCC][I]Get compiler from environment variable MACA_PATH: /opt/maca/mxgpu_llvm/bin.
[16:56:35.861][MCC][I]Get compiler from environment variable MACA_PATH: /opt/maca/mxgpu_llvm/bin.
[16:56:36.175][MCC][I]RTC: Compile Program Success
[16:56:36.175][MCC][I]RTC: Get Bitcode Size Success
[16:56:36.176][MCC][I]RTC: Get Bitcode Success
[16:56:36.176][MCC][I]RTC: Destroy Program Success
[16:56:36.176][MCC][I]Get compiler from environment variable MACA_PATH: /opt/maca/mxgpu_llvm/bin.
[16:56:36.198][MCC][I]Get compiler from environment variable MACA_PATH: /opt/maca/mxgpu_llvm/bin.
[16:56:36.206][MCC][I]begin ExtractFatBinary
my kernel
(base) sw@LG-PC-10-2-120-162:~/rtc$
```

图 7-8　运行时编译的结果示例

2. 模块管理 API 汇总

在示例代码 7-7 中，以 mcModule 为前缀的函数都是 MXMACA 模块管理 API，是由 MXMACA 运行时库的模块管理功能提供的。这些函数可以加载并解析存放在文件/内存中的代码对象（Code Object）。加载和解析完成后，所有的信息都将被存放在 module 对象中，并返回 module 对象指针供程序员后续使用。程序员可通过 module 对象获取对应代码对象中的 function、symbol 等各种信息，并对其进行相应的操作。

MXMACA 模块管理 API 汇总见表 7-2，可以在 MXMACA 编程环境的头文件 mc_runtime_api.h 中或在沐曦官网发布的 MXMACA 运行时库编程指南文档中，查阅这些 API 的详细定义。

表 7-2　MXMACA 模块管理 API

功 能 分 类	MXMACA C/C++ 函数	描　　述
模块加载	mcModuleLoad	从扩展名为.bc/.o/.out/.mcfb 的文件中加载目标代码，并返回数据类型为 mcModule_t 的模块
	mcModuleLoadData	从内存中加载目标代码（支持的二进制形式有 bc/o/out/mcfb），并返回数据类型为 mcModule_t 的模块
	mcModuleLoadFatBinary	从 fatbin 中加载目标代码，并返回数据类型为 mcModule_t 的模块
模块卸载	mcModuleUnload	卸载数据类型为 mcModule_t 的模块，并释放内存
模块查询	mcModuleGetFunction	从指定数据类型为 mcModule_t 的模块中，根据核函数名称，返回函数句柄
	mcModuleGetGlobal	从指定数据类型为 mcModule_t 的模块中，根据全局变量名称，返回对应全局变量的指针和大小
模块链接	mcLinkAddData	向链接器中添加数据
	mcLinkAddFile	向链接器中添加文件
	mcLinkComplete	完成链接，并返回 Bitcode 格式的数据

7.1.3　二进制缓存

在第 7.1.2 节介绍的相关流程中，需要调用 mxcc 进行相关的编译操作。这个编译操作是比较耗时的，特别是当需要编译或重编译的源代码数据量较大时，对整个程序加载和运行性能的影响较大。

为了解决这个问题，MXMACA 编译支持二进制缓存（Binary Cache）功能，这与 JAVA 编程中的二进制缓存功能类似。在默认情况下，MXMACA 驱动程序会在<user home>目录下的.metax 文件夹中创建一个名为"shadercache"的目录（<user home>/.metax/shadercache/），来存储 MXMACA 核函数编译后的二进制代码以备用。二进制缓存功能是默认开启的。因此，MXMACA 驱动程序在调用 mxcc 之前，会优先在二进制缓存功能配置目录下搜索匹配的缓存核函数二进制代码。

● 如果匹配成功，则直接使用缓存文件中的 GPU 核函数二进制文件，避免调用 mxcc 再次编译出一个相同的 GPU 核函数，从而减少了启动延时。
● 如果匹配失败，则调用 mxcc 编译出新的 GPU 核函数二进制文件，并保存到二进制缓存功能配置的目录下，作为新生成的缓存文件供二进制缓存功能后续使用。

MXMACA 驱动程序提供了以下这些环境变量，方便应用程序进一步控制二进制缓存功能。

● MACA_CACHE_DISABLE：此环境变量默认是 0，也就是启用二进制缓存功能；如果设置该环境变量为 1，则禁用二进制缓存功能。

● MACA_CACHE_MAXSIZE：用于指定能缓存的单个缓存文件的最大容量。当生成的缓存文件超过这个值时，则不进行缓存。这个变量的默认值为 256MB，最大值为 4GB。

● MACA_CACHE_PATH：用于指定 MXMACA 二进制缓存的存储位置。利用该环境变量可更改缓存文件的目录位置，从默认位置（<user home>/.metax/shadercache/）修改到期望的存储位置。

接下来，将演示一个二进制缓存功能的示例。

（1）生成二进制缓存文件。以下是一个简单的示例，一个 vectorADD 核函数需要生成二进制缓存文件，包含 vectorADD 核函数的程序源代码见示例代码 7-8。

示例代码 7-8　包含 vectorADD 核函数的程序源代码

```
#include<mc_runtime_api.h>

__global__ void vectorADD(const float* A_d, const float* B_d, float* C_d,
size_t NELEM) {
    size_t offset = (blockIdx.x * blockDim.x + threadIdx.x);
    size_t stride = blockDim.x * gridDim.x;

    for (size_t i = offset; i < NELEM; i += stride) {
      C_d[i] = A_d[i] + B_d[i];
    }
}

int main()
{
  int blocks=20;
  int threadsPerBlock=1024;
  int numSize=1024*1024;

  float *A_d=nullptr;
  float *B_d=nullptr;
  float *C_d=nullptr;

  float *A_h=nullptr;
  float *B_h=nullptr;
  float *C_h=nullptr;

  mcMalloc((void**)&A_d,numSize*sizeof(float));
  mcMalloc((void**)&B_d,numSize*sizeof(float));
  mcMalloc((void**)&C_d,numSize*sizeof(float));

  A_h=(float*)malloc(numSize*sizeof(float));
  B_h=(float*)malloc(numSize*sizeof(float));
  C_h=(float*)malloc(numSize*sizeof(float));

  for(int i=0;i<numSize;i++)
```

```
    {
      A_h[i]=3;
      B_h[i]=4;
      C_h[i]=0;
    }

    mcMemcpy(A_d,A_h,numSize*sizeof(float),mcMemcpyHostToDevice);
    mcMemcpy(B_d,B_h,numSize*sizeof(float),mcMemcpyHostToDevice);


vectorADD<<<dim3(blocks),dim3(threadsPerBlock)>>>(A_d,B_d,C_d,numSize);

    mcMemcpy(C_h,C_d,numSize*sizeof(float),mcMemcpyDeviceToHost);

    mcFree(A_d);
    mcFree(B_d);
    mcFree(C_d);

    free(A_h);
    free(B_h);
    free(C_h);

    return 0;
}
```

MXMACA 二进制缓存的缓存位置（Cache Location）及其所支持的托管文件大小都有一个默认值。在示例代码 7-8 中，每个线程块的线程数量大于 512，程序在运行中会触发重编译（详见第 7.1.4 节）动作，进而触发二进制缓存（Binary Cache）功能，编译运行。MXMACA 二进制缓存的默认存储位置是<user home>/.metax/shadercache/，程序执行完成后，执行以下命令。

```
$ cd ~/.metax/shadercache/
$ ls -l
```

编译运行结果如图 7-9 所示，可以看到，编译运行生成的缓存文件的扩展名是.cache。

```
(base) sw@LG-PC-10-2-120-162:~$ cd ~/.metax/shadercache/
(base) sw@LG-PC-10-2-120-162:~/.metax/shadercache$ ls -l
total 321608
-rw-rw-r-- 1 sw   sw     116038 Jan  3 10:09 000a2920c0c4db5af2c6350427217eda_52d5b96a82.cache
-rw-rw-r-- 1 sw   sw     140446 Feb  1 09:58 003b523b0513b7a040a644b0d8b3f69d_30a0c7cc09.cache
-rw-rw-r-- 1 sw   sw     116430 Jan  5 16:12 00a1b9653f151e9b96cc7f5089b5cdb8_3a61bddf92.cache
-rw-rw-r-- 1 sw   sw      66408 Nov 21  2023 00d60df0e01527a11ac0b51453885201_d378a45fd9.cache
-rw-rw-r-- 1 sw   sw       8713 Mar 14 17:57 0102cb45bf7e555288120f81aaecf7fe_10079758b8.cache
```

图 7-9 编译运行结果

（2）改变所支持的二进制缓存文件大小。环境变量 MACA_CACHE_MAXSIZE 可以用来限制 MXMACA 二进制缓存的最大值（以字节为单位）。当缓存达到这个值时，旧的或最少使用的二进制文件将被删除，以便为新的二进制文件腾出空间。这有助于防止缓存占用过多的磁盘空间。例如，如果你想将缓存大小限制为 1GB（即 1073741824 字节），你可以在启动程序之前设置环境变量

```
$ export MACA_CACHE_MAXSIZE=1073741824  //1GB
```

或者编辑<user home>目录下的.bashrc 文件(例如执行 vim ~/.bashrc 命令)，在文件结尾增加一行，内容是 export MACA_CACHE_MAXSIZE=1073741824，保存后并重新加载（如执行 source~/.bashrc 命令），然后再启动程序。

（3）自定义二进制缓存文件的存储位置。环境变量 MACA_CACHE_PATH 可用于指定 MXMACA 二进制缓存的存储位置。例如，如果你想将缓存目录设置为/your/specific/path，你可以在启动程序之前设置环境变量

```
export MACA_CACHE_PATH=/your/specific/path  //用户自定义路径
```

或者编辑<user home>目录下的.bashrc 文件(如执行 vim ~/.bashrc 命令)，在文件结尾增加一行，内容是 export MACA_CACHE_PATH=/your/specific/path，保存后并重新加载（如执行 source~/.bashrc 命令），然后再启动程序。

（4）关闭二进制缓存功能。环境变量 MACA_CACHE_DISABLE 可用于关闭或开启二进制缓存功能。不设置该环境变量或者设置该环境变量为 0 都意味着开启二进制缓存功能；如果想关闭二进制缓存功能，你可以在启动程序之前设置该环境变量为 1

```
export MACA_CACHE_DISABLE=1  //关闭二进制缓存功能
```

或者编辑<user home>目录下的.bashrc 文件(如执行 vim ~/.bashrc 命令)，在文件结尾增加一行，内容是 export MACA_CACHE_DISABLE=1，保存后并重新加载（如执行 source ~/.bashrc 命令），然后再启动程序。

7.1.4　重编译

在某些情况下，程序员在启动核函数时设置了某些特定的参数，进而导致设备端的资源需求发生了变化。为了确保核函数的正确执行，GPU 核函数必须再进行一次编译以生成新的设备端可执行代码，并基于新的设备端可执行代码执行核函数。这种行为被称为重编译（Recompile），如图 7-10 所示。

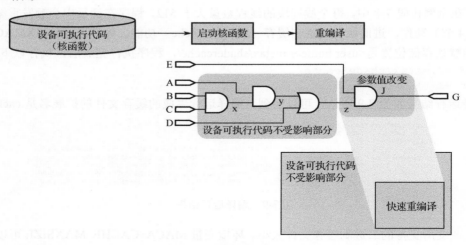

图 7-10　重编译的原理示意图

重编译在 MXMACA 驱动程序中是自动触发的，MXMACA 驱动程序也会自动选择是全量的重编译，还是只针对设备可执行代码中受参数改变影响的部分进行快速重编译。在快速重编译场景下，mxcc 会利用已有的编译结果，并根据新的输入，重新编译并生成新的设备端可执行代码，加快重编译的速度。使用重编译能避免程序员为适配新的业务需求而手动重新编译 GPU 核函数，这就简化了使用流程，最大限度地提升了运行效率。

重编译也支持二进制缓存功能，同时也会受相关环境变量的影响。在第一次启动核函数时，

重新编译的可执行代码会被保存在二进制缓存功能的缓存位置目录下。只要后续启动核函数时启动参数和设备端代码不变，软件会自动找到上一次重编译的结果，从而避免调用 mxcc。

原则上，重编译有基于正确性的重编译（Correctness-based Recompilation）和基于最优性能的重编译（Optimality-based Recompilation）两种类型。基于 MXMACA 的自身设计，发生重编译的场景目前有以下两种。

● 应用程序启动核函数时，输入的线程块的尺寸大于 512，示例如下。

```
vectorADD<<<dim3(1,1,1),dim3(1024,1,1)>>>(A_d,B_d,C_d,numSize);
```

● 程序员在核函数中采用某些当前硬件不支持的原子操作，示例如下。

```
__global__ void kernel(half* d1, half* d2)
{
  int tid=get_global_id(0);
  atomicAdd(&d1[tid],&d2[tid]);
}
int main()
{
  ...
  half *d1=nullptr;
  half *d2=nullptr;
  mcMallocHost((void **)&D_h,dataSize);
  ...
  kernel<<<dim3(1,1,1),dim3(1,1,1)>>>(d1,d2);
  ...
}
```

7.2 MXMACA 程序的调试

本节主要介绍一些专门针对 MXMACA 应用程序的调试工具和方法。这些工具和方法能用于 MXMACA 应用程序代码开发阶段的软件开发、程序调试和开发测试工作，让程序员可以在代码运行时检查应用程序，还能用于程序交付部署后的运行维护、故障排除和部署优化工作。

MXMACA 程序调试的常见方法有日志记录（Logging）、跟踪（Tracing）、性能分析（Profiling）和内存转储（Memory Dump）四种，它们所适用的范围以及数据表述的特点均有所不同，如图 7-11 所示。利用相应的工具，开发人员和运维人员可以根据场景需求，通过简单的配置来进行故障管理和性能监控，能够窥视异构计算系统内部的行为特征和性能指标。

针对 MXMACA 程序的调试，沐曦软件栈提供了多种开发调试工具，这些工具在异构计算系统的分析和调试、GPU 核函数的功能调试和 GPU 核函数的性能调试中发挥着重要的作用。

● 在异构计算系统的分析和调试中的作用。MXMACA 程序是在复杂的异构计算系统中运行的，需要集合 CPU 和 GPU 二者的长处，让 CPU 和 GPU 更好地合作，才能用异构计算来实现最优的整体性能。但要接近或达到最优的整体性能，必须不断地进行各种程序调试和调优。为此，MXMACA 提供了 mcTracer 等丰富的系统分析工具。借助这些工具，可以从异构计算系统的角度深入分析碰到的问题。

● 在 GPU 核函数的功能调试中的作用。检查应用程序正确性的时候，可使用函数 printf 输出特定变量的值，并根据输出结果来判断，这在传统的 CPU 编程中是一种有效的调试手段。MXMACA 程序也支持在 GPU 核函数中使用 printf。可以在核函数中使用 printf

打印特定的变量或地址的值，并借此分析当前核函数的运行状态是否正常。

- 在 GPU 核函数的性能调试中的作用。这些工具能测量和分析当前 GPU 相关资源的使用情况，帮助程序员分析和优化编程模型。程序员可借此识别程序中存在的各种问题，并根据结果修改程序，最终提升单个或多个 GPU 的整体利用率。

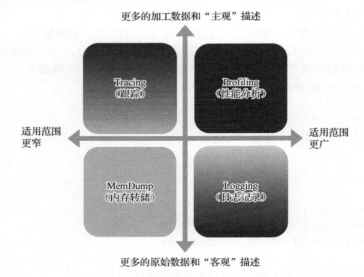

图 7-11　MXMACA 程序调试的常见方法

7.2.1　异构计算系统的分析和调试

MXMACA 程序调试通常是从系统级分析开始的，但最终可能会选择一个特定的 GPU 核函数，使用 GPU 专用调试工具来做进一步的分析。

1．mcTracer 工具

mcTracer 是一个可视化、低开销的服务器系统级性能分析工具，能帮助程序员识别程序中是否存在诸如 GPU 闲置、不必要的 GPU 同步、CPU/GPU 并行化不足等问题。

在深入研究 MXMACA 核函数代码之前，应先排除代码外的一些基本的性能限制因素。这些限制因素包括不必要的 GPU-CPU 同步、CPU 绑定或仅使用一个糟糕的 CPU 端作业调度算法等。mcTracer 工具可以帮助程序员正确地分析并找出这些限制。在对异构计算系统进行重大的重构或硬件更改之后，也可以使用 mcTracer 作为初始的分析工具。如果 CPU 无法有效地使 GPU 保持忙碌状态，那么即使更换为性能更好的 GPU 也无法获得最佳的性能。

mcTracer 基于异构计算系统中的事件进行分析，可以追踪选定范围内的事件流，支持可改变的审视视图（如不同的业务流或不同的处理单元等），具有高度的可扩展性。mcTracer 的用户界面如图 7-12 所示。

2．日志分析器

一个合格的系统不仅要具备程序运行的高性能和计算结果的准确性，还要兼顾运行的稳定性和可靠性。此外，对于程序员来说，系统还必须具备代码的可拓展性和可维护性。也就是说，一个系统只有各方面都很完善，才能被称得上是一个合格的系统。在开发 MXMACA 应用程序时，也需要对系统日志进行精心的设计和优化，以提高应用程序的可靠性和可维护性。此外，这也有助于提高开发、运维人员的工作效率和系统的整体性能。例如，在软件开发过程中，错误日志可以帮助程序员及时地识别程序中的逻辑错误；在产品发布之后，错误日志可以帮助运维人员迅速地分析问题所在，以解决各种疑难杂症。

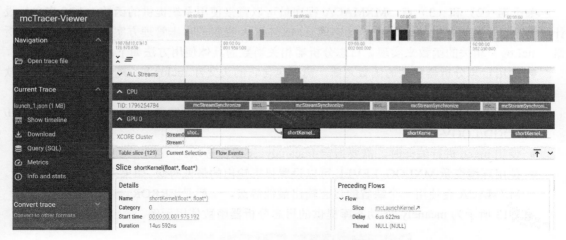

图 7-12　mcTracer 工具的用户界面

一个合格的日志系统应能确保在日志中不存在大量无用信息的基础上，输出足够丰富的日志信息。为了实现这个目标，程序员需要从程序的宏观设计和系统日志的微观实现上同时进行精雕细琢。具体说来，需要特别注意以下几点。

（1）系统中哪些运行信息需要在日志中记录？

● 功能模块的启动和结束（完整的系统由多个功能模块组成，每个模块负责不同的功能，因此需要对模块的启动和结束进行监控）。

● 用户的登录和退出（哪位用户在什么时间通过什么 IP 登录或退出了系统）。

● 系统的关键性操作（数据库链接、网络通信的成功与失败等）。

● 系统运行期间的异常信息（NPE、OOM、转换异常等）。

● 关键性方法的进入和退出（针对一些重要的业务处理方法，在进入和退出时需要输出日志信息）。

（2）什么样的日志格式有助于程序员进行有效的分析？

日志信息必须精简，过多的无用信息不光对系统分析无用，反而会增加系统的运行压力，消耗系统的运行资源。最精简的日志格式一般是：［时间］［日志等级］日志信息。日志的内容可以根据不同的情况进行设计，但必须要保证完整性，这样才有利于日志的分析。

（3）如何对不同的日志信息进行等级划分？

日志等级通常分为五种：DEBUG、INFO、WARN、ERROR、CRITICAL。

● DEBUG：系统调试信息。这些信息通常用于在开发过程中对系统情况的监控，在实际运行环境中不输出。

● INFO：系统运行的关键性信息。这些信息通常用于对系统运行情况的监控。

● WARN：告警信息。这些信息表明系统存在潜在的问题，有可能引起运行异常，但此时并未产生异常。

● ERROR：系统错误信息。这些信息表明系统需要及时进行处理和优化。

● CRITICAL: 严重错误信息。这些信息表明系统可能无法继续运行。

关于第（1）点，MXMACA 的底层日志在软件发布前已经做过系统性优化，而 MXMACA 的应用层日志则依赖于程序员自己的判断。

关于第（2）和（3）点，MXMACA 程序员可以直接使用系统提供的函数 printf 来自行设计和管理，也可以借助 mcanalyzer 动态库（MXMACA 提供的日志管理方案）提供的日志分析器（mcLog）相关的函数来实现。日志分析器相关函数的具体使用方法如下。

● 使用日志分析器相关的函数之前，需要包含它的头文件 mclog.h，其位于 MXMACA 软件包成功安装后目录 include 的子目录 mclog 中。

● 根据应用程序对日志等级的定义，选用相应的日志分析器函数（LOGE/LOGW/LOGI/LOGD/LOGV）。

● 使用 mxcc 进行编译时，需要指定-lmcanalyzer 编译选项。

● 使用环境变量 MXLOG_LEVEL 可以设置日志输出的最低等级。如果未设置该环境变量，MXMACA 会使用一个缺省的日志输出最低等级，一般是 ERROR。

图 7-13 所示为 mcanalyzer 动态库提供的日志分析器函数使用示例。

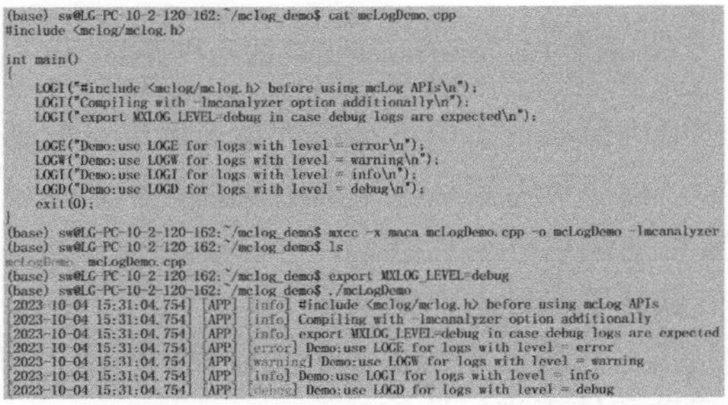

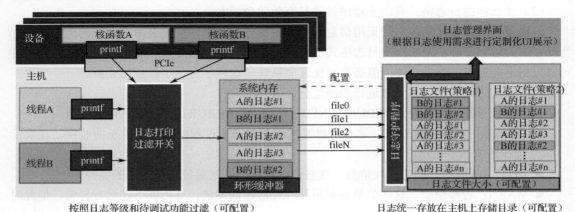

图 7-13　mcanalyzer 动态库提供的日志分析器函数使用示例

MXMACA 程序日志分析器介绍如图 7-14 所示。日志分析器在 CPU 和 GPU 上都提供了规范化的 printf 功能函数，以使程序员可以方便地记录日志，而且该函数还具有强大的串联功能，能够有效地将 CPU 和 GPU 两端的日志打印功能连接起来。这种设计使异构程序的行为分析和错误检查更加便捷，有助于程序员快速定位和解决问题。

图 7-14　MXMACA 程序日志分析器介绍

3. 内存分析器

MXMACA 程序内存分析器专注于发现与程序内存相关的异常行为，如无效的内存访问、对同一内存地址的冲突访问以及其他具有未定义结果的行为。可以使用 MXMACA 提供的内存调试工具对 CPU 内存进行分析，并消除一切潜在的错误，为后续进一步的 GPU 核函数功能调试打下良好的基础。

7.2.2　GPU 核函数的功能调试

GPU 核函数调试是指在核函数运行中检查核函数的执行状态，通过检查一个或多个线程的执行状态来确定核函数的执行结果是否正确。核函数的调试有两种常用的工具：GPU printf 工具和陷阱处理程序（trap handler）。

1. GPU printf 工具

在调试主机代码时，经常会用系统函数 printf 来输出主机应用程序的状态。如果能在 GPU 设备代码中使用 printf 来简单地检查内部设备的状态，那就太好了。但是，核函数中有成千上万个线程在设备上并行运行，要整理这些核函数的输出是一个很有趣的挑战。MXMACA 编程支持设备上的 printf 功能，且与在主机上使用系统函数 printf 的方法几乎完全相同，这使我们能很快地习惯采用 GPU printf 来进行核函数代码的开发和调试。

这里有一些 GPU printf 语句使用的说明。首先，除非显式使用 MXMACA 同步，否则在线程间没有输出顺序。其次，在核函数调用函数 printf 将结果输出返回主机显示之前，需要使用一个固定大小的设备缓冲区来临时存储这些结果。因此，如果结果输出的速度比显示输出的速度快，那么新的结果会覆盖缓冲区中早期的结果。这个缓冲区的大小可以通过函数 mcGetDeviceLimit 来查询，也可以通过函数 mcSetDeviceLimit 来进行调整。

这些操作会触发将缓冲区中保存的结果输出到主机显示：任何 MXMACA 核函数启动；调用 MXMACA 运行时库提供的任何同步函数（如 mcDeviceSynchronize、mcStreamSynchronize、mcEventSynchronize 等）；执行任意同步内存复制（如调用函数 mcMemcpy）。

在 MXMACA 核函数中使用 printf 和在主机 C/C++程序中使用 printf 的方法是一样的，代码片段示例如下。

```
__global__ void kernel() {
    int tid = blockIdx.x * blockDim.x + threadIdx.x;
    printf("Hello from MXMACA Thread %d\n", tid);
}
```

GPU printf 为快速调试核函数提供了一个简单易用的方法。但如图 7-11 所示，日志记录总是会给系统带来额外的负载，所以谨防过多地使用 GPU printf，特别是在发布版本中。为避免存放日志的设备缓冲区过载，可以使用线程和线程块索引来限制输出调试信息的线程数目，以减少日志信息的输出。

2. 陷阱处理程序（trap handler）

曦云架构 GPU 的硬件支持将着色器（shader）执行期间产生的异常写进 TRAP_STATUS 寄存器，并能选择性地在异常发生时插入一条陷阱（trap）指令。此时，GPU 会暂停当前的执行，并调用预先设置的陷阱处理程序（trap handler）来处理这个异常情况。程序员在陷阱处理程序中可以定义和决定该如何处理该异常，陷阱处理程序的流程图如图 7-15 所示。

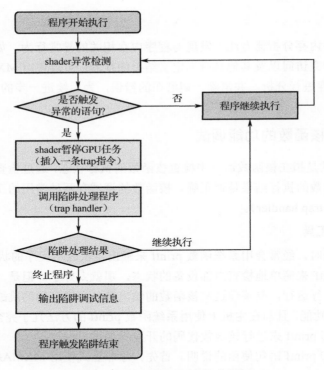

图 7-15　陷阱处理程序的流程图

陷阱处理程序通常是由程序员定义的，它可以根据错误类型执行相应的错误处理逻辑，例如记录错误信息、恢复 GPU 状态或执行其他必要的恢复操作。通过这种方式，程序员可以对 GPU 运行过程中可能出现的错误进行捕获和处理，从而提高程序的健壮性和可靠性。陷阱是由应用程序触发的操作系统用户态与内核态之间的切换，这一点要与中断（interrupt）区分开来。中断主要是由硬件触发的，是由外部事件导致的。

针对异常情况，MXMACA 驱动程序基于陷阱处理程序通常有以下两种处理方式。

第一种是不做任何处理。如果异常语句不是程序员在陷阱处理程序中定义的，就默认着色器没有发生异常，或者这种异常没有必要处理，可以直接忽略。也就是 GPU 会恢复到陷阱触发前的状态并继续执行原程序。

第二种是输出陷阱调试信息，进行相应的清理工作并终止 GPU 的着色器程序。输出的陷阱调试信息主要包括以下两部分。一是触发异常检测的错误信息会被打印到系统日志中，陷阱处理程序支持的异常检测类型及其触发条件见表 7-3；二是 MXMACA 运行时库的最新错误码（last error）会被更新为陷阱处理程序检测到的具体异常类型，应用程序通过调用函数 mcGetLastError 会查询到陷阱处理程序的处理结果。基于这些信息，程序员可以根据程序开发的需要进行处理，例如增加一些功能调试相关的信息打印、提前结束程序结束调试等。

表 7-3　陷阱处理程序支持的异常检测类型及其触发条件

异常检测类型（错误码）	触 发 条 件
Fed Error(0x1)	在寄存器初始化前读取寄存器
Illegal Instruction(0x2)	检测到非法指令，指令的编码或操作数有误

异常检测类型（错误码）	触 发 条 件
Memory Violation(0x4)	访问内存的偏移量小于 0、越界或数据未按要求对齐
Xnack Error(0x8)	ATU 进行地址转换出现错误
Out Of Range(0x10)	寄存器访问越界，例如在只分配了 16 个 STREG 时访问第 17 个 STREG
Fue(0x20)	极小概率发生的硬件电磁干扰引发，但瞬间就能恢复
Timeout(0x40)	着色器程序的等待时间超过了指定时间（如访问非法地址会导致着色器程序 hang 住）

示例代码 7-9 给出了触发异常的示例，以展示如何借助 trap 核函数功能进行调试。

示例代码 7-9　内存非法访问的 trap 核函数示例

```
#include<mc_runtime_api.h>

typedef struct
{
  alignas(4)float f;
  double d;
}__attribute__((packed)) test_type_mem_violation;

__global__ void trigger_memory_violation(test_type_mem_violation *dst)
{
  atomicAdd(&dst->f,1.23);
  atomicAdd(&dst->d,20);
  dst->f=9.8765;
}

int main()
{
  test_type_mem_violation hd={0};
  test_type_mem_violation *ddd;
  mcMalloc((void**)&ddd,sizeof(test_type_mem_violation));

mcMemcpy(ddd,&hd,sizeof(test_type_mem_violation),mcMemcpyHostToDevice);
  trigger_memory_violation<<<dim3(1),dim3(1)>>>(ddd);

mcMemcpy(&hd,ddd,sizeof(test_type_mem_violation),mcMemcpyDeviceToHost);
  mcFree(ddd);
  return 0;
}
```

运行以上代码将会得到如图 7-16 所示的错误信息。

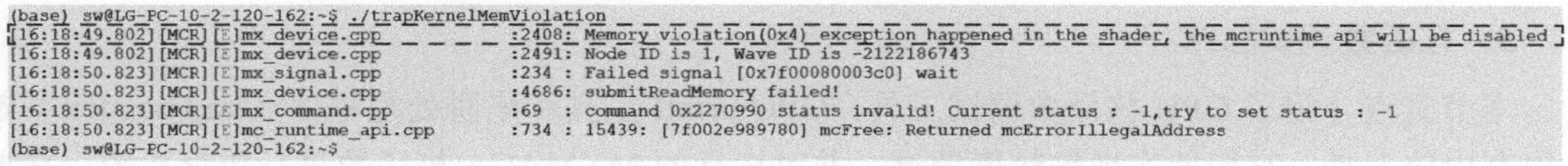

图 7-16　触发异常的错误信息

重点关注红色虚线框内的信息。MXMACA 运行时库给出了提示信息[MCR][E]mx_device.

cpp:2408:Memory violation(0x4) exception happened in the shader, the mcruntime api will be disabled。根据提示信息，核函数触发了异常类型 Memory Violation(0x4)，查询表 7-3 得知，这个核函数代码可能存在访问内存的偏移量小于 0、越界或数据未按要求对齐的情况。如果应用程序此时调用函数 mcGetLastError，也会收到返回值是内存越界的错误码。

进一步检查代码发现，由于在结构体 test_type_mem_violation 中 alignas(4)对 float 进行了强制对齐及对结构体进行了__attribute__((packed))操作，所以结构体 test_type_mem_violation 的尺寸为 12（double:8 加上 float:4 等于 12）。由于 64 比特的原子操作要求数据按 8 字节对齐，而该结构体没有按要求对齐，所以引发了异常。将代码做如下修改即可解决问题，详见示例代码 7-10。

示例代码 7-10　修复异常后的核函数

```
#include<mc_runtime_api.h>

typedef struct
{
  float f;
  double d;
}test_type_mem_violation;

__global__ void trigger_memory_violation(test_type_mem_violation *dst)
{
  atomicAdd(&dst->f,1.23);
  atomicAdd(&dst->d,20);
  dst->f=9.8765;
}

int main()
{
  test_type_mem_violation hd={0};
  test_type_mem_violation *ddd;
  mcMalloc((void**)&ddd,sizeof(test_type_mem_violation));

mcMemcpy(ddd,&hd,sizeof(test_type_mem_violation),mcMemcpyHostToDevice);
  trigger_memory_violation<<<dim3(1),dim3(1)>>>(ddd);

mcMemcpy(&hd,ddd,sizeof(test_type_mem_violation),mcMemcpyDeviceToHost);
  mcFree(ddd);
  return 0;
}
```

如果核函数触发其他异常，MXMACA 运行时库也会给出相应的 DEBUG 提示信息。相应的排查流程和上述示例类似，此处不再赘述。

3. 核函数调试总结

本节重点介绍了 GPU 核函数调试工具。GPU printf 工具和陷阱处理程序（trap handler）都是很有用的工具，它们能实现细粒度调试，并对运行的 MXMACA 核函数进行错误检查。需要注意的是，每个工具都有各自的优点和缺点。GPU printf 工具是非常有用的，虽然它并不是交互式的，但它允许程序员有选择性地输出 MXMACA 线程中的调试信息，以便快速检查出代码中的错误。在调试过程中出现已知问题或退化时，陷阱处理程序对检查应用程序的状态是十分有用的，但在调试和解决新的未知问题时却很难高效地使用它。

7.2.3 GPU 核函数的性能调试

本节主要介绍 GPU 核函数性能调试相关的内容，以帮助程序员分析应用程序的业务行为并优化应用程序的编程模型。

1. mcProfiler 工具

mcProfiler 是一款可视化的 GPU 性能指标分析工具，专为 GPU 核函数提供性能视图，这款工具具备以下调试功能。

（1）为 GPU 核函数提供全局视角的内容展示，涵盖系统统计概述层（Statistical Overview Layer，SOL）的性能概览，以及各子模块的 RoofLine 视图。Roofline 模型利用计算强度（Operational Intensity）作为定量分析的基石，不仅为计算平台提供了在理论上计算性能上限的公式，还成为了异构计算平台中使用最广泛的性能评估手段。利用这一模型，我们能更准确地把握计算平台的性能潜力。mcProfiler 工具的 SOL 性能概览和 Roofline 性能视图如图 7-17 所示。

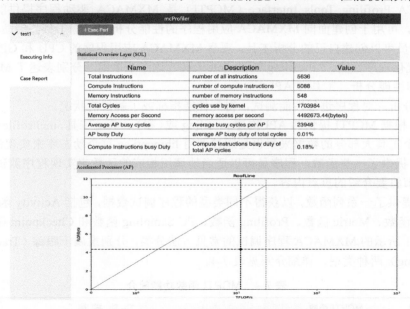

图 7-17　mcProfiler 工具的 SOL 性能概览和 Roofline 性能视图

（2）为 GPU 核函数提供多种性能指标分类，包括计算瓶颈、内存瓶颈及调度瓶颈等。

（3）为 GPU 核函数每种类型的性能指标提供一些更深层次的细节信息，例如

- 内存瓶颈：提供 VL1、L2、DNOC 等模块的资源使用情况，以及相关的统计分析视图。
- 调度瓶颈：提供了 CE、ISU 等模块的资源使用情况，以及相关的统计分析视图。
- 计算瓶颈：提供了 AP、PEU 等模块的资源使用情况，以及相关的统计分析视图。

mcProfiler 工具还可以在核函数执行期间，持续采集各个硬件子系统的性能指标，根据采集时间对这些性能指标进行排序，绘制各个硬件子系统性能趋势，图形并茂地报告给程序员，如图 7-18 所示。mcProfiler 工具提供的性能趋势报告方便程序员找出程序执行时从顶层到底层

的瓶颈，识别资源瓶颈是在计算瓶颈区域（Compute-Bound）还是在带宽瓶颈区域（Memory-Bound）。

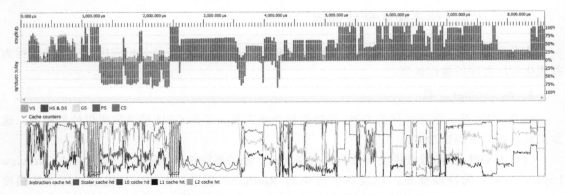

图 7-18   mcProfiler 工具的性能趋势报告

2. 使用 MCPTI 库函数

MXMACA Profiling Tools Interface（MCPTI）是 MXMACA 驱动程序提供的一个动态库（libmcpti.so），可用于创建面向 MXMACA 应用程序的性能分析和追踪工具。借助 MCPTI 提供的 API，程序员可以创建自己的分析工具，观察 MXMACA 应用程序的 CPU 和 GPU 性能状况，帮助程序员优化程序性能。"Profiling Tools Interface"这三个单词，分别表述了 MCPTI 提供的主要功能，即性能分析、工具和 API。

- 性能分析：对程序进行性能测试，得到性能指标或了解性能状况。
- 工具：根据 MCPTI 提供的 API 构建 profiling 或（和）tracing 工具，mcProfiler 和 mcTracer 这两个工具大部分的数据采集也是通过调用 libmcpti.so 这个动态库来实现的。
- API：提供了一些函数，程序员可以适当地调用相应的函数来实现程序测试任务，这也是本节将要介绍的重点内容。

MCPTI 提供了一系列函数，以获得不同类型的程序调试数据，包括 Activity 函数、Callback 函数、Event 函数、Metric 函数、Profiling 函数、PC Sampling 函数和 Checkpoint 函数。这些函数根据图 7-11 所示的 MXMACA 程序调试的常见方法分类，分别隶属于跟踪（Tracing）和性能分析（Profiling）两种类型，详细介绍见表 7-4。

表 7-4   MCPTI 函数功能简介

调 试 类 型	MCPTI 函数	功 能 描 述
跟踪（Tracing）	Activity 函数	异步记录 MXMACA 程序的活动轨迹，如 MXMACA 运行时库函数调用、核函数启动执行、内存复制等
	Callback 函数	用于注册回调函数，以方便应用程序在调用选定的函数时实现自定义功能，如记录时间戳等
性能分析（Profiling）	Event 函数	收集给定核函数的性能计数器
	Metric 函数	收集给定核函数的性能信息和计算策略指标
	Profiling 函数	收集一段执行时间内性能指标的变化和趋势
	PC Sampling 函数	用于采集 PC 采样数据的 MCPTI 函数，支持连续模式的数据采集，无须串行化执行核函数，且具有较低的运行时开销
	Checkpoint 函数	支持自动保存和恢复 MXMACA 程序中正在运行的设备的功能状态

这两类调试类型提供的函数的区别在于：Tracing 类型函数是系统级的，侧重于了解整个程序的执行情况；Profiling 类型函数是核函数级别的，侧重于收集与核函数相关的性能指标。Tracing 类型函数用于收集整个 MXMACA 程序中的 MXMACA 函数的时间戳和附加信息，有助于确定代码中哪些部分需要较长的运行时间。Profiling 类型函数用于收集单独的或一系列的核函数的性能指标，也可以使用回放机制（Replay）进行查看。

7.3 常见问题及其解决方案

本节将讨论程序员经常遇到的问题，以及如何使用一些较为简单的方法来避免或解决这些问题。MXMACA 应用开发时经常遇到的问题包括指令错误、并行编程错误、算法错误。接下来将依次介绍这些问题的具体内容和解决方案，并探讨怎样才能避免遇到这些问题。

7.3.1 MXMACA 编程 API 使用错误

使用 MXMACA 运行时库提供的函数时出现错误，这是程序员经常遇到的情况。出现问题是正常的，程序员应该学会如何通过错误信息快速定位问题所在。

1. MXMACA 错误处理方式

所有 MXMACA 运行时库提供的函数在调用成功时都会返回值 mcSuccess，而在出现错误时都返回一个错误代码，绝大多数错误代码均表明程序员在调用相关 API 时出现了某种错误。因此，可以通过检查每个 API 的返回值来查看 API 的调用是否成功。可以使用下面的代码片段来对每次的 API 调用进行错误检查。

```
mcError_t error = mcMalloc(reinterpret_cast<void **>(&d_B), mem_size_B);
if(error != mcSuccess)
{
    …. // handle error
}
```

不过，这会增加很多重复性的编程工作。为了避免这种情况的发生，推荐使用自定义宏 MACA_CHECK 来封装 MXMACA API 的错误检查代码。以下代码片段给出了宏 MACA_CHECKH 的定义示例。

```
#define MACA_CHECK(state)  \
{ \
  mcError_t error = state; \
   if (error != mcSuccess)\
   {\
       std::cout << mcGetErrorString(error) << " code: " << error << " In
File: " << __FILE__ << " At line: " << __LINE__;\
       exit(1);\
   }\
}
```

宏 MACA_CHECK 会创建一个临时变量 error，并把 mcError_t 类型的函数返回值赋给它，然后检查这个值是否等于 mcSuccess。如果不等于 mcSuccess，则说明函数调用发生错误，此时，程序会在屏幕上打印返回的错误信息、错误代码、错误调用所在的文件和错误调用所在的行号并退出程序。程序员可以通过这些信息快速定位错误所在的地方。

在使用的时候，我们可以参考下面的代码片段，将 MXMACA API 的调用作为宏 MACA_CHECK 的参数传入。

```
MACA_CHECK(mcMalloc(reinterpret_cast<void **>(&d_B), mem_size_B));
```

需要特别注意的是，也有少数例外，例如函数 mcEventQuery 返回的是当前事件所处的状态而不是错误状态。

绝大多数 MXMACA 运行时库提供的函数本质上是异步的。这意味着在查询处返回的错误代码可能与之前发生在某个较远地方的事件有关。每个错误代码都能变成有潜在意义的错误信息字符串，程序员不必每次都去 API 文档中查询错误代码对应的意义。为了快速识别问题出现的原因，可以通过函数 mcGetErrorName 和函数 mcGetErrorString 去得到错误代码对应的错误字符串和错误内容，以便大幅提升调试效率。

2. 核函数启动和边界检查

MXMACA 中最常见的错误之一是数组溢出。应确保在每次调用核函数前，对其使用的输入数组数据（无论是为了读取或写入）进行检查，以确保这些数据处于某个判断条件的保护中，相关的代码片段如下所示。

```
if(index<num_count)
{
    array[index];
}
```

虽然这种条件判断会占用最低限度的时间，但在调试阶段会节约大量的时间和精力。因为我们经常会遇到这种场景：待处理的数据元素总数往往不是线程块大小的整数倍。

假设现在总共有 2048 个数据需要被处理。在启动核函数时，启动的参数是 <<<dim3(4),dim3(512)>>>，即总共 4 个线程块，每个线程块都有 512 个线程，总共 2048 个线程。如果每个线程块处理一个数据，那么 2048 个数据均会被处理。

假设现在总共有 2049 个数据需要被处理，如果我们依然采用<<<dim3(4),dim3(512)>>>的参数启动核函数，依然是每个线程处理一个数据，那么前面的 2048 个数据会被正确处理，最后的 1 个数据将被遗漏。为了避免这个问题，程序员可能会采用下面这两种方法来计算线程块总数。

方法 1 的代码片段如下。

```
const int  block_count = elements_count / threads_per_block;
```

方法 2 的代码片段如下。

```
const float  block_count = ((float)elements_count/ threads_per_block);
```

然而，这两种方法均不能得到正确的线程块总数（block_count）。对于方法 1，只有当数据的总数正好为线程数的倍数时，才能得到正确的结果，在当前场景中，计算得到的 block_count 依然为 4，导致最后一个数据依然被遗漏。对于方法 2，由于在启动核函数时设置的参数只能是整数，所以得到的结果是浮点数 4.1，这个值会被强制转换成整数 4，依然不能得到正确的结果。

解决这个问题正确的处理代码如下所示，从而得到正确的 block_count，最终启动核函数的参数为<<<dim3(5),dim3(512)>>>。

```
const int block_count = (elements_count + (threads_per_block-1))/
                        threads_per_block;
```

在得到正确的线程块总数后，将遇到第二个问题。现在总共会启动 5 个线程块，每个线程块都有 512 个线程，总计 2560 个线程，而所有待处理的数据只有 2049 个。此时，如果不使用最开始提到的方法对数组访问进行保护，那么当程序运行时，在第 5 个线程块内，除第一个线程外，其余所有的线程都将产生数组越界访问的错误。需要注意，发生数组越界访问错误时，程序不一定会给出提示信息，同时也不一定会出现运行报错。因此，程序员对所有访问的数据进行边界保护以确保其不会访问溢出是十分必要的。

3．无效的设备操作

在绝大多数情况下，MXMACA 自定义数据类型在使用前都必须进行初始化，否则会报错。以下面的代码片段为例来说明。

```
mcStream_t stream;
vectorAdd<<<dim(1), dim(1024), 0, stream>>>(a,b,c);
```

上述示例并未调用函数 mcStreamCreate 来创建一个流，而是直接使用未初始化的变量 stream，这会导致后续启动核函数 vectorAdd 时会返回错误。此外，在使用完创建了流的变量 stream 后，也应该调用函数 mcStreamDestroy 释放已申请的资源，否则会造成内存泄漏。因此，对上述示例进行改进后的代码片段如下。

```
mcStream_t stream;
mcStreamCreate(&stream);
vectorAdd<<<dim(1), dim(1024), 0, stream>>>(a,b,c);
mcDeviceSynchronize();
mcStreamDestroy(stream);
```

4．限定符 volatile

在常规的 C++编程中，volatile 是一个指令限定符，其作用是确保本条指令不会因编译器的优化而被省略，且要求每次直接从内存中取值，而不是从缓存中取值。简单地说，限定符 volatile 的作用就是防止编译器对代码进行优化。以下面的代码片段为例来说明。

```
int a = 0x11;
a = 0x22;
a = 0x33;
a = 0x44;
```

如果不使用限定符 volatile 对数据 a 进行声明，编译器则会对上面的代码进行优化，最终的结果是直接忽略前面三条语句，只针对最后一条语句生成汇编代码。如果对数据 a 添加限定符 volatile 进行声明，编译器则会逐一编译并产生相应的机器代码。

```
volatile int a = 0x22;
```

当使用限定符 volatile 对变量进行声明时，系统总是重新从该变量所在的原始内存中读取数据。在这个例子中，限定符 volatile 表明数据 a 是随时可能发生变化的，每次使用时必须从数据 a 的原始内存中读取，因而编译器生成的汇编代码会重新从 a 的原始内存地址读取数据。

在 GPU 编程中同样可以用限定符 volatile 对变量进行声明。如果用限定符 volatile 对位于全局内存或工作组共享内存中的变量进行声明，编译器会假设其值可以随时被另一个线程更改或使用，因此对该变量的任何引用都会被编译为实际的内存读或写指令。编译器不会将变量缓存到寄存器或者是 L1/L2 缓存中，以确保结果的正确性。

```
__device__ unsigned int count = 0;
__shared__ bool isLastBlockDone;
__global__ void sum(const float* array, unsigned int N,
                    volatile float* result)
{
    float partialSum = calculatePartialSum(array, N);
```

```
    if (threadIdx.x == 0) {
        result[blockIdx.x] = partialSum;
        __threadfence();
        unsigned int value = atomicInc(&count, gridDim.x);
        isLastBlockDone = (value == (gridDim.x - 1));
    }

    __syncthreads();

    if (isLastBlockDone) {
        // stored in result[0 .. gridDim.x-1]
        float totalSum = calculateTotalSum(result);

        if (threadIdx.x == 0) {
            result[0] = totalSum;
            count = 0;
        }
    }
}
```

上面这段代码中，每个线程块中的 0 号线程会将这个线程块中所有元素求和的计算结果保存到变量 result 中，变量 result 被存放在全局内存中。由于用限定符 volatile 对变量 result 进行了声明，编译器将绕过 L1 缓存的存储操作，直接访问其所在的全局内存，来确保最后一个线程块的中的 0 号线程能够正确地读取所有其他线程块的求和结果。

值得注意的是，这段代码还使用了函数__syncthreads 和__threadfence，这两个函数会产生如下的效果。

● 一个线程调用函数__syncthreads 后，该线程在该语句前对全局内存或工作组共享内存的访问已经全部完成，执行结果对线程块中的所有线程可见。

● 一个线程调用函数__threadfence 后，该线程在该语句前对全局内存或工作组共享内存的访问已经全部完成，执行结果对线程网格中的所有线程可见。

5. 设备函数、全局函数和主机函数

第 4.3.2 节介绍过 MXMACA 中的三种函数限定符__device__、__global__和__host__，这三种限定符的作用见表 7-5。如果省略了这些限定符，MXMACA 编译器会认为该函数存在于主机端，并且只允许主机代码调用该函数。如果程序员在设备端调用这些函数，编译器将在编译阶段发现这个使用错误并报错。可以同时使用__device__和__host__表明该函数既可以运行在主机端也可以运行在设备端，但不能把__global__和__host__结合起来使用。

表 7-5　三种函数限定符的作用

限 定 符	代 码 位 置	可能的调用对象
__device__	设备端	全局函数/设备函数
__global__	设备端	核函数
__host__	主机端	常规 C 函数

这种双重标识是非常有用的。当某个函数既需要在主机端使用，也需要在设备端使用时，可以将这个函数同时声明为__deivce__ __host__，从而避免编写两份内存完全相同的代码，这

大幅提升了编程效率。

在设备端调用由__device__修饰的设备端函数时，默认情况下设备端函数并不会进行内联（Inline），而是以函数跳转的方式进行调用。如果程序员希望将设备端函数以内联的方式进行调用，需要显式地为设备端函数添加限定符 inline，如下所示。

```
inline __device__ int vectorAdd(int a, int b)
{
  return a+b;
}
```

用限定符 inline 对函数进行声明后，被调用的函数在编译阶段会在调用处进行展开，编译器将直接复制函数的代码体，而不是生成一个函数调用。这样做有以下两个好处。

● 减少函数调用的开销：常规的函数调用涉及压栈、跳转、返回和出栈等操作，这些都需要一定的时间。通过限定符 inline 内联，这些开销被消除了。

● 编译器有更多的优化机会：由于函数体直接在调用处展开，编译器可能有更多的机会进行其他的优化，如常量折叠、死代码删除等。

用限定符 inline 对函数进行声明在一定程度上提升了程序的运行效率，缺点是编译得到的可执行文件变大，因为相关的代码会在调用处进行展开，从而占用了更多的设备端内存空间。需要注意，在用限定符 inline 对函数进行声明时，编译器也有权选择不内联它，这通常在函数体较大或优化被禁用的情况下发生。

6. 核函数中的流

当使用 GPU 进行计算，创建并使用了自定义流时，GPU 会将任务分发到多个流上来并行执行，以提升程序运行的效率，参见图 5-13。

需要注意的是，由于不同的流具有不同的阻塞特性，因此，可能会导致程序的运行结果出错。在默认情况下，创建的自定义流都是阻塞流，请注意下面的代码片段。kernel2 会被 kernel1 中的操作阻塞，直到 kernel1 完成，kernel3 会被 kernel2 中的操作阻塞，直到 kernel2 完成，如图 7-19 所示。

```
int n = 3;
mcStream_t* stream = (mcStream_t*)malloc(sizeof(mcStream_t) * n);
for (int i = 0; i < n; ++i)
{
    mcStreamCreate(&stream[i]);          //初始化阻塞流
}


kernel1<<<1,1,0, stream[0]>>>();          //非空流+阻塞流
kernel2<<<1, 1>>>();                       //空流
kernel3<<<1, 1, 0, stream[1]>>>();        //非空流+阻塞流


for (int i = 0; i < n; ++i)
{
    mcStreamSynchronize(stream[i]);
}
```

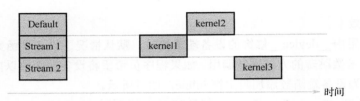

图 7-19　非空流+阻塞流执行结果

当创建的自定义流为非阻塞流时，请注意下面的代码片段。此时，插入非阻塞流中的操作不会被空流所阻塞，也不会阻塞空流中的操作，结果如图 7-20 所示。

```
int n = 3;
mcStream_t* stream = (mcStream_t*)malloc(sizeof(mcStream_t) * n);
for (int i = 0; i < n; ++i)
{
    mcStreamCreate(&stream[i], mcStreamNonBlocking);  //初始化非阻塞流
}

kernel1<<<1,1,0, stream[0]>>>();                      //非空流+非阻塞流
kernel2<<<1, 1>>>();                                  //空流
kernel3<<<1, 1, 0, stream[1]>>>();                    //非空流+非阻塞流

for (int i = 0; i < n; ++i)
{
    mcStreamSynchronize(stream[i]);
}
```

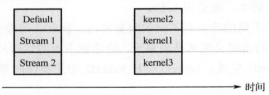

图 7-20　非空流+非阻塞流执行结果

对比图 7-19 和图 7-20 可发现，在阻塞流/非阻塞流上并发执行的结果并不相同，这种不同往往导致最终的计算结果出现很大的差异。

7.3.2　并行编程错误

本节讨论一些 GPU 编程中的普遍问题，并分析这些问题是如何影响 GPU 编程的。

1. 竞争冒险

竞争冒险是指，发生在多个线程的、同时对某个共享资源进行竞争（如同时对某处内存进行读写）的情况。如果所有的共享数据都是只读的，就不会发生问题。但在大部分实际场景中，都需要对共享数据进行修改，这就很可能触发竞争冒险。

竞争冒险的第一个特征是，它并不总是发生。这使得调试错误或是在错误处设置断点变得很困难。竞争冒险的第二个特性是，它对时序干扰极端敏感。因此，增加断点并且单步执行代码总是会使正在被观察的线程产生时序延迟。这种延迟经常会改变其他线程束的调度模式，进而导致在某些特定条件下才出现的竞争冒险永远都不会发生。

在这样的情况下，出现问题的第一现场往往不是问题真正所在之处。必须对所有的代码进行综合考虑，考虑在什么情况下结果会发生改变。如果程序中假设了计算结果与线程块和线程的执行顺序有关，那么大概率这就是问题所在。由于 MXMACA 并不对线程块和线程的执行顺序提供任何保证，因此任何这样的假设都意味着存在设计缺陷。例如，用基于求和的规约方法把一个大型数组的每个数字相加，如果每次运行都产生一个不同的结果，那很可能是因为这些线程块的执行顺序不同。这并不是所期望的结果，因为执行顺序不应该也不可能影响最终的结果。因此，必须在核函数中合适的地方调用函数__syncthreads 和__threadfence 等，以确保执行顺序跟预期的一样，并得到正确的结果。

2. 同步

MXMACA 中的"同步"是一个专业术语，是指使同一个线程块内的所有线程或同一个线程网格内的各个线程块共享信息。一个线程既可以访问寄存器空间也可以访问本地内存空间，这两个空间对该线程来说都是私有的。为了让多个同时运行的线程能够共享某一段数据，程序员经常使用工作组共享内存（Work-group Shared Memory）。

每 64 个线程组成一个线程束，每个线程束对于硬件来说都是一个独立的可调度单元。 所有的线程束都会被分发到 AP 上，每个 AP 包含多个计算核。因此，AP 能在单一的时间点调度许多线程束并且可以切换线程束以维持设备的吞吐量。这种特性可能会导致在同步方面出现一些问题。假设一个单独的线程块有 1024 个线程，这相当于 16 个线程束。由于这 16 个线程束在硬件上的执行顺序不确定，因此计算结果也不确定。为了消除执行顺序对结果的影响，必须采用某种同步策略来确保计算结果的正确性。常用的方法是使用 MXMACA 提供的函数__syncthreads 和__threadfence 等来实现这种同步机制。

值得注意的是，函数__syncthreads 等都要求所有的线程都要到达某个屏障（Barrier）后，程序才会继续向下运行。因此，在 if 语句或循环结构中使用这些原语时要特别注意，如果线程块中的某些线程因为某种情况无法达到这个屏障，就会导致整个 GPU 挂起。

3. 原子操作

前面提到，不能通过依赖或假定核函数内函数的执行顺序来确保结果的正确性，同时，也不能假设一个读取/修改/写入操作会在同一个设备的其他 AP 中同步完成。

假设如下的场景：AP0 和 AP1 都执行了一个读取/修改/写入操作。这两个 AP 必须串行执行该操作以确保获得正确的结果。如果 AP0 和 AP1 都从某一内存地址读取数据，这个数据的原始值是 10。每个 AP 对其加 1 后，再将结果写回。原本预期的结果是 12，但在绝大多数情况下，得到的结果会是 11。导致这个错误的根本原因和缓存一致性有关。因为在实际硬件操作中，为了提升性能，在默认情况下，AP 不会将加 1 操作的结果直接写入数据的原始位置，而是先保存在 L1 缓存中。当所有的操作结束后，再将结果从 L1 缓存写入数据的原始位置。不同的 AP 拥有不同的 L1 缓存，所以在将 L1 缓存中的结果保存到原始位置时，位于两个 L1 缓存中的结果大概率会相互覆盖，并导致原始数据只做了一次加 1 操作。此外，即使是一个线程束中的不同线程同时对一个数据进行加 1 操作，也没法保证结果的正确性。因为，这些线程对数据的操作是并行的，这导致无法得到预期的结果。

为了解决这个问题，在多个线程需要向某一公共输出地址写入数据的情况下，可以使用原子操作（Atomic Operation）。原子操作可以确保读取/修改/写入操作作为一个整体并串行执行，但它并不确保任何不同线程之间的读取/修改/写入操作的顺序。例如，AP0 和 AP1 都请求在相同地址上执行一个原子操作，但具体哪个 AP 先执行是无法预测的。

以传统的并行规约算法（见图 7-21）为例来进行说明。

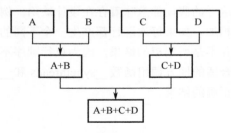

图 7-21　传统的规约算法

可以将图 7-21 所示的算法看成一个简单的树，其中 A、B、C、D 分别表示一个数，要计算 A+B+C+D 的结果。基于 GPU 并行编程，可以有多种方法来计算。

- 方法一。给 A、B、C、D 各分配一个单独的线程，总共 4 个线程。线程 0 和线程 1 分别读取 A 和 B 的值后，使用原子加法操作将结果保存到同一个地址 P_1。线程 2 和线程 3 分别读取 C 和 D 的值，也使用原子加法操作将结果保存到同一个地址 P_2。然后进行规约操作，线程 0 和线程 1 从 P_1 和 P_2 里分别读取上一次保存的结果后，再使用原子加法操作，将结果保存到同一个地址 P_3。地址 P_3 存放了最终的结果。

- 方法二。可以直接从图 7-21 所示的第二行开始，仅使用两个线程。线程 0 将读取 A 和 B 的内容，并把相加的结果输出到地址 P_1。同样的，线程 1 读取 C 和 D 的内容，并将相加的结果输出到地址 P_2。然后，线程 1 退出，只留下线程 0 将两部分的结果相加，即可得到最终的结果。也可以将问题简化，由一个单独的线程 0 来直接计算 A+B+C+D。

第一种方法的工作原理是将目标数据写入共享的输出地址，这是分散操作。第二种方法则是聚集源数据，并在下一阶段使用，这也被称为聚集操作。在第一种方法中，由于有不止一个输出源向目标地址写入数据，因此分散操作通常需要使用原子操作。而第二种方法聚集操作则完全避免了使用原子操作，因此这种方法通常是更高效的解决方案。这是因为，当工作线程大于一个线程时，如果在同一时刻执行原子写操作，这些操作会变成一系列串行操作，并最终导致计算效率降低。

此时，用聚集操作来取代原子操作似乎更有意义。在大多数情况下，聚集操作确实会更快。但是，这种操作是有代价的。在规约操作的例子中，两个数字的加法的工作量是微不足道的。由于只有 4 个数字，可以很容易地消减线程，并让一个单独的线程依次相加 4 个数字。很显然，在数据量少的时候，这是有效的。但是，当上百万、上千万甚至上亿个数据要使用聚集操作进行规约处理时，情况就变得很复杂了。并且，由于只使用了一个线程，导致无法充分发挥硬件的潜力，进而导致计算效率大幅降低。

由于 GPU 具备上万个线程同时工作的能力，因此，将聚集操作和分散操作结合起来使用，可以最大程度地利用 GPU 的计算能力，大幅提升计算效率。

7.3.3　算法错误

通常，程序都能够正确运行并输出结果，只是输出的结果和预期不符。这类问题都是十分棘手的。当遇到这种问题时，可以考虑使用以下方法进行调试。

1．对比测试

判断程序员是写出了"好用的代码"还是仓促地集成了一些"勉强可以使用的代码"，测试是十分关键的一环。专业的程序员应该在限定的时间内努力地交付最优质的代码。那么，该如何实现呢？

编写并行执行的代码比编写功能相同的串行执行的代码要困难得多。因此，每次在编写MXMACA应用程序时，只要时间允许，应尽可能地为相同的问题也开发一套串行实现的方案。然后在两套代码上运行相同的数据集，并比较两边的输出结果。如果两边的输出结果有差异，大概率是 MXMACA 程序出了问题。

说大概率出了问题是因为，这种差异在一定程度上可能和是否用了浮点数（单精度和双精度）有关。可以在 CPU 上编写一个串行程序进行测试，如果一个大规模数组全由随机浮点数构成，从数组最小下标的元素累加到最大下标的元素得到的结果与从最大下标开始反方向累加的结果是不同的。

为什么会出现这种情况呢？以单精度浮点数为例，单精度浮点数使用 23 位存放尾数，用 8 位存放指数。$1.1×10^{38}$ 和 $0.1×10^{-38}$ 相加的结果会是 $1.1×10^{38}$，因为 $0.1×10^{-38}$ 的值太小了，无法用尾数表示。在一大组数据中，会有很多这样的问题，因此，处理数据的顺序就变得尤为重要了。为了保证精度，解决这种问题最佳的方法是将数据集排序，然后从最小的数加到最大的数。但这样做可能会带来大量的工作（从排序的角度来说），增加程序的运行时间。因此，在检验浮点数是否相等时，比较合理的方法是接受一定范围内的误差。

如果有现成的 CPU 实现方案，那就相对简单了。对于基于整数的问题，C 语言标准库函数memcmp 已经足够用来查看两个输出集合是否存在差异。通常来说，当设备端存在编程错误时，输出结果的差异并不会只有一点，而是会很大。因此，很容易判断这段代码是否能运行，以及输出的结果是否存在差异。

如果没有现成的 CPU 实现方案，则需要编写一个实现方案，或使用别人编写的且确保正确的实现方案。事实上，编写串行执行代码可以让程序员在尝试实现并行执行之前更加准确地理解问题，并编写出正确的 GPU 并行执行代码。当然，在开始编写并行代码前必须确保编写的串行代码产生了预期的结果。

对比测试还提供了一个有用的指标来判断使用 GPU 是否提供了良好的加速比。以规约算法为例，可以在 GPU 上编写一个规约算法，在处理大规模的数据时，在 GPU 上执行实现相同功能的 OpenMP 算法比在 CPU 上要快得多。但是，使用 GPU 并不总是最好的解决方案，因为将数据通过 PCIe 总线发送给 GPU 也是需要时间的。如果计算规模太小，使用 GPU 不一定是最优的选择。因此，有一个相对应的 CPU 实现方案，可以更容易地进行结果对比和性能测试。

一旦创建了对比测试，在提交代码时，就可以及时发现新提交的代码是否引入了新的问题。一旦对比测试失败，就可以立即发现并修正错误。进一步地，可以将对比测试与版本控制系统、回归测试系统、冒烟测试系统结合起来使用，以确保代码是稳定可用的。

2．内存泄漏

无论是开发 CPU 程序还是 GPU 程序，内存泄漏都是一个常见的问题。程序中如果存在内存泄漏的问题，随着程序的运行，计算机的可用内存会不断减少，直至所有的可用内存被耗尽，并引发程序崩溃。因此，应当对内存泄漏问题保持高度警惕，并尽可能地修正程序中所有内存泄漏的问题。

MXMACA 程序也会面临内存泄漏的问题。程序员必须手动管理内存。如果分配了内存，那么必须在程序完成任务时手动释放这些内存。同样地，也不能使用已经释放的 MXMACA 设备句柄或指针。如果调用 MXMACA 运行时库函数时执意使用，会引发返回错误。

MXMACA 中有很多对象在使用前都必须手动调用相关的函数进行初始化，并在使用完成后调用相关的 API 来释放资源。这里以函数 mcModuleLaunchKernel 为例来介绍，相关的代码片段如下。

```
mcModule_t module;
mcModuleLoad(&module, "a.mcfb");
mcFunction_t function;
mcModuleGetFunction(&function, module, "vectoradd");
mcModuleLaunchKernel(function, 1,1,1,1024,1,1,0,nullptr, nullptr,
nullptr);
mcDeviceSynchronize();
mcModuleUnload(module);
```

在调用函数 mcModueGetFunction 之前，必须先调用函数 mcModuleLoad 来初始化对象 module。在使用完对象 module 后，还必须调用函数 mcModuleUnload 来释放相关的资源，以确保不会发生内存泄漏。

对于这类问题，通常的解决方法是在程序结束时调用函数 mcDeviceReset，这个函数会清空当前进程在设备上所分配的内存。调用这个函数可以确保释放所有申请的资源。

此外，mxcc 也提供了检测工具 LeakSantizier，来帮助程序员检查程序中是否存在内存泄漏的问题。以下面的代码片段为例来说明。

```
#include <malloc.h>
#include <string.h>
int main(){
int *a = (int *)malloc(sizeof(int));
return 0;
}
```

为了使用这个检查内存泄漏的功能，需要在程序编译时增加编译选项"-fsanitize=leak -fno-omit-frame-pointer -g -O0 -forward-unknown-to-compiler"。添加完编译选项后，重新编译上面的代码并运行程序。从图 7-22 可以看出，程序运行完毕会正确地检测出内存泄漏所在的文件及行数。通过这些信息，程序员可以快速地找到错误代码并进行修正。

```
(base) sw@LG-PC-10-2-120-162:~/chapter7$ export LSAN_SYMBOLIZER_PATH=/opt/maca/mxgpu_llvm/bin/llvm-symbolizer
(base) sw@LG-PC-10-2-120-162:~/chapter7$ mxcc -x maca -fsanitize=leak -fno-omit-frame-pointer -g -O0 main.cpp -
forward-unknown-to-compiler
(base) sw@LG-PC-10-2-120-162:~/chapter7$ ./a.out

=================================================================
==2625131==ERROR: LeakSanitizer: detected memory leaks

Direct leak of 4 byte(s) in 1 object(s) allocated from:
    #0 0x41054f in malloc /workspace/language/llvm-project/compiler-rt/lib/lsan/lsan_interceptors.cpp:56
    #1 0x43d4c8 in main /home/sw/chapter7/main.cpp:4:17
    #2 0x7f62a3747082 in __libc_start_main /build/glibc-LcI20x/glibc-2.31/csu/../csu/libc-start.c:308:16

SUMMARY: LeakSanitizer: 4 byte(s) leaked in 1 allocation(s).
```

图 7-22 内存泄漏检测结果

7.3.4　查找并避免错误

1. MXMACA 程序有多少错误

如前文所述，强烈建议使用宏 MACA_CHECK 等，将所有 MXMACA 运行时库函数的调用进行封装。这是一种非常有效的方法，它能够避免频繁地检查这些函数的返回值，并在 API 调用出错时，给出明显的提示信息来告知 MXMACA API 调用出错，以方便及时检查代码。

运行时检测出的错误是很容易修复的。只需要简单地用宏 MACA_CHECK 封装每个 MXMACA API 调用，同时，在核函数执行完成时调用函数 mcGetLastError 来检查是否有运行错误。通常情况下，大多数的错误都能被检查出来。此外，还可以借助一些工具对代码的质量做进一步的检测。例如，可以使用 mxcc 提供的内存泄漏检测工具 LeakSanitizer 来检查主机代码是否存在内存泄漏。

2. 分治法

分治法是一种常见的调试方法，其并不针对特定的 CPU 或 GPU。这是非常有效的检查方法，其对处理 GPU 核函数引起的一些运行时无法处理的异常非常有效。解决这类问题的第一个方法是使用 GNU symbolic debugger（GDB）进行调试。在主机端进行调试时，可以单步执行每行代码。这迟早会找到引起程序崩溃的那个函数调用。如果是在 GPU 核函数里发生的错误，则可以使用 GPU printf 来输出调试信息，一步一步地通过增加打印信息来进行调试。

单步执行代码并检查每个计算的结果是否都符合预期。一旦得到了一个错误的结果，则需要明白它为什么是错的，然后解决的方案就很清晰了。可以使用二分查找法来查找代码中的问题，即跳过某些看似正常的代码部分，以便快速定位问题所在，然后检查返回的结果。通过这种方式，当返回结果出现异常时，这可能就是问题代码的所在之处。

如果在环境中无论如何也无法使用调试器，或是调试器以某种方式干扰了可见的问题，可以采用如下的策略进行调试。这个策略不用借助任何调试器，只需要将#if 0 和#endif 预处理器指令添加在本次运行需要移除的代码处即可。添加完成后，重新编译并运行核函数，然后检查结果。如果代码没有任何执行错误，那么错误大概率是发生在移除代码段中的某处。通过逐渐减少移除代码段的大小，直至程序再次中断，就可以明确地定位问题所在的地方。

还可以尝试这种方法来进行调试，即通过如下的方式逐步修改核函数的启动参数来测试，以确定程序的问题所在。

- 1 个线程块，每个线程块有 1 个线程。
- 1 个线程块，每个线程块有 32 个线程。
- 1 个线程块，每个线程块有 64 个线程。
- 2 个线程块，每个线程块有 1 个线程。
- 2 个线程块，每个线程块有 32 个线程。
- 2 个线程块，每个线程块有 64 个线程。
- 16 个线程块，每个线程块有 1 个线程。
- 16 个线程块，每个线程块有 32 个线程。
- 16 个线程块，每个线程块有 64 个线程。

如果一个或多个这样的测试失败了，就表明同一线程束中的线程之间、同一线程块中的线程之间或一个核函数启动中的线程块之间的交互出现了问题，可以顺着这个思路去调试程序。

3. 调试级别和打印

除了有单独的发行版本和调试版本，拥有一个灵活可变的调试级别（例如可以通过宏定义 #define 的方式设置全局变量值）在调试过程中也是十分必要的。还可以通过命令行来设置各种调试参数，例如通过设置-debug-level=4 将调试级别设置为第 4 个等级的日志打印。在开发过程中，可以参考下面的代码片段为程序增加调试级别控制功能。

```
#define DEBUG_ERROR_LEVEL_INFO 0
#define DEBUG_ERROR_LEVEL_WARNING 1
#define DEBUG_ERROR_LEVEL_ERROR 2
#define DEBUG_ERROR_LEVEL_CRITICAL 3

#ifdef DEBUG
extern unsigned int DEBUG_ERROR_LEVEL_OFF
void debug_msg(char* str, const unsigned int errorLevel)
{
    if (errorLevel <= DEBUG_ERROR_LEVEL_OFF)
    {
        printf("error level:%d , error msg:%s\n", errorLevel, str);
    }
}

#define DEBUG_MSG(x, level) debug_msg(x, level)
#else
#define DEBUG_MSG(x, level)
#endif
```

上面这段代码中创建了 4 个等级的调试信息，可以根据实际需要，针对不同的错误输出不同的日志信息，下面的代码片段给出了具体的使用方法。

```
#define DEBUG

int main()
{
    DEBUG_MSG("Info log level", DEBUG_ERROR_LEVEL_INFO);
    DEBUG_MSG("Warning log level", DEBUG_ERROR_LEVEL_INFO);
    DEBUG_MSG("Error log level", DEBUG_ERROR_LEVEL_INFO);
    DEBUG_MSG("Critical log level", DEBUG_ERROR_LEVEL_INFO);

    return 0;
}
```

如果不想自己定义调试等级，可以使用 MXMACA 软件包自带的 mcLog 函数，详细介绍参考第 7.2.1 节。

当需要在设备侧代码输出调试信息时，MXMACA 支持在核函数里使用函数 printf 打印相关的信息，下面的代码片段给出了具体的使用方法。

```
__global__ void vectorAdd(const float* a, const float* b, float* c, int width,
int height)
{
    int x = blockDim.x * blockIdx.x + threadIdx.x;
    int y = blockDim.y * blockIdx.y + threadIdx.y;
```

```
    int i = x;
    if (i < (width * height))
    {
        c[i] = a[i] + b[i];
        printf("c[%d]:%f \n", i, c[i]);
    }
```

在核函数里添加了函数 printf 后执行程序，得到的部分输出结果如图 7-23 所示。可以看出，当在核函数里使用函数 printf 打印输出结果时，1 个线程束里的 64 个线程将按顺序依次打印结果，但线程束与线程束之间就没有办法保证顺序了。因此，不能用打印信息的顺序来体现程序的执行顺序。

```
c[9]:11.070000
c[0]:0.000000
c[1]:1.230000
c[2]:2.460000
c[3]:3.690000
c[4]:4.920000
c[5]:6.150000
c[6]:7.380000
c[7]:8.610000
c[8]:9.840000
```

图 7-23　核函数内使用函数 printf 输出的部分结果

需要注意的是，GPU printf 在 GPU 的全局内存里开辟了一块缓冲区，并将这个缓冲区传回到主机端。因此，当打印信息过多时，可能导致缓冲区被占满，无法继续输出信息。当发生这种情况时，应使用函数 mcDeviceSetLimit 来增加 GPU printf 调试功能的缓冲区大小（mcLimitPrintFifoSize），以获得更大的缓冲区。

第 8 章 MXMACA 程序优化

本章内容
- MXMACA 程序优化概述
- MXMACA 程序优化的主要内容
- MXMACA 程序优化的一般流程
- MXMACA 程序优化总结

前面的章节已经介绍了 MXMACA 编程和 GPU 程序设计的基本知识，本章将剖析 MXMACA 编程中影响性能的主要因素。基于前面介绍的概念和知识，本章将有助于程序员进一步提高 GPU 异构程序的编程技术水平。

8.1 MXMACA 程序优化概述

作为程序员，我们有时会追求精益求精。为此，我们要了解哪些模块是需要重点关注的，并设置合理的性能优化目标。在设置合理的性能优化目标前，必须基于给定的硬件条件来确定合理的目标。对于处理大量数据的需求，例如几秒钟内处理 20TB 的数据，单 CPU 机器几乎不可能实现，但这种需求在互联网场景下却尤为常见。对于互联网搜索引擎，通常需要在几秒钟内返回搜索结果，这需要极高的处理速度和效率。同时，搜索引擎还需要定期更新索引，即收集新内容并更新数据库。整个数据更新的过程可能需要几天的时间，这在某些情况下被认为是可以接受的。然而，随着技术的不断进步和用户对速度要求的不断提高，这种更新的频率可能不再能满足需求。因此，需要不断地重新评估和调整性能优化的目标，以适应快速变化的环境和用户需求。

在实际场景中，单纯地优化 CPU 代码实现方式或购买计算速度更快的硬件并不能解决所有的问题。尽管这些方法在某些情况下的确可以提高性能，但它们也可能带来其他的问题，诸如成本增加、能源消耗、维护困难等。

首先，优化 CPU 代码实现方式需要深入了解硬件和软件的底层细节，这个过程需要耗费大量的时间和资源。而且，优化过程极有可能引入新的错误和问题，这也需要大量的时间来进行充分的测试和验证。

其次，购买更快的硬件不太可能是一种可持续的解决方案。随着技术的快速发展，今天的顶级硬件可能明天就会过时。此外，硬件升级可能并不是简单地替换部件，还需要考虑与现有系统的兼容性、电源需求、散热等问题。

此外，还需要考虑实际应用中的其他因素。例如，处理大量数据的应用还与网络延迟、数据传输速率等因素有关，那么单纯提高 CPU 性能可能并不能解决所有的问题。在这种情况下，我们需要采用诸如分布式计算、数据压缩等技术先尽可能地降低网络延迟、数据传输速率等因素对整体性能的影响。

综上所述，在考虑是否值得花时间优化 CPU 实现方式或购买更强更快的硬件时，需要综合考虑多种因素。除了性能提升，还需要考虑成本、能源消耗、维护难度和技术更新速度等多个方面。在某些情况下，采用其他技术或策略可能更为有效，且便于后续维护。

如果有较多的空闲编程时间，我们可以针对现有的问题尝试创建一个全新的、基于并行的方案，即 GPU 编程路线（对于很多问题，这是一个很好的解决方案）。基于 GPU 编程路线进行程序优化，通常应该将设计目标设置为把当前程序加速 10 倍左右（也就是执行时间缩减到原来的 1/10 左右）。所达到的实际量级取决于程序员的知识水平、可用的编程时间以及应用程序的并行程度。其中，最后一个因素是具有决定性的。即使是对 MXMACA 新手程序员而言，至少加速 2 倍或 3 倍是一个相对容易实现的目标。

8.1.1　MXMACA 程序优化的目标

MXMACA 程序优化是软件开发中的重要环节，旨在通过改进程序的执行效率、资源利用率和响应时间等，来提高程序的运行性能和用户体验。程序优化的主要目标有以下几点。

一是提高程序的执行效率。程序的执行效率是指在给定的硬件资源和输入数据的情况下，程序能够更快地完成任务并返回结果。提高程序的执行效率可以通过多种方式来实现，例如提升 GPU 的并行执行效率、优化算法和数据结构、减少无效计算、合理使用缓存、减少内存分配和释放等。通过提高执行效率，可以减少程序的运行时间并提高程序的处理能力和吞吐量。

二是优化程序的资源利用率。资源利用率是指程序在运行过程中对硬件资源（包括 CPU、内存、磁盘、网络等）的有效利用程度。优化资源利用率可以通过合理规划和管理资源的使用方式，来避免资源的浪费和滥用。例如，合理控制线程和进程的数量以减少资源的竞争，优化内存分配和释放策略以避免内存泄漏和内存碎片化，合理利用磁盘缓存和网络缓存等。

三是缩短程序的响应时间。在目前的系统中，由于 MXMACA 还不能单独为某个处理核心分配任务，我们应先缓冲一定量的数据，再将数据一次性批量交给 MXMACA 进行计算。这种方式虽然可以获得很高的数据吞吐量，但数据经过缓冲、传输到 GPU 进行计算，再复制回内存的延迟相较于直接由 CPU 进行串行处理却要长很多。如果应用程序对实时性的要求很高，比如必须在数十微秒内完成对一个输入的处理，那么使用 MXMACA 可能会影响系统的整体性能。系统需要实现人机实时交互，因此需要将延迟控制在数十毫秒的量级。为了减小延迟，我们可以尝试减小缓冲的大小。但需要注意的是，设置的缓冲大小应至少保证每个核函数程序处理的一批数据能够让 GPU 满负荷工作。在大多数情况下，如果应用程序要求的计算吞吐量大到需要中高端 GPU 才能满足，那么在投入相同成本的前提下，使用 CPU 很难达到相近的性能。如果确实对实时性和吞吐量都有很高的要求，应该考虑使用 ASIC、FPGA 或 DSP 来实现。但这需要更多的投入、更长的开发时间和更丰富的硬件开发经验。

综上所述，程序优化是为了提升用户体验，降低系统运行成本。然而，在进行优化时需要综合考虑多方面的因素，在优化效果和软件质量之间取得平衡，以确保系统的稳定性和可维护性。此外，定期的性能监测和性能测试也是保持系统高效运行的关键。

8.1.2　MXMACA 程序性能评估

MXMACA 程序优化的最终目的是，以最短的时间在允许的误差范围内完成给定的计算任务。"最短的时间"是指整个程序的运行时间。我们更侧重于整体计算的效率，而不是单个数据的延迟。在开始考虑使用 GPU 和 CPU 进行协同计算之前，我们应该从以下几个方面对 MXMACA 程序性能进行评估。

1．精度

目前，GPU 的单精度计算性能要远超过双精度计算性能。不过，对于许多运算来说，随着计算步骤的不断叠加，精度带来的累积误差也会不断增加。因此，需要在计算速度与计算精度之间选取合适的平衡点，最好是在不影响数据结果正确性的前提下选取计算性能更高的数据结构，从而带来更高的性能提升。

2．延迟

评估 MXMACA 程序的延迟通常包括以下几个步骤。

（1）测量时间。可以使用 MXMACA 提供的事件函数 mcEvent 来测量 MXMACA 程序的执行时间。通过记录程序开始和结束时的时间戳，并计算二者之差，可以得到程序的总执行时间。这可以帮助评估整体的延迟表现。

（2）分析核函数。可以使用 MXMACA 提供的工具 mcProfiler 来分析核函数的执行时间、资源使用情况及性能指标等。可以通过这些数据得到每秒处理的数据量和每个线程块的执行效率，并分析 GPU 上每个加速处理器是否总是在满负载状态下运行，进而识别性能瓶颈和优化机会。

（3）考虑通信开销。在 MXMACA 程序中，数据在主机端和设备端之间的传输会引入通信开销。通信开销包括数据传输的带宽、延迟及数据复制的时间等。可以通过测量主机端和设备端之间数据传输的时间来评估通信开销，并考虑是否需要优化数据传输策略以减少延迟。

（4）分析硬件资源使用情况。MXMACA 程序在 GPU 上执行时，要占用 GPU 的硬件资源，例如寄存器、工作组共享内存和全局内存等。可以使用工具 mcProfiler 来分析程序在执行过程中对硬件资源的使用情况，从而判断是否存在资源竞争或资源利用不足的情况。

综合考虑以上因素，我们可以对 MXMACA 程序的延迟进行评估，并进行性能优化，从而提高 MXMACA 程序的执行效率。

3．计算量

如果可以并行的部分在整个应用程序中所占的比例不大，那么 GPU 对程序整体性能的影响也不会非常明显。如果整个应用程序中串行部分占用的时间较长，而并行部分较短，那么也需要考虑是否值得使用 GPU 对并行计算部分进行优化；如果计算量太小，那么使用 MXMACA 进行并行计算显然是不划算的；如果待优化的程序使用频率较低，并且每次调用需要的时间也可以接受，那么使用 MXMACA 优化也不会显著改善使用体验。对于一些计算量非常小（整个程序在 CPU 上可以在几十毫秒内完成）的应用程序来说，由于使用 MXMACA 计算时在 GPU 上的执行时间无法隐藏访存和数据传输的延迟，因此最终很可能导致整个应用程序需要的时间反而会比在 CPU 上更长。

8.2　MXMACA 程序优化的一般流程

对 MXMACA 程序进行优化可以在程序设计开发阶段和程序优化阶段分别进行。

8.2.1　程序设计开发阶段

在 MXMACA 程序开发阶段，一些关键步骤可以帮助优化程序性能。

合理规划串并行部分。相较于传统的利用 CPU 进行串行计算的方式，MXMACA 程序通过在 GPU 上对大量的数据做并行计算，从而最终实现性能的提升。因此，在开发阶段，需要合理规划哪些部分可以被并行化。需要规划的内容包括确定数据的输入和输出及计算的核心部分等。合理的并行策略可以充分利用 GPU 的多个加速处理器来提高程序的性能。

根据运行的精度误差选择合适的算法和数据类型。在 MXMACA 程序中，选择合适的算法和数据类型对性能而言至关重要。不同的算法和数据类型对 GPU 的计算和存储资源的消耗情况不同，因此需要根据具体的应用需求和硬件特性选择合适的算法和数据类型，才能最大程度地提高程序的性能。

合理规划资源。MXMACA 程序在 GPU 上执行，因此需要合理规划计算资源和内存资源的使用。这包括合理分配线程块和线程网格的数量，以及合理利用 GPU 的共享内存和全局内存等。合理规划资源的使用可以有效避免资源使用冲突，消除性能瓶颈。

优化内存访问。优化内存访问是提升 MXMACA 程序性能的关键。通过减少全局内存和常量内存的访问次数、合理使用共享内存、合并内存访问等技术，可以显著提高程序的性能。此外，使用内存优化工具（如 MXMACA 提供的内存分析工具和内存性能分析工具）可以帮助识别内存访问瓶颈，并进行相应的优化。

优化数据通信。在 MXMACA 程序中，数据的传输和通信也可能成为性能瓶颈。合理规划数据的传输和通信策略，包括使用异步数据传输、使用页锁定内存和零复制内存等技术，可以减少数据传输和通信的开销。

8.2.2　程序优化阶段

在程序设计、编码实现和功能测试全部完成后，下一步便是对程序进行优化。这一步至关重要，因为它能够进一步地提升程序的运行效率。以下是一些常见的程序优化技术。

硬件特性优化。在了解 GPU 硬件特性（包括处理器的架构、计算资源、内存层次结构等）的前提下，根据硬件特性进行优化。例如，合理利用 GPU 的线程束、共享内存和寄存器等硬件资源，可以提高程序的性能。

并行性优化。在程序优化阶段，可以进一步地优化程序的并行性，包括调整线程块和线程网格的大小，优化线程同步和通信等。利用合理的并行策略和线程组织，可以充分发挥 GPU 的并行处理能力，提高程序的性能。

内存访问模式优化。优化程序的内存访问模式可以减少内存访问的开销，从而提高程序的性能。例如，通过合并内存访问、使用纹理内存进行高效的数据读取等技术，可以降低内存访问的延迟和带宽消耗，从而提高程序的性能。

算法优化。继续优化算法的选择和实现，以减少计算量和内存消耗。例如，采用更高效的数值计算方法、避免冗余计算和内存复制、利用 GPU 的特殊功能单元等技术，可以进一步地提高程序的性能。

8.2.3　优化策略总结

在 MXMACA 程序的开发和优化阶段，可以采用以下策略来提高程序的性能。
- 合理规划并行部分，充分利用 GPU 的并行处理能力。
- 根据运行的精度误差选择合适的算法和数据类型。

- 合理规划资源的使用，包括计算资源和内存资源。
- 优化内存访问，降低内存访问的延迟和带宽消耗。
- 优化通信策略，减少数据传输和通信的开销。
- 进一步优化并行性，包括调整线程块和线程网格的大小、优化线程同步和通信。
- 优化算法的选择和实现，减少计算量和内存消耗。

综上所述，MXMACA 程序优化的一般流程包括：在程序设计开发阶段，合理规划并行部分、优化资源使用和内存访问；然后，在程序优化阶段，继续优化并行性、内存访问模式和算法实现，以提高程序性能。利用合理的优化策略和技术，可以充分发挥 GPU 的并行处理能力，进而显著提高 MXMACA 程序的性能。

8.3　MXMACA 程序优化的主要内容

8.3.1　内存访问优化

内存带宽和延迟是所有应用程序都要考虑的关键因素，尤其是 GPU 应用程序。在 GPU 中，我们主要关心的是全局内存带宽。如图 8-1 所示，GPU 核函数访问主机内存（System Memory）的速度远低于其访问设备内存（Device Memory）的速度。因此，应该尽可能避免 GPU 核函数直接访问主机内存。

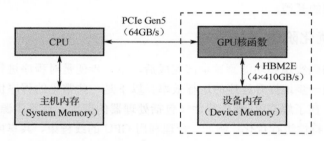

图 8-1　GPU 核函数访问设备内存和主机内存的带宽差异

GPU 上的内存延迟设计可以被运行在其他线程束中的线程所隐藏。当线程束访问的内存位置不可用时，硬件向内存提交一次读或写请求。如果同一线程束上其他的线程访问的是相邻内存位置且内存区域的开始位置是对齐的，那么，该线程的内存访问请求会自动与同一线程束中其他线程的内存请求进行合并。

在默认情况下，如果程序发起 1 字节的全局内存访问，沐曦架构 GPU 会先在一级缓存中搜索，如果没有搜索到，则继续去二级缓存中搜索；如果还是没有搜索到，则会去设备内存中加载原始数据。为了提高性能，GPU 不只是加载这 1 字节的数据，而是会将连续 128 字节的一行数据全部加载并保存在一级缓存中，供后续操作使用。因此，当发起下一次全局内存访问时，如果待访问的数据已经被保存在一级缓存里，则直接从一级缓存中获取该数据。

一次内存请求就是一个内存事务，所有的内存事务都会被送到 GPU 硬件队列中，由相应的硬件模块单独执行。执行内存事务是存在硬件开销的。内存事务越多，GPU 的执行效率就越低。因此，我们理应在一次内存事务中操作尽可能多的数据。例如，一个线程一次对 4 个浮点数进行读操作的开销就比一个线程分 4 次、每次读取 1 个浮点数的开销要低。

基于上述原则，为了尽可能地保证读写操作的运行速度接近沐曦架构 GPU 所提供的峰值带宽，我们可以采取以下两种方法。

● 将线程束完全加载进 AP，使 AP 的占用率尽可能地接近 100%。

● 基于 float2/int2 或 float4/int4 等向量类型进行 64/128 位读写操作，此时 AP 的占用率小了很多，但仍然能达到接近 100% 的峰值内存带宽。

使用向量类型进行操作，可以将数量众多的小内存事务合并成数量较少的大内存事务，从而提升 GPU 的执行效率。

在编程实践中，需要格外注意向量类型（如 int2、int4 等）所带来的隐式对齐要求，这些类型分别要求 8 字节和 16 字节的对齐。在处理数据时，必须确保数据满足这种对齐要求，否则可能会引发错误。以 int2 类型为例，假设有一个包含 10 个 int 类型元素的数组 A，其首地址是 4 字节对齐的。如果数组 A 的起始地址是 0x04，那么我们不能简单地将 A 中的第 5 个和第 6 个元素直接合并为 int2 类型。因为按照地址计算，第 5 个元素位于 0x14 地址（0x04+4×4=0x14），而该地址并非 8 字节对齐的，这样的强制转换和使用可能会导致程序运行出错。因此，在实际应用中，我们需要根据具体的使用场景，对数据进行适当的填充或调整，确保它们满足对齐要求。类似于优化排序时考虑内存吞吐量的增加，处理向量类型数据时，合理地在每个线程中处理更多的元素（如 4 个），可以在寄存器使用和处理器指令级并行利用上找到最佳的平衡点，从而提升程序的执行效率。

1. 了解限制的来源

核函数的执行性能通常被两个关键因素所限制：内存延迟/带宽和指令延迟/带宽。如果其中的一个已经成为限制性能提升的关键因素，此时即使花费大量的精力对另一个进行优化，系统性能提升的效果也十分有限。因此，理解哪一个是主要因素，对后续的优化工作十分重要。

现在有一个比较简单的方法来快速判断限制性能的主要因素是内存方面还是指令方面。首先，直接注释掉核函数中所有的算术指令，这些算术指令包括但不限于计算、分支、循环等。然后，对输出结果直接赋值。如果存在内存读取操作，则须保证从内存中读取出来的数据就是计算结果，然后将这些计算结果直接赋值给输出结果。完成核函数的修改后，重新编译并运行核函数。将修改后核函数的运行时间和修改前核函数的运行时间进行比较，如果运行时间大幅缩短，则证明指令延迟/带宽是影响性能的主要因素；如果运行时间变化不太明显，则内存延迟/带宽是影响性能的主要因素。

在算术指令仍被注释掉时，我们还可以使用工具 mcProfiler 来执行核函数，以获得核函数的指令统计数据，如图 8-2 所示。如果图中有 Instructions Per Clock 统计值小于 0.3，则表明核函数中内存事务没能很好地合并，GPU 不得不串行地执行读写指令以支持分散的内存读/写操作。

这种情况下，我们应以更合理的方式将数据保存在内存中，同时采用更合理的方式访问数据，进而允许 GPU 将分散的内存访问事务进行合并。如果这些数据是保存在全局内存中的，通常我们会采取以下策略：线程 0 访问地址 0，线程 1 访问地址 1，线程 2 访问地址 2，以此类推。

在理想情况下，数据访问模式应该生成一个基于列的线程访问模式。如果无法轻易修改数据在内存中的存储模式，那我们应该尝试在访问数据前将数据提前载入共享内存中。从共享内存中访问数据时我们就不用再关心合并读操作了。

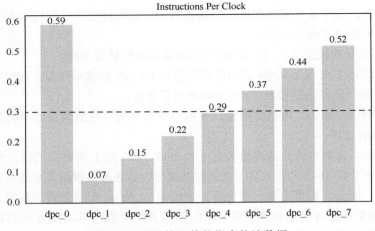

图 8-2　GPU 核函数的指令统计数据

通常，我们可以通过扩大单一线程内处理元素的总数，来提升内存受限型和算术受限型的核函数的计算效率。具体的方法不是在线程中引入循环，而是通过复制代码来实现的。如果代码多且复杂，也可以将这段代码声明为设备函数或宏。同时，确保尽可能地将读取操作提前到核函数开始处，这样在需要数据时就已经完成了对它们的读取，进而最大化增加对寄存器的使用。

受算术限制的核函数，可以查看源代码并思考如何将其翻译成内嵌汇编代码。此外，还有一些常用的优化手段：将数组索引替换为基于指针的代码、将速度较慢的乘法替换成更快的加法、将 2 的幂次的除法和乘法指令分别替换为速度更快的右移和左移位运算、将循环体内部所有的常量移到循环体外部、将循环体展开等。

单精度浮点数和双精度浮点数在执行效率上差异较大，应根据实际需求选择合适的数据结构。编译器会把没有 f 后缀的浮点常量当作双精度浮点数处理。如果需要加速浮点数的计算性能，在合适的场景下，可以尝试使用--use-fast-mat 编译选项，看结果的准确度是否满足需求。此编译选项可以启用 24 位浮点运算，它的运算速度明显快于标准的 IEEE 32 位浮点数运算。

最后，使用发布（Release）版本的代码来测试运行速度。记住，相比于调试（Debug）版本，发布版本代码的运行速度通常会有 15%以上的提升。

2．内存组织

在 GPU 应用程序中，使用正确的内存模式会在很大程度上提升程序的执行效率。GPU 程序通常在全局内存中以行的方式安排数据。我们尝试安排内存模式以使连续线程对全局内存的访问以行的方式进行。这意味着对于一个给定的线程束（64 个线程），线程 0 应该访问偏移量为 0 的地址，线程 1 访问偏移量为 1 的地址，线程 2 访问偏移量为 2 的地址，以此类推。

假设有一个对齐访问，全局内存有 128 字节的数据，每个线程对应一个单精度浮点数或整型数。那么，对于线程束中所有的 64 个线程来说，只需要两次内存事务就可以得到所需要的全部 256 字节数据。在得到所有的数据后，GPU 会将对应的数据一一赋值给所有的线程。

函数 mcMalloc 是以 256 字节对齐的线程块为单位来分配连续内存的，所以，基于该函数编写的应用程序，在大多数使用场景下，内存已经处于对齐状态。但是，如果使用的结构体越过这个边界，有两种方法解决这一问题：可以在结构体中添加填充的字节，或者使用函数 mcMallocPitch 来分配内存。

请记住，对齐是一个很重要的标准，它将决定内存事务或缓存行需要被获取一次还是两次。以下面的代码片段中的结构体 MY_STRUCT_T 为例，它是由两部分变量组成的，分别是长度为 2 字节的 header 和长度为 4×4096 字节的数组 msg_data。相对于数组的起始地址，msg_data 的偏移量是 2。

```
typedef struct
{
  u16 header;
  u32 msg_data[4096]:
} MY_STRUCT_T;
```

如果在核函数中处理 msg_data，那么线程 31 无法通过一次访存得到所需的数据。事实上，为了获取完整的数据，将产生如图 8-3 所示的额外的 128 字节的内存事务，具体说来就是线程 31 需要两个内存事务，分别读取缓存行 0 最后面的 2 字节数据和缓存行 1 最前面的 2 字节数据，所有后续的线程束都会遇到同样的问题。仅由于数据结构的开始处有一个 2 字节的 header，内存带宽就变成了原来的一半。

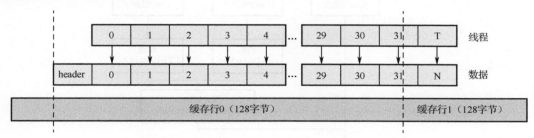

图 8-3　结构体内的缓存行不对齐产生了额外的 128 字节的内存事务

为了解决这个问题，可以将 header 从结构体中移到位于其他位置的单独内存中使用，这样没有 header 的干扰，数据块就可以对数据进行对齐访问。如果无法做到这一点，我们还可以手动将填充字节插入到结构定义中，以确保 msg_data 对齐到 128 字节的边界。需要注意的是，如果该结构随后没有被用来创建结构数组，那么可以简单地重新排序结构元素，将 header 移动到 msg-data 后就可以解决对齐问题。采用前面介绍的方法对数据结构进行优化后，线程将与内存布局更加协调一致，因此，线程运行将更加高效，特别是在使用 msg-data 时，内存吞吐量有望翻倍。

3. 内存访问与计算比率

内存操作与计算操作的比率是值得思考的问题。为了隐藏数据读取造成的延迟，内存操作与计算操作的理想比例应至少是 10:1。这意味着对于每条从全局内存中读取数据的指令，应该有至少 10 条或更多的计算指令在执行。这些操作指令可能是数组索引计算、循环计算、分支或条件判断。需要注意，每个操作指令都应该对输出提供有效的贡献。例如，在 for 循环操作中，当循环没有展开时，其中经常会存在一些无效的指令，这些指令的执行增加了系统开销，但不会对结果有任何有效的贡献。

现在，我们以下面的核函数为例来进行进一步的说明。这个核函数的主要工作是，每个线程计算得到各自的 index，然后根据这个 index 从数组 a 和数组 b 中各取一个值，将这两个值相乘后，存放到数组 data 中。

```
int index   = offset + threadIdx.x;
data[index] = a[index] * b[index];
```

在第一行代码中,计算 index 的操作是一个整型的加法指令(ADD)。计算完成后,变量 index 的计算结果将被存入寄存器。data、a 和 b 都是全局内存中的数组,它们通过 index 进行索引,因此写入的地址需要通过 index 乘以数组的元素大小来计算得出。假设它们都是整型数组,那么每个元素的大小都是 4 字节。

在计算 index 时,我们会遇到第一个依赖关系,如图 8-4 所示。线程束 0 会将 offset 和 **threadIdx.x** 的加法调度到 **ALU Core** 中的整型 ADD 单元。在计算 index 的加法指令完成之前,我们无法继续执行其他工作,因此整个线程束 0 被标记为阻塞和挂起的状态。

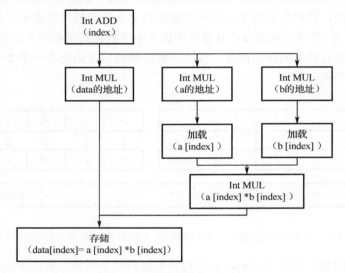

图 8-4　数据流的依赖关系

此时再切到线程束 1,它会执行同样的操作并且同样会在计算 index 时挂起。所有的线程束都会执行到这里并挂起。经过了足够多的时钟周期,线程束 0 中的 index 终于计算出来了,线程束 0 从挂起状态恢复,并可以进行后续的操作。

接下来,三条 MUL 指令被调度到 ALU Core 来计算地址。再下一条指令可能是一对加载指令,但执行这对加载指令必须依赖前面 MUL 指令计算出的 a 和 b 的地址。此时,我们再一次使该线程束 0 挂起并让其他线程束继续执行。

一旦计算出 a 的地址,就能够调度加载指令加载对应的数据。由于 a 和 b 的地址计算是连续提交的,那很可能当加载 a 的地址中值的指令被调度时,b 的地址计算已经完成了。因此,我们必须马上提交对 b 的地址中值的加载指令。

下一条指令可能是 a 的地址中的值和 b 的地址中的值的乘法,一段时间内这两个元素可能都是不可用的,因为它们必须要从全局内存中被取出后放到 AP 中。因此,线程束会被挂起,后续其他的线程束也将陆续执行同一点。

由于内存读取花费很长的时间,因此,所有的线程束都将需要加载的指令调度到 LSU,然后挂起。如果其他的线程块没有其他的工作要做,那么 AP 将会闲置,等待内存事务完成。

一段时间后,a 的地址中的值会作为 128 字节的合并读操作(1 个的缓存行或 1 次内存事务)的一部分从内存子系统到达这里。然而,线程束 0 仍然不能继续运行,因为它只有乘法运算所需的两个操作数中的一个，所以需要继续读取地址 b 中的值。

当 a 和 b 的地址中的值都被读取，并存放在相应的寄存器中后，线程束 0 才开始执行乘法指令 a[index] * b[index]。此时，由于线程束 0 的下一条指令是存储指令并且依赖乘法的结果，因此，线程束 0 挂起，直到乘法计算完成后，才将结果存储到相应内存地址的数组 data 里。

假设大约有 18~22 个常驻线程束，在最后一个线程束调度最终乘法时，线程束 0 的乘法已经完成。它能将存储指令调度到 LSU 中并完成其执行。随后，其他的线程束也会完成相同的工作，这样核函数的执行就完成了。

接下来讨论双数据流的依赖关系场景，如图 8-5 所示。

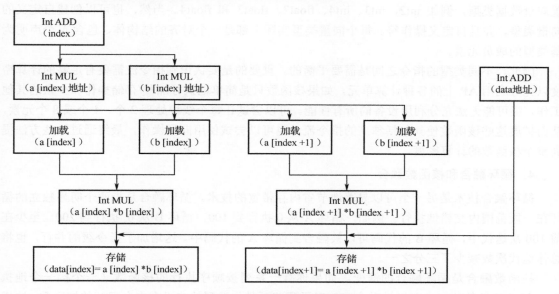

图 8-5　双数据流的依赖关系

下面是根据图 8-5 的设计思路修改后的代码片段。可以让每个线程处理两个元素，进而将独立的执行流引入线程束的每个线程中，并让算术操作与加载操作重叠。

```
int index     = offset + threadIdx.x;
data[index]   = a[index] * b[index];
data[index+1] = a[index+1] * b[index+1];
```

实际上，这段代码存在一定的风险，因为其中包含的依赖关系并不是很明显。对 data 第一个元素的写操作可能会影响数组 a 或数组 b 中的元素，因为 data 的地址空间有可能与 a 或 b 的重叠。为了解决这个问题，数据流中有全局内存写操作时，应该将读操作提前到核函数的起始处。具体的操作方法有标量方法或向量方法两种。

下面是基于标量方法修改后的代码片段。

```
int tid = (blockIdx.x * blockDim.x) + threadIdx.x;
int a_0 = a[tid];
int b_0 = b[tid];
int a_1 = a[tid+1];
int b_1 = b[tid+1];
data[tid] = a[tid] * b[tid];
```

也可以基于向量方法，下面是相应的代码片段。

```
int index = offset + threadIdx.x;
int2 a_vector = a[index];
int2 b_vector = b[index];
data[index].x = a_vector.x * b_vector.x;
data[index].y = a_vector.y * b_vector.y;
```

比较上面两种方法可以发现，向量方法执行 2 个独立的 64 位加载，标量方法执行 4 个独立的 32 位加载。使用向量方法可以节省 2 个内存事务。虽然使用的内存带宽总量是相同的，但是更少的内存事务意味着更小的内存延迟。因此，等待内存的总体时间减少了。

为了使用向量类型，只需要将数组声明为 int2 类型即可。此外，我们还可以使用其他的内置向量数据类型，例如 int2、int3、int4、float2、float3 和 float4。当然，也可以创建自定义的向量类型，并且自定义操作符。每个向量类型实际上都是一个对齐的结构体，包含 N 个声明为基类型的成员元素。

因此，不同类型的指令之间是需要平衡的。重要的是要认识到指令流需要有足够的计算密度以充分利用 AP 上的各种计算单元。如果核函数只是简单地执行加载/存储操作和少量的其他工作，很可能无法充分利用设备的所有性能。可以尝试让每个线程处理 2 个、4 个或 8 个元素，从而扩展这些核函数使其包括独立的指令流。也可以尝试使用向量操作，最终通过这些方法提高整个核函数的计算密度。

4. 循环融合和核函数融合

循环融合技术是另一个可以显著地节省内存带宽的技术。循环融合是指两个明显独立的循环在一段范围内交错地执行。例如，循环 A 从 0 执行到 100，循环 B 从 0 执行到 200。至少在前 100 次迭代中，循环 B 的代码可以被融合到循环 A 的代码中。这增加了指令级的并行，也将总体迭代次数减少了三分之一。

核函数融合是循环融合的演变。如果你有一系列按顺序执行的核函数（一个接一个地执行），这些核函数的元素可以被融合吗？对于那些不是你编写的或没有完全理解的核函数，这样做时千万要小心。调用两个连续执行的核函数会在它们之间生成隐式同步。这样设计可能有其特定的目的，然而由于它是隐式的，可能只有原来的设计者才会意识到。

开发核函数时，将操作分解成几个阶段或几轮是很常见的。例如，第一轮可能是针对整个数据集的计算。第二轮可能是使用特定的标准对数据进行过滤，然后在特定的点进行深入的处理。如果能够将第二轮本地化到一个线程块，那么第一轮和第二轮通常能够组合成一个单独的核函数。这就消除了第一个核函数将结果写入设备全局内存、随后读取第二个核函数的操作以及调用额外核函数的开销。如果第一个核函数能够将结果写入共享内存，那么只在第二轮需要这些结果，这就完全消除了对全局内存的读取、写入。规约操作经常被划分为数据重用（将中间结果写入共享内存）这类优化方法，且这种优化能显著提升程序性能，因为第二轮的输出通常比第一轮的输出小很多，这可以节约内存带宽。

核函数融合技术如此有效的部分原因是它能带来数据重用。从全局内存取出数据的速度很慢，大约为 400～600 个时钟周期。在 CPU 编程中，可以考虑诸如从磁盘读取这样的内存访问方式。如果你曾经执行过任何的磁盘 I/O 操作，就会知道以每次读取一个字符的方式读取一个文件是非常慢的。使用函数 fread 读取大的文件块比重复调用函数 fgetch 来每次读取一个字符要高效很多。读取的数据被保存在内存中。因此，在 GPU 编程中，访问全局内存可以使用相同的方法。以每线程 16 字节（float4、int4 类型）为一组来读取数据，而不是以单字节或双字节的方式。一且让一个线程成功地处理了一个单独的元素,那么就尝试将数据类型切换为 int4 或 float4,然后处理 4 个连续数据。一旦有数据存储在共享内存或寄存器中,那么就尽可能地重用它。

5. 共享内存和高速缓存的使用

相比于全局内存,使用共享内存可以带来 10 倍的速度提升。但是共享内存的大小是有限的,曦云系列 GPU 上每个 AP 拥有 64KB 的共享内存。这好像不是一个很大的空间,特别是相比于主机上高达数 GB 的内存系统,但每个曦云 GPU 有几十上百个活动的 AP,每 AP 可以提供 64KB 共享内存,总量也是很可观的。共享内存的速度与一级缓存速度接近。此外,有 8MB 的二级缓存可用于一个 DPC 上多个 AP 间共享。

一个 64GB 内存的曦云 GPU,其共享内存总的大小只有几个 MB,这意味着在任意时间点,设备内存空间中存放的数据只有很小的一部分被存放在缓存中。因此,在数据集上迭代的核函数如果没有重用数据,那么它们可能正在以低效的方式使用缓存或共享内存。

在一个大型数据集的处理过程中,为了提升效率,可应用多种不同的核函数融合技术。这种技术的主要优势在于,它能够在数据之间实现流动,避免了对数据的重复读取和传入。在处理输出数据时,我们需要深思熟虑。一个有效的方法是,将线程分配给输出数据项,而不是采用传统的输入数据项分配方式。在数据流的管理上,我们应着重构建数据流入的机制,而非数据流出。此外,为了实现更高效的数据处理,我们应优先选择使用聚集原语(Gather Primitive)来收集数据,而不是分散原语(Scatter Primitive)来分发数据。值得注意的是,GPU 能够直接从全局内存和二级缓存中将数据高效地广播到每个 AP,这一特性极大地支持了高速聚集型操作的执行。

共享内存可在编译时通过对变量添加前缀 shared 来进行静态分配。它也是核函数调用中的一个可选参数。

```
kernel<<<num_blocks, num_threads, smem_size>>>(a,b,c);
```

使用运行时分配需要额外指向内存起始处的指针。

```
extern volatile __shared__ int s_data[];

__global__ my_kernel (const int *a, const int *b,
                      const int num_elem_a, const int num_elem_b)
{
    Const int tid = (blockIdx.x * blockDim.x) + threadIdx.x;

    //copy arrays 'a' and 'b' to shared memory
    s_data[tid] = a[tid];
    s_data[num_elem_a + tid] = b[tid];

    //wait for all threads
    __syncthreads();

//process s_data[0] to s_data[(num_elem_a - 1)] - a;
    /* process s_data[num_elem_a] to
    s_data[num_elem_a +(num_elem_b - 1)] - array 'b';
}
```

6. 寄存器的使用

寄存器是 GPU 上速度最快的存储单元,使用它是让代码达到设备峰值性能的唯一途径。

然而，其数量非常有限。第 6.2.1 节介绍过，寄存器的使用也可以通过在编译器中使用编译选项-maxrregcount 来强制控制。可以使用它来指示编译器使用比现在更多或更少的寄存器。在某些情况下，减少寄存器的使用可能有助于 AP 额外调度一个线程块。但请注意，寄存器的使用也可能受到其他因素（如共享内存用量）的限制，这时，减少寄存器的使用限制可能更为合适。通过使用更多的寄存器，编译器可以将更多的数据存放在寄存器中供程序使用，而不是反复地从内存中存储/读取。相反，使用更少的寄存器通常会导致更多的全局内存访问。

使用较少的寄存器来让 AP 上额外运行更多的线程块是一种折中的优化策略。寄存器数量越少，AP 上的线程块越多，进而 GPU 占用率越高，但是这并不一定会使代码运行速度更快。这是一个大多数程序员开始学习 GPU 编程时难以理解的思想。各种分析工具致力于提升 GPU 的占用率，这在大多数情况下是有益的，因为它允许硬件调度器可以有更多可选的线程束来执行计算任务，从而更有效地利用硬件资源。然而，只有在硬件调度器因缺少足够的线程束而使 AP 处于等待状态时，增加更多线程束才会有实际的帮助。我们通过分析工具来考查 AP 是否处于阻塞状态。值得注意的是，减少寄存器的使用在某些情况下可能会降低代码的执行效率，因为这种策略的效果依赖于具体的应用程序场景。

尽管将每个核函数中使用的寄存器数量从 26 个减少到 25 个这一变动看起来不大，但这种微调在寄存器使用达到临界值时往往能产生显著的效果。特别是在寄存器的使用接近极限的情况下，通过减少寄存器的数量，通常能够允许 GPU 调度更多的线程块。例如，曦云架构 GPU 的寄存器和线程束数目的映射关系见表 8-1，当核函数使用的寄存器数量从 65 个减少到 64 个时，这将带来更多可选择的程线束（从 16 个增加到 32 个），并且通常会提升性能。当然，情况并非总是如此，因为更多的线程块意味着对共享资源（共享内存、一级/二级缓存）更多的竞争。

表 8-1 曦云架构 GPU 的寄存器和线程束数目的映射关系

核函数使用寄存器的数量	一个 AP 上支持的最大线程束的数量
0~64	≤32
65~128	≤16
129~168	≤12
169~256	≤8

减少寄存器的数量通常可以通过重新排列 C 语言源代码来实现。通过将变量的赋值和使用靠得更近，就可以使编译器重用寄存器。通常我们会在核函数的开始处就声明变量 a、b 和 c。事实上，查看汇编代码可以发现，如果将变量的创建和赋值移动到实际使用的附近，就能减少寄存器的用量。因为编译器能够使用单个寄存器来处理这 3 个变量。根本原因在于，它们处于核函数中的不同阶段，且相互之间没有任何的联系。

7. 本节小结

本节有关内存访问优化的相关内容总结如下。

- 仔细考虑核函数处理的数据并将其以最佳的方式安排在内存中。
- 针对 128 字节的合并访问，优化访问模式，对齐到 128 字节的内存读取大小和一级缓存行大小。
- 仔细权衡使用单精度和双精度的利弊，并充分考虑它们对内存使用的影响。

- 在适当的时候将多核函数融合成单核函数。
- 以最适当的方式使用共享内存和缓存，以确保能充分利用更高计算能力设备上的扩展容量。

8.3.2 数据传输优化

本节从数据传输带宽和数据传输效率两方面来介绍数据传输优化方面的内容。

1. 数据传输带宽

数据传输是指将数据在设备内存和主机内存之间来回复制。在通常情况下，应用程序中的数据都是先存放在主机内存中的，当 GPU 中执行数据运算时，就必须先把数据从主机内存复制到设备内存。运算完成后，再把结果从设备内存复制回主机内存。GPU 编程中常见的数据传输场景如图 8-6 所示。

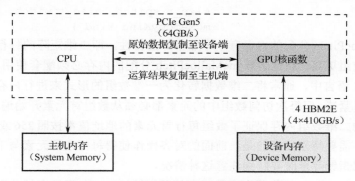

图 8-6　GPU 编程中常见的数据传输场景

将数据在主机端和设备端之间来回复制这个过程是十分耗时的。耗时多少和 PCIe 总线带宽线性相关。PCIe 总线是 CPU 和 GPU 之间数据传输的接口，至今已迭代了多个版本，从最开始的 PCIe 1.0 到现在的 PCIe 3.0、PCIe 5.0，带宽越来越大，传输速度也越来越快，各种 PCIe 标准的带宽数值详见表 8-2。

表 8-2　各种 PCIe 标准的带宽数值

PCIe 版本	传 输 速 率	吞吐量（单通道）	吞吐量（4 通道）	吞吐量（8 通道）	吞吐量（16 通道）
1.0	2.5GT/s	250MB/s	1GB/s	2GB/s	4GB/s
2.0	5GT/s	500MB/s	2GB/s	4GB/s	8GB/s
3.0	8GT/s	984.6MB/s	3.938GB/s	7.877GB/s	15.754GB/s
4.0	16GT/s	1.969GB/s	7.877GB/s	15.754GB/s	31.508GB/s
5.0	32GT/s	3.9GB/s	15.8GB/s	31.5GB/s	63GB/s

可以看到，不同版本 PCIe 总线的宽度显著不同。曦云架构 GPU 主要服务于高性能计算市场，使用 PCIe 5.0，其 16 通道带宽达到了 64GB/s，如果是双向运行的，最高可达 128GB/s。

2. 数据传输效率

在 GPU 编程中，不同的内存分配/传输方式会影响数据传输的效率，下面将分别介绍。

（1）常规方式传输。在 MXMACA 编程中，最常用的数据传输 API 是 mcMemcpy。它可以将数据从主机端复制至设备端，也可以从设备端复制至主机端，关于 mcMemcpy 的介绍可以参考第 6.3.1 节。其使用非常简单，大多数情况下运行效率也能满足性能需求。

（2）高维矩阵传输。MXMACA 编程也为二维和三维矩阵数据的传输提供了专用 API，例如 mcMalloc2D、mcMalloc3D、mcMemcpy2D、mcMemcpy3D 等。

以二维图像为例，我们可以用函数 mcMalloc 来分配一维数组并存储一张图像数据。但这不是效率最高的方案，更推荐使用函数 mcMallocPitch 分配一个二维数组来存储图像数据。

```
__host__ mcError_t mcMallocPitch (void** devPtr, size_t* pitch,
                                  size_t width, size_t height)
```

完成内存分配后，我们可以用函数 mcMemcpy2D 完成二维图像的数据传输。相比于函数 mcMemcpy，函数 mcMemcpy2D 多了两个参数 dpitch 和 spitch，它们是每行的实际字节数，是对齐分配函数 mcMallocPitch 返回的值。

```
__host__ mcError_t mcMemcpy2D ( void* dst, size_t dpitch, const void* src,
                                size_t spitch, size_t width, size_t height,
                                mcMemcpyKind kind )
```

函数 mcMallocPitch 分配的内存有一个非常好的特性，即二维矩阵的每行是内存对齐的，访问效率比一维数组更高。通过函数 mcMallocPitch 分配的内存必须配套使用 mcMemcpy2D 完成数据传输。在 C 语言中，通常将二维数据转化为一维数组的形式来进行内存分配，这种内存分配方式虽然连贯紧凑，但每次访问数组中的元素都必须从数组首元素开始遍历。而 MXMACA 编程中这样分配的二维数组内存保证了数组每行首元素的地址值都按照 256 或 512 的倍数对齐，提高了访问效率。需要特别注意的是，前面的对齐操作使得每行末尾元素与下一行首元素地址可能不连贯，使用指针寻址时要特别注意这种情况。

- 函数 mcMallocPitch 接收四个参数：存储器指针**devPtr 用于存储分配的内存地址，偏移值指针*pitch 用于存放每行实际字节数，width 指定数组每行的字节数，height 表示数组的行数。函数调用完毕后，**devPtr 将指向分配好的内存，该内存确保每行的地址都按 width 字节对齐，通常为 256 字节或 512 字节。同时，*pitch 所指向的值将被更新为每行实际占用的字节数。

- 函数 mcMemcpy2D 用于进行二维数据的复制，其接收七个参数：目标存储器指针*dst 指向目标内存区域，dpitch 表示目标存储器的行字节数；源存储器指针*src 指向待复制的原始数据，spitch 表示源存储器的行字节数；width 和 height 分别指定待复制数组的行字节数和行数；kind 指定复制的方向。在调用此函数时，须确保存储器的行字节数不小于数组的行字节数，因为多余的部分将被用作每行尾部的填充空间（每行尾部的空白部分）。

二维矩阵传输测试代码见示例代码 8-1。

示例代码 8-1 二维矩阵传输测试代码

```
#include <stdio.h>
#include <malloc.h>
#include <mc_runtime_api.h>
#include "device_launch_parameters.h"

__global__ void myKernel(float* devPtr, int height, int width, int pitch)
{
```

```
        int row, col;
        float *rowHead;

        for (row = 0; row < height; row++)
        {
            rowHead = (float*)((char*)devPtr + row * pitch);

            for (col = 0; col < width; col++)
            {
                printf("\t%f", rowHead[col]);//逐个打印并自增1
                rowHead[col]++;
            }
            printf("\n");
        }
    }

    int main()
    {
        size_t width = 6;
        size_t height = 5;
        float *h_data, *d_data;
        size_t pitch;

        h_data = (float *)malloc(sizeof(float)*width*height);
        for (int i = 0; i < width*height; i++)
            h_data[i] = (float)i;

        printf("\n\tAlloc memory.");
        mcMallocPitch((void **)&d_data, &pitch, sizeof(float)*width, height);
        printf("\n\tPitch = %d B\n", pitch);

        printf("\n\tCopy to Device.\n");
        mcMemcpy2D(d_data, pitch, h_data, sizeof(float)*width,
sizeof(float)*width, height, mcMemcpyHostToDevice);

        myKernel << <1, 1 >> > (d_data, height, width, pitch);
        mcDeviceSynchronize();

        printf("\n\tCopy back to Host.\n");
        mcMemcpy2D(h_data, sizeof(float)*width, d_data, pitch,
sizeof(float)*width, height, mcMemcpyDeviceToHost);

        for (int i = 0; i < width*height; i++)
        {
            printf("\t%f", h_data[i]);
            if ((i + 1) % width == 0)
                printf("\n");
        }

        free(h_data);
        mcFree(d_data);
```

```
    getchar();
    return 0;
}
```

三维矩阵的配套 API 如下。

```
__host__ mcError_t mcMalloc3D (mcPitchedPtr* pitchedDevPtr, mcExtent extent )

__host__ mcError_t mcMemcpy3D (const mcMemcpy3DParms* p )
```

请注意，上面并没有指出使用函数 mcMemcpy2D 和 mcMemcpy3D 比使用函数 mcMemcpy 的数据传输效率更高，而是当我们需要考虑内存对齐这种场景时，必须使用函数 mcMemcpy2D 和 mcMemcpy3D 来完成相应的操作。

（3）异步传输。我们知道，主机端和设备端之间的数据传输是通过 PCIe 总线来实现的。计算和 PCIe 总线里的数据传输是完全独立的。在某些情况下，我们可以让计算和数据传输异步进行，而不必等数据传输完再做计算。举个例子，我们需要一次传入两张图像，做计算处理。一种操作是使用函数 mcMemcpy 或 mcMemcpy2D 把两张图像都传输到显存，再启动核函数做计算。传输和计算是串行的，计算必须等传输完成。

函数 mcMemcpyAsync、mcMemcpy2Dasync、mcMemcpy3Dasync 可以让传输和计算之间异步并行。在上面的例子中，如果使用函数 mcMemcpyAsync 或 mcMemcpy2DAsync，可以先传输第一张图像到设备内存上。等传输完成后，启动第一张图像的核函数做计算。此时，我们可以在第一张图像做计算的同时启动第二张图像的传输，这样第一张图像的计算和第二张图像的传输就是异步进行且互相独立的，这可在很大程度上隐藏掉第二张影像的传输耗时。整个数据传输和计算流程如图 8-7 所示。

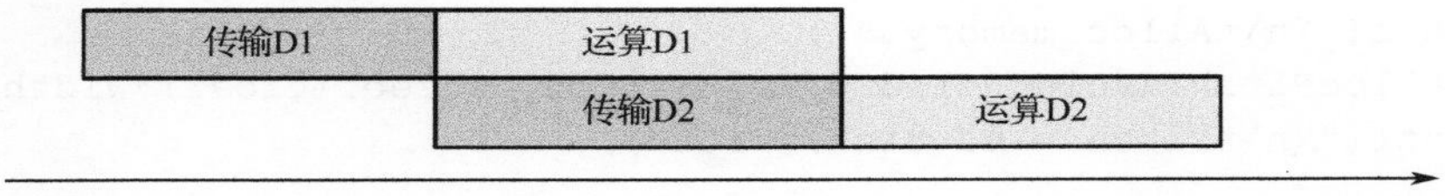

图 8-7 异步数据传输示例

异步传输是非常实用的，当一次处理多个数据时，可以考虑用异步传输来隐藏一部分的传输耗时。MXMACA 提供的三个异步传输 API 如下。

```
__host__ __device__ mcError_t mcMemsetAsync (void* devPtr, int value,
        size_t count, mcStream_t stream = 0)

__host__ __device__ mcError_t mcMemcpy2DAsync(void* dst,
        size_t dpitch, const void* src, size_t spitch,
        size_t width, size_t height, mcMemcpyKind kind,
        mcStream_t stream = 0)

__host__ __device__ mcError_t mcMemcpy3DAsync(const mcMemcpy3DParms*p,
        mcStream_t stream = 0)
```

（4）页锁定内存。页锁定内存已经在第 6.3.1 节中进行了详细介绍。它允许 GPU 上的直接内存访问（DMA）控制器来请求主机内存传输，而不需要 CPU 的参与。因此，在管理传输或从磁盘将换出的页面调回时，没有加载操作需要劳烦 CPU 处理。

PCIe 总线传输实际上只能使用基于 DMA 的传输来执行。在不直接使用页锁定内存时，MXMACA 驱动程序必须分配一块页锁定内存，执行一个从可分页内存（Pageable Memory）到页锁定内存的主机端复制操作、初始化传输、等待传输完成的操作流程，然后释放页锁定内存。所有的这些操作都要花费一定时间且会消耗宝贵的 CPU 周期，而这些 CPU 周期本可以被更加有效地使用。

在 GPU 上分配的内存都是页锁定内存，因为 GPU 不支持将内存交换到磁盘上。因此，我们关心的是在 CPU 上如何分配页锁定内存。分配页锁定内存有以下两种方法。

- 直接使用函数 mcMallocHost 分配页锁定内存。
- 先使用函数 malloc 分配一块可分页内存，再使用函数 mcHostRegister 将这块可分页内存注册为页锁定内存。注册页锁定内存只是设置一些内部标志以确保内存不被换出，并告诉 MXMACA 驱动程序，该内存为页锁定内存，可以直接使用，不需要再使用一个临时的缓冲区。

请记住，页锁定内存的传输速度大约为非页锁定内存的两倍。

（5）零复制内存。零复制内存已经在第 6.3.2 节进行了详细介绍。它是一种特殊形式的内存映射，允许将主机内存直接映射到 GPU 内存空间上，供 GPU 直接使用。

PCIe 总线带宽一般远低于 GPU 访问设备上的全局内存，如图 8-6 所示。因此，如果 GPU 代码读取一个主机映射变量，它会提交一个 PCIe 读取事务，在很长时间之后，主机会通过 PCIe 总线返回数据。

乍一看，使用零复制内存进行优化并不合理。但在某些特殊场景下，使用零复制内存可以得到更高的运行效率。假设某个核函数内的计算密度很大，耗时很长，长到足够隐藏 PCIe 总线的传输延迟，那么，线程束内存延迟隐藏模型同样也可以用于 PCIe 总线传输。实际上，零复制内存正是在这种应用场景下，才能充分发挥其优势。如果每次对全局内存的读取量很大且程序已经是内存密集型的，那么采用零复制内存可能不会有性能上的提升。

所以，如果程序是计算密集型的，那么零复制内存可能是一项非常有用的技术。它节省了设备显式传输的时间，严格来说，是将计算与数据传输的操作重叠了，而且无须执行显式的流管理。在以下几种情况下，建议使用零复制内存。

- 在一大块主机内存中只需要使用少量的数据。
- 不会频繁地对这块内存进行重复访问。在需要频繁地重复访问时，建议在设备端分配内存显式复制。最合适的情况是，该内存的数据都只需要被访问一次。
- 需要比显存容量更大的内存。或许可以通过即时交换来获得比显存更大的内存，此时采用零复制内存也是一个可选的方案。

8.3.3 执行并行度优化

1. GPU 的工作调度机制

MXMACA 程序员可以将流视为有序的操作序列，其既包含内存复制操作，又包含核函数调用操作。然而，在硬件中没有流的概念，而是用一个或多个复制引擎（Copy Engine）来执行内存复制操作，用一个核函数引擎（Kernel Engine）来执行核函数调用操作。这些引擎彼此独立地对各种操作进行排队，最终形成如图 8-8 所示的任务调度情形。

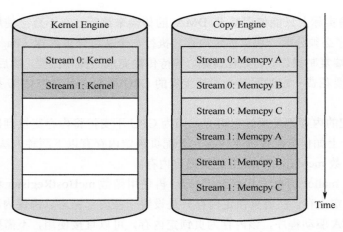

图 8-8　MXMACA 流操作直接被放入硬件多引擎示例

因此，在某种程度上看，程序员和硬件对于 GPU 工作的排队方式有着完全不同的理解，而 MXMACA 驱动程序则扮演了协调者的角色，负责在程序员与硬件之间架起沟通的桥梁。在这个过程中，操作被添加到流中的顺序显得尤为重要，因为它直接决定了任务之间的依赖关系。如图 8-8 所示，在复制引擎中，0 号流中的内存复制操作 A 需要在内存复制操作 B 之前完成。然而，一旦这些操作被放到硬件的内存复制引擎和核函数执行引擎的队列中时，这些依赖性将丢失。因此，MXMACA 驱动程序需要确保硬件的执行单元不破坏流内部的依赖性，也就是说，MXMACA 驱动程序负责安排这些操作的顺序并把它们调度到硬件上执行，以维持流内部的依赖性。理解了 GPU 的工作调度原理之后，我们可以得到这些操作在硬件上执行的时间线，如图 8-9 所示。

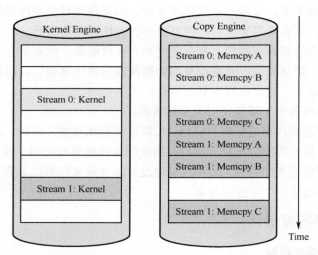

图 8-9　MXMACA 流操作通过驱动软件被放入硬件多引擎示例

记住，有些架构的 GPU 硬件（如沐曦曦云 GPU）在处理内存复制和核函数执行时分别采用不同的引擎。因此，将操作放入流的队列的顺序将影响 MXMACA 驱动程序调用这些操作以及执行的方式。

2．高效地运用多个流

将操作放入流的队列时应采用宽度优先而非深度优先的方式。也就是说，不应该先添加 0 号流中所有的四个操作后再添加 1 号流中所有的四个操作，而是应该将所有的操作交叉添加到两个流。采用宽度优先的方式将四个操作放入两个流的代码见示例代码 8-2。

示例代码 8-2　采用宽度优先的方式将四个操作放入两个流

```
for (int i = 0; i < FULL_DATA_SIZE; i += N * 2)
{
    mcStatus = mcMemcpyAsync(dev0_a, host_a + i, N * sizeof(int),
                mcMemcpyHostToDevice, stream0);
    if (mcStatus != mcSuccess)
    {
        printf("mcMemcpyAsync0 a failed!\n");
    }

    mcStatus = mcMemcpyAsync(dev1_a, host_a + N + i, N * sizeof(int),
                mcMemcpyHostToDevice, stream1);
    if (mcStatus != mcSuccess)
    {
        printf("mcMemcpyAsync1 a failed!\n");
    }

    mcStatus = mcMemcpyAsync(dev0_b, host_b + i, N * sizeof(int),
                mcMemcpyHostToDevice, stream0);
    if (mcStatus != mcSuccess)
    {
        printf("mcMemcpyAsync0 b failed!\n");
    }

    mcStatus = mcMemcpyAsync(dev1_b, host_b + N + i, N * sizeof(int),
                mcMemcpyHostToDevice, stream1);
    if (mcStatus != mcSuccess)
    {
        printf("mcMemcpyAsync1 b failed!\n");
    }

    kernel <<<N/BLOCKNUM, THREADNUM, 0, stream0 >>>(dev0_a, dev0_b, dev0_c);

    kernel <<<N/BLOCKNUM, THREADNUM, 0, stream1 >>>(dev1_a, dev1_b, dev1_c);

    mcStatus = mcMemcpyAsync(host_c + i, dev0_c, N * sizeof(int),
                mcMemcpyDeviceToHost, stream0);
    if (mcStatus != mcSuccess)
    {
        printf("mcMemcpyAsync0 c failed!\n");
    }

    mcStatus = mcMemcpyAsync(host_c + N + i, dev1_c, N * sizeof(int),
                mcMemcpyDeviceToHost, stream1);
```

```
        if (mcStatus != mcSuccess)
        {
            printf("mcMemcpyAsync1 c failed!\n");
        }
    }
```

此时，如果内存复制操作的时间与核函数执行的时间大致相当，那么新的执行时间线如图 8-10 所示。

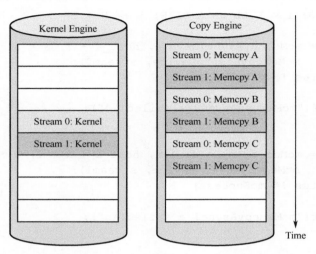

图 8-10　运用两个流合理分配任务示例

在这个例子中，我们通过高效地运用多个流来实现核函数执行和数据传输的重叠。要实现它有以下几点要求。

● 设备必须可以并行地执行内存复制和核函数运行操作。可以通过访问结构体 mcDeviceProp 中的数据成员 deviceOverlap 来确认是否支持这个功能。沐曦架构 GPU 都支持这项功能。

● 核函数执行和内存复制操作必须在不同的非默认流中。

3．本节小结

本节介绍了执行并行度优化相关的内容，总结起来有以下几点：（1）须注意 PCIe 带宽容量带来的限制；（2）透彻理解应用的场景，然后使用与该应用场景相匹配的数据传输方式；（3）尽量使用页锁定内存；（4）每次传输的数据大小至少是 2MB；（5）理解零复制内存的使用，它是流 API 的一种替代方法；（6）理解 GPU 的工作调度机制，尽量高效地运用多个流；（7）思考如何将核函数执行时间与传输时间重叠；（8）使用多个 GPU 时不要期待线性的带宽增长。

8.3.4　适配 GPU 的硬件行为

1．线程内存模式

GPU 硬件执行的基本单位是线程束，所以，内存读取也是以线程束为基本单位来调度和执行的，内存写入也一样。如图 6-6 所示，全局内存通过缓存来实现加载/存储。全局内存是一个逻辑内存空间，可以通过核函数访问它。所有的应用程序数据最初都被存储在 HBM 上。核函数的内存请求通常是在设备物理内存和片上内存之间以 128 字节的内存事务来实现的。所有对全局内存的访问都会用到二级缓存，也有很多访问还会用到一级缓存，这取决于访问类型和 GPU 架构。如果这两级缓存都被用到，那么这个内存访问是由一个 128 字节的内存事务来实现的。如果只使用了二级缓存，那么这个内存访问是由一个 32 字节的内存事务来实现的。在程序编译时，可以根据自身的需要，选择启用或禁用一级缓存。一行一级缓存的容量是 128 字节，其映射到设备内存上一个 128 字节的对齐段。如果线程束的每个线程请求一个 4 字节的值，那么每次请求就会获得 128 字节的数据，这恰好与缓存行和设备内存段的大小相契合。因此，在优化应用程序时需要注意设备内存访问的两个特性：对齐内存访问和对齐合并访问。

当一个内存事务的首个访问地址是缓存粒度（32 或 128 字节）的整数倍时，这个访问被称为对齐内存访问。非对齐访问就是除上述情况之外的其他情况，非对齐内存访问会造成带宽浪费。

对齐合并访问是最理想，也是最高速的访问方式。当线程束内所有线程访问的数据都在一个内存块，且数据是从内存块的首地址开始被需要的时，数据的对齐合并访问就出现了，如图 8-11 所示。在这种情况下，只需要一个 128 字节的内存事务从设备内存中读取数据。

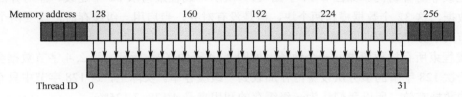

图 8-11　数据的对齐合并访问

为了达到最理想的全局内存访问状态，应尽量将线程束访问内存组织成对齐合并的方式。如果一个内存事务加载的数据分布在一个不对齐的地址段上，那么就会出现以下两种情况。

● 数据是连续的。比如，请求访问的数据分布在内存地址 1～128 上，那么访问 0～127 和 128～255 这两段数据总计需要两次 128 字节的内存访问事务。

● 数据是不连续的。比如，请求访问的数据分布在内存地址 0～63 和 128～191 上，也需要两次 128 字节的内存访问事务。

非对齐、未合并的内存访问示例如图 8-12 所示。在这种情况下，可能需要三个 128 字节的内存事务来从设备内存中读取数据：一个在偏移量为 0 的地方开始，读取连续地址之前的数据；另一个在偏移量为 256 的地方开始，读取连续地址之后的数据；还有一个在偏移量为 128 的地方开始读取大量连续的数据。虽然通过三个内存事务获得了全部所需的数据，但第一个、第二个内存事务获取的大部分数据都是多余的数据，并不会被程序使用，这会造成带宽浪费。

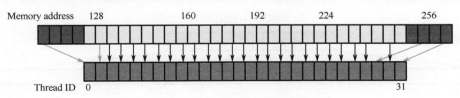

图 8-12　非对齐、未合并的内存访问示例

一级缓存对齐访问的两种情况如图 8-13 所示。

● 连续对齐访问。在这种情况下，利用率为 100%。

● 非连续对齐访问。每个线程访问的数据都在一个块内，但位置是交叉的，利用率也是 100%。

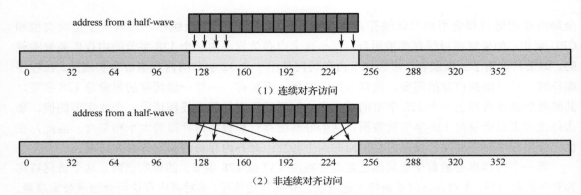

（1）连续对齐访问

（2）非连续对齐访问

图 8-13　一级缓存的对齐访问

一级缓存非对齐访问的三种情况如图 8-14 所示。

- 连续非对齐访问。如图 8-14 子图（1）所示，线程束请求 32 个连续、非对齐的 4 字节数据，这 32 个数据横跨两个块，但是没有对齐，当启用一级缓存时，就要两个 128 字节的事务来完成。
- 线程束所有线程请求同一个地址。如图 8-14 子图（2）所示，那么 4 字节数据会先通过一次 128 字节的事务从设备内存加载到一级缓存中。实际上，这 128 字节中只有 4 字节的数据有效，所以我们认为一级缓存的利用率是 4/128=3.125%。
- 数据分布在 N 个缓存行中。这是最糟糕的应用场景，一个线程束内的每个线程请求的数据都分布在不同的缓存行内，如图 8-14 子图（3）所示。一个缓存行包含 128 字节的数据。所有的数据分布在 N 个缓存行上，其中 $1 \leqslant N \leqslant 32$，那么请求 32 个 4 字节的数据就需要 N 个事务来完成，利用率也是 $1/N$。

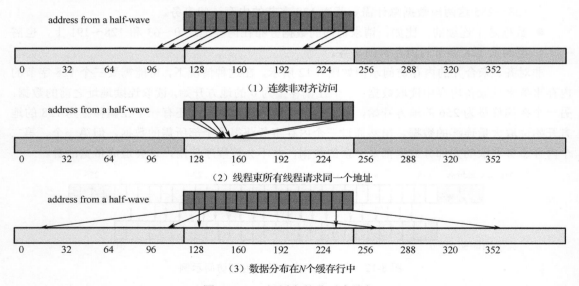

（1）连续非对齐访问

（2）线程束所有线程请求同一个地址

（3）数据分布在 N 个缓存行中

图 8-14　一级缓存的非对齐访问

GPU 和 CPU 的一级缓存有显著的差异，GPU 的一级缓存可以通过编译选项来控制，CPU 则不可以。此外，CPU 的一级缓存是有空间局部性和时间局部性的，GPU 则没有。

2. 结构体数组与数组结构体

学过 C 语言的人都应该非常了解结构体。结构体就是由基础数据类型组合而成的新的数据类型，其在内存中表现为，结构体中的成员在内存中对齐地依次排开。对结构体做进一步的拓展，还可以得到数组结构体（Array of Struct，AoS）和结构体数组（Struct of Array，SoA）。AoS 就是一个数组，数组中的每个元素都是一个结构体，而 SoA 就是每个成员都是数组的结构体。

数组结构体（AoS）的示例如下。

```
struct A a[N];
```

结构体数组（SoA）的示例如下。

```
struct A{
    int a[N];
    int b[N]
}a;
```

GPU 编程对细粒度的 SoA 是非常友好的，但是对粗粒度的 AoS 就不太友好了。具体表现为，当一个线程束中的线程需要连续访问一段数据时，SoA 的访问是连续的，内存访问效率较高，而 AoS 的访问是不连续的，无法充分利用 GPU 的缓存特性对相邻数据进行预加载，故内存访问效率较低。AoS 与 SoA 的内存布局差异如图 8-15 所示，左图中的数据以数组结构体（AoS）的方式被保存在内存中，右图中的数据以结构体数组（SoA）的方式被保存在内存中。

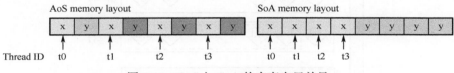

图 8-15　AoS 与 SoA 的内存布局差异

GPU 编程对细粒度的 SoA 数据读取效率较高，但对粗粒度的 AoS 数据读取效率不太理想。讨论一个具体的场景，即一个线程束中的线程需要连续访问一段数据。当该线程束中的 64 个线程都要预读取这些数据时，如果数据是按照 SoA 方式保存的，GPU 会将这些访问请求进行合并，从而获得更高的读取效率，但如果数据是按照 AoS 方式保存的，GPU 则不会对这些访问请求进行合并，故效率较低。

这样看来，AoS 的访问效率只有 50%。对比 AoS 和 SoA 的内存布局，我们能得到一个结论：并行编程范式，尤其是 SIMD，对 SoA 更友好。MXMACA 编程普遍倾向于 SoA，因为这种内存访问可以被有效地合并。

3. 非活动线程

GPU 核函数如果存在条件分支，或是算法设计与 GPU 硬件特性不契合，很容易导致一个线程束中的部分线程变成非活动线程。这些非活动线程会处于等待状态，直到某个时刻其他的活动线程满足某个条件后，这些非活动线程才能转为活动状态。非活动线程的存在不仅浪费了计算资源，还会影响程序性能。

为了充分利用计算资源，并尽可能地提升程序性能，下面将介绍 GPU 的分支分化，并结合 GPU 并行规约的不同算法实现来探究如何消除或减少 GPU 非活动线程的产生。

1) 分支分化

第 5.2.2 节介绍过 GPU 的线程束分化特性。在 MXMACA 编程中，分支的存在会大幅降低程序性能，但 GPU 硬件并没有分支预测功能。为了保证计算结果的正确性，只能让线程束内所有的线程在每个分支上都执行一遍。当然，如果某个分支没有任何的线程执行，则可以忽略。因此，要减少分支的数量。简单地说就是，同一个线程束中的所有线程应尽可能地执行相同的命令。

产生分支的一个常见场景是 if-else 语句的使用，例如常用的边界判定（见示例代码 8-3）。

示例代码 8-3　GPU 线程束内产生分支

```
int tid = threadIdx.x;
if (tid == 0)
    var = var + 1;
else
    var = var + 2;
var = 3 * var;
```

示例代码 8-3 在一个线程束中执行的情况如图 8-16 所示。第一行，所有的线程都执行 "tid = threadIdx.x"。第二行，做 if 条件判断，只有线程 0 执行 "var = var + 1"。第三行，线程 1 至线程 63 执行 "else var = var + 2"。第四行，所有线程都执行 "var = 3 * var"。

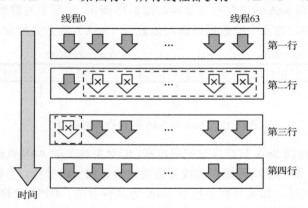

图 8-16　在线程束内执行 GPU 线程分支代码的情况示意图

示例代码 8-3 有两方面的缺陷：一是 GPU 线程执行 if-else 语句的效率非常低；二是由于判断产生了分支，第 2 行和第 3 行是串行执行的。

有两个解决方法：一是通过查找表去掉分支；二是通过计算去掉分支，例如，将上述代码的第 2～4 行修改为下面的代码片段。

```
var = 3*(var+1+(var>0)).
```

在编程时，我们要尽量使线程束中所有的线程进入相同的分支，也就是说，一个线程束中所有的线程在执行过程中应该都满足或都不满足某个条件。如果实在无法对齐，即产生分支时，可以用上述的方法来解决分支问题。

对于 GPU 硬件而言，只要线程束中任意一个线程是活跃的，那么整个线程束就能保持活跃，可供调度，且占用硬件资源。然而，在调度期间被调度的线程束的总数量是有限的。故以下两种编程模式都是无意义且浪费资源的：一是在多个 GPU 核上调度只含一个活动线程的线程束；二是在一个 GPU 核上调度只含一个活动线程的线程束。

尽管 GPU 有数以千计的线程，但是它们并不是免费的。非活动线程束本身也不是免费的。

虽然 AP 关心的是线程束而不是线程块，但外部调度器会将线程块中所有的活跃和非活跃线程束都发送到同一个 AP 上。假设每个线程块中都只有一个活动线程束，这就会产生一个问题：因为线程级的并行模型（TLP）依赖大量的线程来隐藏内存和指令延迟，所以随着活跃线程束的数量减少，AP 通过 TLP 隐藏延迟的能力也明显下降，一旦下降到某个程度，就会伤害到性能，尤其是当线程束仍在访问全局内存时。

因此，在诸如规约这类操作的最后一层中，或在其他的活跃线程束数逐渐减少的操作中，我们需要引入一些指令级并行（Instruction Level Parallelism，ILP）操作。我们要尽可能地终止最后的线程束以使整个线程块都闲置下来，并将其替换为另一个包含一组更活跃的线程束的线程块。

2）算法设计

在 GPU 上设计一个有效的算法是很具有挑战性的。一个适用于 CPU 的高效算法，如果不经修改直接移植到 GPU 上工作，很有可能无法充分发挥 GPU 所有硬件的性能。GPU 具有独特的工作特性。为了获得最佳性能，需要先了解 GPU 的硬件。因此，在考虑算法时，我们必须认真思考以下几个关键问题。

首先，需要探索如何将问题合理地分解为多个块或片，并进一步研究如何将这些块或片有效地分配给不同的线程去处理。

其次，必须关注线程如何访问数据，以及这种访问方式会生成怎样的内存访问模式，这对于优化内存的使用和提升线程的性能至关重要。

再者，数据重用性的分析也不容忽视，我们需要研究如何实现数据的有效重用，以减少不必要的内存访问和计算开销。

最后，还需计算算法执行的总操作数，并与串行化实现方式进行比较，以评估并行化带来的性能提升和可能存在的差异。

Morgan Kaufman 出版的 *GPU Computing Gems* 一书详细介绍了以下各领域中的算法：科学模拟、生命科学、统计模型、数据密集型应用程序、电子设计与自动化、光线追踪与渲染、计算机视觉、视频和图像处理、医学影像。本节不会考虑适用于特定领域的算法，而主要讨论一些通用的算法。掌握这些通用算法也有助于编写更加复杂的算法。

3）并行规约

规约是一类常见的并行算法。对传入的 N 个数据，使用一个二元的符合结合律的操作符 $\oplus$ 生成 1 个结果，故规约算法可表示为 $\sum_{i=0}^{N} a_i = a_0 \oplus a_1 \oplus a_2 \cdots \oplus a_N$。这类操作包括取最小、取最大、求和、平方和、逻辑与/或、向量点积。规约也是其他高级算法中重要的基础算法。以处理 8 个元素为例，三种常用的规约操作方法的实现思路如图 8-17 所示。

可以看到，不同方法的复杂度也是不一样的。其中，串行实现方法需要 7 步，性能比较差。对数步长（成对方式）方法是典型的分治思想，只需要 $\log_2 N$ 步来计算结果（在本例子中 $N=8$）。但这两种方法都不能合并内存事务，故在 GPU 编程中性能较差。

在 GPU 编程中，无论是对全局内存还是共享内存，基于交替策略的效果更好。对于全局内存，使用 blockDim.x×gridDim.x 的倍数作为交替因子有良好的性能，因为所有的内存事务都将被合并。对于共享内存，最好是按照所确定的交替因子来累积部分结果，以避免存储片冲突，并保持线程块的相邻线程都处于活跃状态。

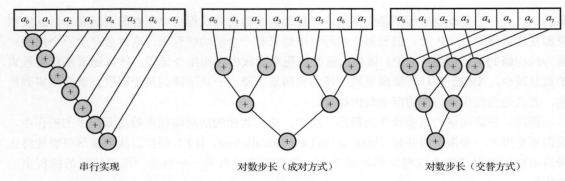

图 8-17 三种常用的规约操作方法的实现思路（以处理 8 个元素为例）

接下来依次介绍两遍规约和基于原子操作的单遍规约这两种规约算法的实现方法。

（1）两遍规约。

该算法包含两个阶段，并且两个阶段调用同一个核函数。第一阶段，核函数执行 numBlocks 个并行规约（numBlocks 是线程块数），得到一个中间结果数组。第二阶段，通过调用一个线程块对这个数组进行规约，从而得到最终结果。两遍规约的操作示例如图 8-18 所示。

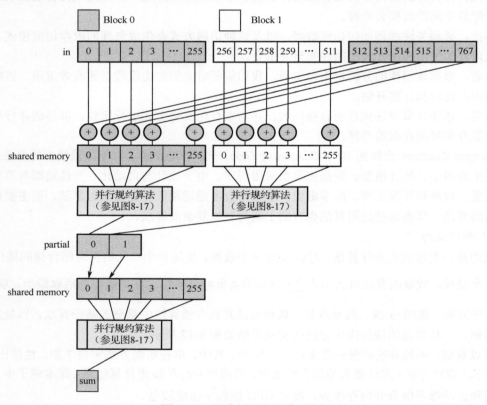

图 8-18 两遍规约的操作示例

假设对 768 个输入数据进行规约，numBlocks=256，第一阶段使用 2 个线程块进行规约，此时，核函数将执行两个并行规约，并把结果保存在中间数组 partial 中，其中 partial 的大小为 2，partial[0]保存线程块 0 的规约结果，partial[1]保存线程块 1 的结果。第二阶段对 partial 进行规约，此时，核函数将只启动一个线程块，因此，最终得到一个规约结果，这个结果就是对输入数据的规约结果。两遍规约的代码见示例代码 8-4。

示例代码 8-4　两遍规约的代码

```
__global__ void reduction1_kernel(int *out, const int *in, size_t N)
{
    //length = threads (BlockDim.x)
    extern __shared__ int sPartials[];
    int sum = 0;
    const int tid = threadIdx.x;
    for (size_t i = blockIdx.x * blockDim.x + tid; i < N;
                              i += blockDim.x * gridDim.x)
    {
        sum += in[i];
    }
    sPartials[tid] = sum;
    __syncthreads();

    for (int activeThreads = blockDim.x / 2; activeThreads
                              > 0; activeThreads /= 2)
    {
        if (tid < activeThreads)
        {
            sPartials[tid] += sPartials[tid + activeThreads];
        }
        __syncthreads();
    }

    if (tid == 0)
    {
        out[blockIdx.x] = sPartials[0];
    }
}

void reduction1(int *answer, int *partial, const int *in,
                const size_t N, const int numBlocks, int numThreads)
{
    unsigned int sharedSize = numThreads * sizeof(int);

    //kernel execution
    reduction1_kernel<<<numBlocks, numThreads, sharedSize>>>
                      (partial, in, N);
    reduction1_kernel<<<1, numThreads, sharedSize>>>
                      (answer, partial, numBlocks);
}
```

工作组共享内存的大小等于线程块的线程数量，这要在启动时指定。同时要注意，该核函数块的线程数量必须是 2 的幂次。

MXMACA 驱动软件和 GPU 调度系统会把线程组成线程束，每个线程束包含 64 个线程。线程束的执行由 SIMD 硬件完成，每个线程块中的线程束是按照锁步方式（Lockstep）来执行每条指令的，因此，当线程块中活动的线程数少于线程束里线程的数量（沐曦 GPU 线程束的线程数量是 64 个）时，无须再调用函数__syncthreads 来同步，因为线程束内的线程已经通过硬件机制实现了同步执行。不过，编写线程束同步代码时，必须对共享内存的指针使用限定符 volatile 来修饰，否则，可能会由于编译器的优化行为改变内存的操作顺序，从而使结果不正确。采用线程束优化的两遍规约代码见示例代码 8-5。

示例代码 8-5　采用线程束优化的两遍规约代码

```
__global__ void reduction1_kernel(int *out, const int *in, size_t N)
{
    //length = threads (BlockDim.x)
    extern __shared__ int sPartials[];
    int sum = 0;
    const int tid = threadIdx.x;
    for (size_t i = blockIdx.x * blockDim.x + tid; i < N;
                              i += blockDim.x * gridDim.x)
    {
        sum += in[i];
    }
    sPartials[tid] = sum;
    __syncthreads();

    for (int activeThreads = blockDim.x / 2; activeThreads
                              > 32; activeThreads /= 2)
    {
        if (tid < activeThreads)
        {
            sPartials[tid] += sPartials[tid + activeThreads];
        }
        __syncthreads();
    }

    //线程束同步
    if (tid < 32)
    {
        volatile int *wsSum = sPartials;
        if (blockDim.x > 32)
        {
            wsSum[tid] += wsSum[tid + 32];
        }

        wsSum[tid] += wsSum[tid + 16];
        wsSum[tid] += wsSum[tid + 8];
        wsSum[tid] += wsSum[tid + 4];
        wsSum[tid] += wsSum[tid + 2];
        wsSum[tid] += wsSum[tid + 1];

        if (tid == 0)
        {
            out[blockIdx.x] = wsSum[0];
```

```
            }
        }
    }
```

在前面的方法中，核函数块的线程数量必须是 2 的幂次，否则计算结果是不正确的。下面，把它修改成任意数据。其实，只需要在循环之前把待规约的数组（共享内存中的 sPartials）长度调整成 2 的幂次即可。任意线程数量的两遍规约如图 8-19 所示。

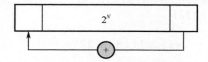

图 8-19 任意线程数量的两遍规约

进行相应的修改后可得到任意线程数量的两遍规约代码，见示例代码 8-6。

示例代码 8-6 任意线程数量的两遍规约代码

```
__global__ void reduction1_kernel(int *out, const int *in, size_t N)
{
    //length = threads (BlockDim.x)
    extern __shared__ int sPartials[];
    int sum = 0;
    const int tid = threadIdx.x;
    for (size_t i = blockIdx.x * blockDim.x + tid; i < N;
                              i += blockDim.x * gridDim.x)
    {
        sum += in[i];
    }
    sPartials[tid] = sum;
    syncthreads();

    //调整为2的幂次
    unsigned int floowPow2 = blockDim.x;
    if (floowPow2 & (floowPow2 - 1))
    {
        while(floowPow2 & (floowPow2 - 1))
        {
            floowPow2 &= (floowPow2 - 1);
        }
        if (tid >= floowPow2)
        {
            sPartials[tid - floowPow2] += sPartials[tid];
        }
        __syncthreads();
    }

    for (int activeThreads = floowPow2 / 2; activeThreads
                            > 32; activeThreads /= 2)
    {
        if (tid < activeThreads)
        {
```

```
            sPartials[tid] += sPartials[tid + activeThreads];
        }
        __syncthreads();
    }

    if (tid < 32)
    {
        volatile int *wsSum = sPartials;
        if (floowPow2 > 32)
        {
            wsSum[tid] += wsSum[tid + 32];
        }

        if (floowPow2 > 16) wsSum[tid] += wsSum[tid + 16];
        if (floowPow2 > 8)  wsSum[tid] += wsSum[tid + 8];
        if (floowPow2 > 4)  wsSum[tid] += wsSum[tid + 4];
        if (floowPow2 > 2)  wsSum[tid] += wsSum[tid + 2];
        if (floowPow2 > 1)  wsSum[tid] += wsSum[tid + 1];

        if (tid == 0)
        {
            volatile int *wsSum = sPartials;
            out[blockIdx.x] = wsSum[0];
        }
    }
}

void reduction1(int *answer, int *partial, const int *in,
                const size_t N, const int numBlocks, int numThreads)
{
    unsigned int sharedSize = numThreads * sizeof(int);

    //kernel execution
    reduction1_kernel<<<numBlocks, numThreads, sharedSize>>>
                        (partial, in, N);
    reduction1_kernel<<<1, numThreads, sharedSize>>>
                        (answer, partial, numBlocks);
}
```

（2）基于原子操作的单遍规约。

两遍规约需要启动两次核函数，不过由于 CPU 和 GPU 是异步执行的，其实际效率也是很高的。两遍规约是针对 GPU 线程块无法同步这一问题的解决方法，使用原子操作和共享内存的组合（即基于原子操作的单遍规约）可以避免调用第二个核函数。

如果硬件支持操作符 ⊕ 的原子操作，那么单遍规约就可以变得很简单。例如，对于加法操作，只需要调用函数 atomicAdd 把线程块中的部分结果加到全局内存中即可。基于原子操作的单遍规约代码见示例代码 8-7。

示例代码 8-7　基于原子操作的单遍规约代码

```
__global__ void reduction2_kernel(int *out, const int *in, size_t N)
{
    extern __shared__ int sPartials[];
```

```
    int sum = 0;
    const int tid = threadIdx.x;

    for (size_t i = blockIdx.x * blockDim.x + tid; i < N;
                                    i += blockDim.x * gridDim.x)
    {
        sum += in[i];
    }
    atomicAdd(out, sum);
}

void reduction2(int *answer, int *partial, const int *in,
                const size_t N, const int numBlocks, int numThreads)
{
    unsigned int sharedSize = numThreads * sizeof(int);
    mcMemset(answer, 0, sizeof(int));

    reduction2_kernel<<<numBlocks, numThreads, sharedSize>>>
                        (answer, in, N);
}
```

当然，为了减少全局内存的写操作和原子操作的竞争，可以对上述代码进行优化。在线程块中先进行规约操作得到部分结果，再把这个部分结果使用原子操作加到全局内存中，这样，每个线程块只需一次全局内存写操作和原子操作。基于原子操作的单遍规约优化代码见示例代码8-8。

示例代码8-8　基于原子操作的单遍规约优化代码

```
__global__ void reduction2_kernel(int *out, const int *in, size_t N)
{
    extern __shared__ int sPartials[];
    int sum = 0;
    const int tid = threadIdx.x;

    for (size_t i = blockIdx.x * blockDim.x + tid; i < N;
                        i += blockDim.x * gridDim.x)
    {
        sum += in[i];
    }
    sPartials[tid] = sum;
    __syncthreads();

    unsigned int floorPow2 = blockDim.x;
    if (floorPow2 & (floorPow2 - 1))
    {
        while(floorPow2 & (floorPow2 - 1))
        {
            floorPow2 &= (floorPow2 - 1);
        }
        if (tid >= floorPow2)
        {
```

```
            sPartials[tid - floorPow2] += sPartials[tid];
        }
        __syncthreads();
    }

    for (int activeThreads = floorPow2 / 2; activeThreads
                                       > 32; activeThreads /= 2)
    {
        if (tid < activeThreads)
        {
            sPartials[tid] += sPartials[tid + activeThreads];
        }
        __syncthreads();
    }

    if (tid < 32)
    {
        volatile int *wsSum = sPartials;
        if (floorPow2 > 32) wsSum[tid] += wsSum[tid + 32];
        if (floorPow2 > 16) wsSum[tid] += wsSum[tid + 16];
        if (floorPow2 > 8) wsSum[tid] += wsSum[tid + 8];
        if (floorPow2 > 4) wsSum[tid] += wsSum[tid + 4];
        if (floorPow2 > 2) wsSum[tid] += wsSum[tid + 2];
        if (floorPow2 > 1) wsSum[tid] += wsSum[tid + 1];
        if (tid == 0)
        {
            atomicAdd(out, wsSum[0]);
        }
    }
}
```

8.3.5 算术运算密度优化

算术运算密度用于度量每次内存读取相应的算术运算的数目。如下面的代码片段所示，一个核函数先从存储器中取两个值 A[x] 和 B[y]，然后将这两个值相乘，并将相乘的结果存储到内存 C[z] 中。

```
C[z] = A[x] * B[y];
```

读取和存储操作可能涉及一些索引计算，但这不重要。上述代码片段真正有效的计算操作是乘法。最终，每三个内存事务（两次读操作和一次写操作）只执行一次计算操作，内存操作次数多于计算操作次数，这类核函数是属于内存密集型的。

上述代码片段的执行时间 T=读取时间 A+读取时间 B+算术运算时间 M+存储时间 C。请注意，这里使用 A+B，而不是 2×A，这是因为单个读取操作的时间是不容易预测的。事实上，读取时间 A、读取时间 B、存储时间 C 都不是恒定的，因为它们受 GPU 内其他内存子系统执行结果的影响。例如，在读取 A[x] 的同时也可能会把 B[y] 放入缓存，进而导致读取 B[y] 的时间比 A[x] 少。写入 C[z] 的同时也可能导致 A[x] 和 B[y] 被从缓存中取出。此外，二级缓存中的数据的变更可能来自完全不同的 AP 的活动。因此，可以看到缓存的存在让计时变得不可预知。

当考查算术运算密度时，我们的目标是提高有效计算操作相对于内存读取和其他开销操作的比例。然而，我们必须考虑怎么界定内存读取。显然，我们从全局内存中获取数据是符合要求的，但是读取共享内存或缓存呢？由于处理器必须将数据从共享内存移动到寄存器，因此我们必须将共享内存读取视为内存操作。类似地，如果数据来自一级缓存、二级缓存或常量缓存，它也必须在操作之前被移动到寄存器里。

然而，相比于访问全局内存，访问共享内存或一级缓存的操作成本要低一个数量级。因此，如果我们将共享内存的读取时间设定为 1，那么全局内存的读取时间可能是 10。因此，应该尽可能地减少从全局内存读取数据的操作。

1. 超越函数

GPU 通常也配备了多种专用的硬件加速器，这些是专门为加速特定类型的计算任务而设计的。例如，在游戏或图形渲染中，需要对大量的多边形做各种平移、旋转和缩放操作，利用 GPU 内置的硬件加速器可以显著提升这些操作的计算效率。MXMACA 软件库提供了多种超越函数和加速函数，包括平方根、正弦、余弦以及以 2 为底的对数和指数函数等。这些函数针对 GPU 进行了优化，可以通过 MXMACA 软件安装包中 include/common 目录下的头文件找到相应的设备 API。例如，maca_bfloat16.h 头文件包含了专为 bfloat16 数据类型设计的设备函数，以进一步提升计算性能。

在某些场景下，如果目标是追求更快的计算速度，而可以适当降低对计算精度的要求，那么我们可以在编译程序时设置编译选项--use-fast-math。使用这个编译选项会导致输出结果发生变化，而程序员需要特别关注具体的变化情况。

2. 近似替换

曦云 C500 GPU 中单精度浮点数的 fma 指令和双精度浮点数的 fma 指令的计算速度几乎相同。但是单精度计算会占用更少的寄存器，从而使更多的线程块被加载到硬件中，进而提升 GPU 的负载。此外，单精度计算读取的内存也只有双精度计算的一半，这使得每个元素的有效内存带宽增加了一倍。因此，使用单精度计算替换双精度计算是常见的有效优化技术，也被称为近似替换。需注意，一旦启用近似替换，核函数应能对计算结果进行测试，以评估这种近似替换是否合理。

3. 查找表

查找表是一项用于复杂算法优化的常见技术。在主机端某些场景下，使用查找表进行优化会带来可观的性能提升。

查找表的一种常见使用场景是对密文进行暴力攻击。在大多数系统上，密码被存储为散列值，即一串无明确意义的数字。难以通过特别设计的散列值来反向计算散列密码。一种破解方法是，基于常见的短密码生成所有可能的组合，攻击者只需要使用刚计算好的散列值与目标散列值逐一对比，直到二者匹配。但这种方法会花费大量的 CPU 时间。

为了优化上述方法，我们可以采用查找表法。查找表法用内存空间换计算时间。将预先得到的所有输入密码和计算结果全都保存在内存中，并建立两者之间的联系。这样在给定某个输入时，如果输入存在某个对应的结果，程序就可以直接在内存中找到。这种做法有点像乘法表。同样的道理，由于存在大量的重复乘法项，我们直接记忆结果，而不是进行现场计算。

当计算时间很长时，这种优化技术在 CPU 上，尤其是老式 CPU 上效果显著。然而，由于计算速度已变得越来越快，CPU 直接计算得出结果可能花费更小，而不是从内存中查找结果。

在多数情况下，查找表法可能比计算法的效率更高，尤其是当查找表法实现了较高的 GPU 占用率时。反之，当 GPU 占用率较低时，计算法的效率更高。当然，在实际情况下，最终结果在很大程度上依赖于实际计算的复杂程度。假设当前计算操作的延迟是 20 个时钟周期，内存操作的延迟是 600 个时钟周期，在最理想状态下，在一次内存操作的延迟周期内，执行 30 次计算操作，就可以让内存读取开销被全部隐藏掉，不过这很难实现。如果代码质量不高，内存操作的数据很可能会被提供给后续的计算操作来使用，在这种情况下，后续的计算操作会等待前面内存操作的结果，这就让所有的计算操作变成了串行操作。所以，我们应该精心设计代码，让某个线程束因执行内存读取操作而挂起时，AP 可以切换到另一个线程束，执行和待读取数据无关的计算操作，以达到测定隐藏内存读取开销的效果。在通常情况下，我们需要进行试验并观察结果，最终确定提高 GPU 利用率的方法。

8.3.6 一些常见的编译器优化方法

本节介绍一些常用的编译器优化方法，包括循环展开、常量折叠、常量传播、公共子表达式消除、目标相关优化。

1. 循环展开

循环语句是 C 语言中常见的控制语句。在 MXMACA 编程中，循环语句的实现可以参考下面的代码片段。

```
__device__ void foo(int *p1, int *p2) {
  for(int i = 0; i < n; ++i) {
    p1[i] = p2[i] * 2;
  }
}
```

MXMACA 支持#pragma unroll，程序员可以参考下面两个代码片段给出的两种方法来展开循环。

```
__device__ void foo(int *p1, int *p2) {
  #pragma unroll
  for(int i = 0; i < n; ++i) {
    p1[i] = p2[i] * 2;
  }
}
```

```
__device__ void foo(int *p1, int *p2) {
  #pragma unroll(8)  //8是用户期望的展开粒度
  for(int i = 0; i < n; ++i) {
    p1[i] = p2[i] * 2;
  }
}
```

2. 常量折叠

常量折叠是指在编译时简化常数的计算过程，参见下面的代码片段。

```
__device__ void foo() {
  int i = 64 * 64 * 4;
  …
}
```

在编译过程中，表达式“64 * 64 * 4”并不会被翻译成两个乘法指令，而是会在编译期间计算出结果。翻译的结果等效为如下代码片段。

```
__device__ void foo() {
  int i = 16384;
  …
}
```

3. 常量传播

常量传播是指将表达式中的变量替换为已知常数的过程，参见下面的代码片段。

```
__device__ void foo() {
  const int i = 64;
  int j = i * 64 * 4;
}
```

已知 i 是一个常量整型，且 i 的值是 64。在后续的表达式中，i 将会被替换为 64，进而减少寄存器的使用。

```
__device__ void foo() {
  int j = 64 * 64 * 4;
}
```

4. 公共子表达式消除

公共子表达式是指两个或多个语句中存在的完全相同的表达式，参见下面的代码片段。

```
__device__ void foo(int a, int b, int c, int d) {
  int i = a + b * c;
  int j = d + b * c;
}
```

其中，表达式“b * c”就是公共子表达式。消除公共子表达式是临时记录该类公共子表达式的值，并将其传播到子表达式使用的语句，从而减少重复计算。

```
__device__ void foo(int a, int b, int c, int d) {
  int temp = b * c;
  int i = a + temp;
  int j = d + temp;
}
```

5. 目标相关优化

不同的芯片具有不同的指令集。一些简单通用的指令组合可以用一条复杂指令来替代以提高程序的执行性能，参见下面的代码片段。

```
__device__ void foo(float a, float b, float c, float *d) {
  *d = a + b * c;
}
```

表达式“a + b * c”一般会被翻译为一条乘法指令和一条加法指令。由于 MXMACA 支持 fma(fused-multiply-add)指令，因此，“a + b * c”对应的乘法指令和加法指令将会被 fma 指令替代。

8.4 MXMACA 程序优化总结

本章全面地剖析了 MXMACA 编程中限制性能的主要因素，并介绍了 MXMACA 程序性能优化的四个基本策略。

8.4.1　最大化利用率

我们可以从以下三个角度对代码进行优化，从而提升程序的并行化程度，最大限度地提高 GPU 利用率。

1．从应用程序的角度

从应用程序的角度来看，为了让应用程序能够最大化地并行执行，可以考虑以下策略来优化应用程序的性能。

- 异步函数调用与并发执行。利用异步函数调用和自定义流来尽可能地并行执行任务。
- 工作负载分配。根据处理器的特性，为 CPU 分配串行工作，为 GPU 分配并行工作，以最大化地利用不同的硬件资源。
- 线程同步。在并行计算中，如果多线程间需要进行同步以共享数据，在不同的场景中应使用以下两种处理方法：当线程属于同一线程块时，应使用函数 __syncthreads 进行同步，并通过工作组共享内存来共享数据；当线程属于不同线程块时，必须通过全局内存来共享数据。此外，为了保证数据同步，须使用两个单独的核函数，其中一个负责将数据写入全局内存，另一个负责从全局内存中读取数据。请注意，使用这种方法解决问题的开销很大。可以的话，我们应修改现有的算法，让依赖于线程间通信的计算尽可能地在单个线程块内完成，以减少额外的核函数调用和全局内存访问。

2．从设备的角度

从设备的角度来看，我们可以创建多个自定义流，并将不同的核函数分发到不同的自定义流上，从而允许多个核函数在一个或多个 GPU 上并行执行，最大化地提高设备的利用率。

3．从硬件工作机制的角度

从硬件工作机制的角度来看，要最大化地提高硬件利用率，我们需做到以下两点：让 AP 始终处于忙碌状态，并且让不同的功能单元并行工作在尽可能多的 AP 上。下面，我们从这两个方向进行分析。

（1）让 AP 始终处于忙碌状态。运行在 AP 上的基本单位是线程束，在某一时刻，线程束调度程序须选择一条准备执行的指令供加速处理执行，有以下两种选择策略。

- 该指令可以是同一个线程束中的另一条独立指令，这里利用了指令级的并行性。
- 该指令可以是另一个线程束中的指令，这里利用了线程级并行性。

通过这两种策略的结合使用，我们可以有效地保持 AP 处于忙碌状态，从而实现 AP 利用率的最大化。

（2）让不同的功能单元并行工作在尽可能多的 AP 上，主要有以下两种并行策略。

- 核函数的网格足够大，可以创建很多个线程块，并将这些线程块启动到一个 GPU 的多个 AP 上并行执行，最大化地提高单个 GPU 的利用率。
- 创建多个自定义流，并将不同的核函数分发到不同的自定义流上，从而允许多个核函数在一个 GPU 的多个 AP 上并行执行，最大化地提高单个 GPU 的利用率。

8.4.2　最大化存储吞吐量

为了使应用程序的整体内存吞吐量最大化，可从以下几个方面着手进行代码优化。

● 最小化低带宽的数据传输：这涉及最大程度地减少主机端和设备端之间的数据传输，由于主机端和设备端之间的数据传输带宽较低，因此优化这部分的传输至关重要。

● 最大化片上内存的使用：通过使用共享内存和缓存（一级缓存和二级缓存），可以减少全局内存和设备内存之间的数据传输。

● 使用共享内存：共享内存相当于程序员管理的缓存，应用程序可以显式地分配和访问它。一种高效的编程模式是，将数据从设备内存暂存到共享内存中，线程块内的每个线程将数据从设备内存加载到共享内存，并与线程块内的其他线程进行同步，以便每个线程都可以安全地读取、处理共享内存中的数据，处理完成后，如有必要，再次同步以确保共享内存已更新，并将结果写回设备内存。

● 优化内存访问模式：核函数访问内存的吞吐量可能会根据内存类型的访问模式而变化，因此，需要基于最佳内存访问模式来优化内存的访问，特别是全局内存的访问。由于全局内存的带宽相对较低，非最佳访问模式会对性能产生较大的影响。

为了最大化存储吞吐量，我们应从设备端与主机端之间的数据传输、设备内存访问两方面来着手。

1．设备端与主机端之间的数据传输

● 减少主机端和设备端之间的数据传输：为了实现这一目标，可以考虑将更多的代码从主机端移至设备端。即使核函数在设备端执行的并行度不足，这种策略也能有效地减少主机端和设备端之间数据的传输。此外，我们可以在设备内存中创建并维护中间数据的结构，对于那些主机端不需要直接访问或映射的中间数据来说，我们可以避免将其复制到主机内存，从而在实现操作与销毁时无须进行额外的数据传输。这不仅能提升程序的执行效率，还能进一步降低数据传输对系统性能的潜在影响。

● 将多个小传输合并为单个大传输：考虑到每次传输带来的开销，将多个小传输合并为单个大传输通常更高效。

● 使用页锁定主机内存：在具有前端总线的系统上，使用页锁定主机内存可以提高主机端和设备端之间的数据传输性能。

● 使用映射的页面锁定内存：这种技术允许数据在设备内存和主机内存之间隐式传输，无须显式分配设备内存或复制数据。为了获得最佳性能，应确保内存访问与全局内存访问合并。如果映射的内存只被读取或写入一次，使用映射的页面锁定内存可以提升性能。

2．设备内存访问

访问可寻址内存（即全局、本地、共享、常量内存）的指令可能需要被多次触发，具体情况取决于内存地址在线程束内线程中的分布。参考表 6-3，优化设备内存访问的原则如下。

（1）全局内存和常量内存在进行数据传输时，通常遵循 32 字节、64 字节或 128 字节的线程块大小。为了使内存吞吐量最大化，我们需要遵循各个 GPU 架构的最佳存取模式，以确保数据满足对齐要求，并在必要时对数据进行填充（Padding）。同时，应避免地址的过度分散，以确保内存访问的高效性。

（2）在编写核函数时，我们需要特别关注私有内存的使用情况。编译器会将某些自动变量（Automatic Variable）分配到私有内存中，如无法确定是否以常数索引访问的数组、占用过多寄存器空间的大型结构或数组等。因此，在编写核函数时，我们应合理管理这些自动变量的使用，以减少私有内存的占用，从而提高性能。

（3）为了实现高带宽，共享内存将被分成大小相等的存储体（Bank），且可以同时被访问，但需要根据第 6.2.3 节的内容来优化程序设计，以避免存储体冲突导致的共享内存吞吐量大幅下降。

8.4.3 最大化指令吞吐量

为了在 GPU 上实现较高的指令吞吐量，我们需要了解有哪些因素限制了峰值性能。可以借助工具 mcTracer 和 mcProfiler 对程序进行分析。

通常将 MXMACA 应用程序分为 I/O 密集型和计算密集型两类。这里主要讨论计算密集型应用程序。为了最大化指令吞吐量，可采用如下方法。

● 尽量减少使用低吞吐量的算术指令。这包括在不影响最终结果的情况下用精度换取速度，例如，使用内部函数而不是常规函数（内部函数在内部函数列表中已经列出），使用单精度而不是双精度，将非规范化数字刷新为零等。

● 尽量减少线程数的分支。应该让控制条件仅取决于 threadIdx/waveSize，这样程序执行将不会受线程 ID 的影响，没有线程束会进行分支。

● 减少指令个数。应尽可能地优化函数__syncthreads 的使用方式。当使用函数__syncthreads 时，先完成工作的线程会停下来，等同一线程块内的其他线程完成工作后才继续工作，此时，这些线程占用的 AP 资源就空闲了，这就造成了 GPU 资源的浪费。

需要注意，指令吞吐量由每个多处理器每个时钟周期的操作数决定。一个线程束包含 64 个线程，一条指令在一个线程束中总共会产生 64 次操作。因此，如果 N 是每个时钟周期的操作数，则指令吞吐量为每个时钟周期 $N/64$ 条指令。指令吞吐量是针对一个多处理器的，指令吞吐量乘以设备中的多处理器数量才是整个设备的指令吞吐量。

8.4.4 最小化内存抖动

由于内存经常被分配和释放，随着时间的推移，应用程序中内存分配和释放的速度会逐渐变慢，直至达到极限。这通常是操作系统将释放的内存回收而引发的。可以采取以下优化措施以获得最佳性能。

尝试根据问题调整实际的内存分配大小。不要尝试使用函数 mcMalloc 或 mcMallocHost 来分配所有可用的内存，因为这会强制内存立即驻留并阻止其他应用程序使用该内存，从而给操作系统调度程序带来更大的压力，或阻止运行在同一 GPU 上的其他应用程序正常运行。

尝试在应用程序的早期分配大小适当的内存，并确保应用程序的内存分配行为均有效。尽可能地减少应用程序中的函数 mcMalloc 和 mcFree 的调用次数，尤其是在性能关键区域，这将在一定程度上提升程序的运行效率。

如果应用程序已经无法分配足够的设备内存，请考虑使用其他的内存类型，例如调用函数 mcMallocHost 或 mcMallocManaged 分配主机内存。主机内存的性能可能不高，但可以确保应用程序的正常执行。

函数 mcMallocManaged 允许内存超额订阅。当使用函数 mcMemAdvise 并设置正确的内存策略时，某些情况下，函数 mcMallocManaged 可以保持与函数 mcMalloc 相当的性能。而且，函数 mcMallocManaged 不会强制内存驻留，从而减轻了操作系统的调度压力。

简单来说，实现高性能的 MXMACA 应用程序有以下三条通用法则。

- 将数据放入设备内存后，尽量在设备内存中做更多的计算。
- 交给 GPU 足够多的计算任务，让 GPU 线程都尽量忙起来。
- 注重 GPU 上的数据重用，以避免带宽限制。

通常情况下，高性能计算的相关应用都会遇到 PCIe 总线带宽不够用或 GPU 内存系统带宽不够用等这类瓶颈，所以，基于上述法则编写代码对缓解相关的瓶颈都是有意义的。但是，由于异构系统的复杂性、MXMACA 应用程序需求的多样性以及数据集的规模不同，在实际的 MXMACA 编程过程中想满足以上法则并不容易，因此，需要借助 MXMACA 提供的工具链来深入挖掘实际结果与预期结果不同的原因。

如何使用 MXMACA 提供的工具链来定位和分析问题、识别性能瓶颈，这在本章中有多处示范。必要时也可以将复杂逻辑的核函数简化成普通情况或特殊情况的核函数，再结合工具 mcTracer 和 mcProfiler 来帮助分析。

第 9 章　MXMACA 图编程

本章内容
- 从有向无环图说起
- 图编程 API
- 图编程介绍
- 图编程加速

本章介绍 MXMACA 图编程这一 GPU 编程领域里全新的程序设计方法，这一方法能简化 GPU 编程的复杂性。MXMACA 图编程为程序员提供了直观、高效的编程方式，使算法思维的程序开发更加便捷。

算法思维是计算机科学的精髓，也是 GPU 并行计算的核心思维之一。MXMACA 图编程能清晰地表示复杂的计算逻辑和数据流，使程序员可以更加专注于算法本身而非繁琐的底层细节。此外，MXMACA 图编程与软件平台的紧密集成使软件平台能跟沐曦 GPU 硬件实现紧密耦合，这种耦合关系使 MXMACA 图编程可以根据硬件特性优化底层驱动程序，从而提高程序的运行效率。

熟练掌握 MXMACA 图编程方法能显著提升 MXMACA 应用程序的性能。通过合理地构建计算图，程序员可以充分利用 GPU 的并行计算能力，实现高效的算法。MXMACA 图编程还提供了丰富的工具和调试手段，帮助程序员快速定位和解决性能瓶颈。

9.1　从有向无环图说起

对于程序员来说，开发应用程序首先需要研究和分析需求，然后再进行任务分解，梳理任务之间的依赖关系和时间顺序等。其实，这里面蕴含了一些复杂的算法思想。

设想一下，我今天要完成若干个任务，需要规划一下工作流，可以用任务列表（TodoList）记录下来。通常情况下，这些任务不是相互独立的，每个工作任务可能会有若干个前置工作，那么，现在我们该如何分配工作顺序呢？这样的事情我们经常遇到，通常的做法是优先找出并完成不需要做前置工作的任务，再在剩下的工作任务中，寻找和完成已经将所有前置工作做完的任务，如此往复，直到所有的工作都被完成。

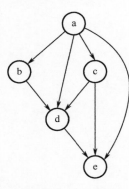

事实上，我们已经悄然构建了一个有向无环图（Directed Acyclic Graph，DAG），并对其进行了拓扑排序，并按拓扑排序的结果执行了任务。这种算法思想被应用在许多领域，包括计算机科学、工程、项目管理等。通过使用 DAG 和拓扑排序，我们可以更好地理解和组织具有复杂依赖关系和时间顺序的任务，从而提高工作效率和准确性。

在图论和计算机科学中，DAG 是一个没有定向循环的有向图。也就是说，它由节点（Node）和边（Edge，也称弧）组成，每条边都从一个节点指向另一个节点，沿着这些节点的方向不会形成一个闭合的环（Loop），如图 9-1 所示。

图 9-1　DAG 示例

基于 DAG 的计算模型在计算领域得到了广泛的应用。例如，Spark

和 TensorFlow 这两个框架都是通过使用 DAG 来控制和有序执行任务的，从而实现高效的计算和数据处理。在这两个框架中，程序员都是先写代码定义出一个 DAG，然后再执行这个 DAG 来得到结果。

- 在 Spark 框架中，DAG 用于描述弹性分布式数据集（Resilient Distributed Dataset，RDD）之间的依赖关系，从而在分布式环境中高效地执行数据流操作。通过构建 DAG，Spark 框架能够分析数据计算过程中的依赖关系，并优化任务的执行顺序，以提高计算效率。
- TensorFlow 框架使用 DAG 来描述计算图，以便训练和推断机器学习和深度学习模型。在 TensorFlow 框架中，程序员首先定义计算图，然后通过会话（Session）来执行该图以获得结果。计算图中的节点代表可调用的操作（如矩阵乘法、卷积等），边则表示数据流的方向。通过使用 DAG，TensorFlow 框架能够高效地执行大规模的并行计算，加速模型的训练和推理。

DAG 具有完整严密的拓扑性质，同时又没有过多的模型上的限制，这使其具有很强的流程表达能力。基于这一特点，在很多需要对零散化任务进行组织和控制的场景中，DAG 的应用非常广泛。对于由一组零散化的小任务组成的一个大任务来说，如果用 DAG 的形式来组织的话，只需要按照拓扑顺序执行这些零散的小任务，就可以得到正确的结果。

例如，函数 $f(x) = ax + b$ 可以由两个零散的任务组成，即 $f_1(x) = ax$ 和 $f_2(x) = x + b$。先执行 $f_1(x)$，然后把得到的输出作为 $f_2(x)$ 的输入，就得到了 $f(x)$ 的结果，这样就把一个简单的计算任务设计成了两个小任务节点的 DAG。

在程序设计中使用 DAG 模型有以下优势。

- 任务模块化。对于 DAG 任务执行模型而言，任务之间没有很强的相关性，每个小任务模块所要做的事情只有对得到的输入进行处理，然后得到输出即可，可复用性极强。
- 易于调整。基于已有的 DAG 模型，如果想要调整或者修复，往往只需要修改个别任务即可，可以通过修改图结构或者个别任务的具体实现，即可实现调整。
- 结构清晰，不易出错。假设已经定义好了所有任务的具体实现，则大任务的 DAG 模型会非常严谨，同时能够避免手写任务出现的各种错误，只需要简单地对任务的前序依赖进行定义即可完成模型的构建。

9.2 图编程介绍

前面的章节已经介绍过，通过将计算密集型部件卸载到 GPU 上，可以大大减轻 CPU 的工作负载，进而加快许多业务的进度。在 MXMACA 编程术语中，这被称为启动核函数（Launch Kernel）。在 MXMACA 编程中，经典的启动核函数就是采用<<<>>>语法的 API，这个三尖号语法在编译时会被替换为调用函数 mcLaunchKernel，这个函数由 MXMACA 运行时库提供。

当这些核函数有很多且持续时间很短时，启动开销有时会成为一个问题。MXMACA 图编程提供了一种减少开销的方法，即通过把程序员的一系列的操作定义为任务图，可以将任意数量的异步 MXMACA API 调用（包括核函数启动）组合成一个只需要一次启动的操作中，这就显著减少了启动大量用户操作的开销。MXMACA 图编程与经典 MXMACA 流和并行编程的主要区别示例如图 9-2 所示。

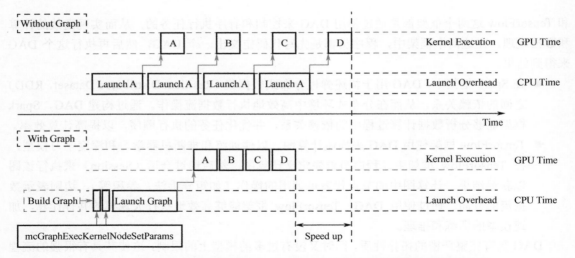

图 9-2　MXMACA 图编程与经典 MXMACA 流和并行编程的主要区别示例

MXMACA 图编程支持 DAG 类型的任务图，它通过把程序员的一系列操作定义为任务图，将异步的函数调用组合到一个操作中，例如有依赖关系的不同设备的核函数启动。图编程是 MXMACA 编程中一种新的任务提交方式，其包含以下三个步骤。

（1）创建任务图。MXMACA 程序会创建任务图中各个操作的描述，也就是任务图的节点及节点之间的依赖关系。

（2）将任务图实例化为可执行图。在实例化阶段，MXMACA 会给任务图模板（Graph Template）创建快照（Snapshot）来验证它，然后执行建立和初始化工作，目的是最小化启动阶段的时间，最后得到的输出是一个可执行图（Executable Graph）。

（3）将可执行图加载到 GPU 并启动执行。一个可执行图可以被加载到一个 GPU 的硬件队列里，类似于把一系列的 GPU 核函数加载到 GPU 并启动执行。

MXMACA 图编程允许一个任务图（Graph）在被定义后，可以在需要时重复启动而不用重新创建或配置，如图 9-3 所示。这种编程方式使任务图可以快速、高效地执行，并且能够处理大量的数据和复杂的计算任务。

MXMACA 图编程通过提前了解任务图的整个工作流，将任务图的定义过程与任务图中任务的执行过程进行分离。这可以实现许多优化：首先，与经典的流和并行编程相比，CPU 启动成本降低，因为大部分的设置都是提前完成的；其次，任务图将整个工作流一次呈现给 MXMACA 编程模型，这使得 MXMACA 编程模型可以根据设备底层软硬件的工作原理自行优化，而经典的流和并行编程使用的是分段工作提交机制，可能无法实现类似的优化。

例如，当把一个核函数放入流中时，主机驱动程序执行一系列操作，为该核函数在 GPU 上的执行做准备。这些操作是设置和启动核函数任务所必需的，是一项开销成本。对于执行时间较短的核函数任务来说，此开销成本可能是整个端到端执行时间的重要组成部分，正如图 9-2 所演示的那样。

当然，这种编程方式也有其局限性，即牺牲了一定的灵活性。如果事先不知道整个工作流，那么 GPU 执行必须被中断，才能返回 CPU 作出决定。这可能会对一些需要动态调整或无法提前预测工作流的应用场景造成影响。

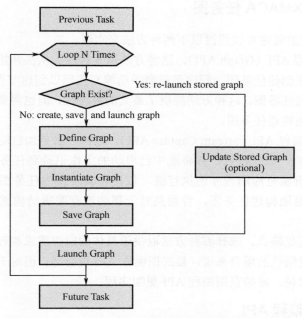

图 9-3　MXMACA 程序任务图的多次更新和重复启用

9.3　图编程 API

9.3.1　MXMACA 任务图的结构

在 MXMACA 任务图的结构中，每个工作任务都被定义成节点（Node），两个节点之间的依赖关系是边（Edge），这些依赖关系约束操作的执行顺序。换言之，在 MXMACA 任务图的设计中，任务被划分为一系列的节点，节点之间的依赖关系通过边来定义，这些边共同确定任务执行的顺序。当任务图中某个节点的所有依赖节点均已完成执行，该节点便可以被调度执行，但具体的执行时间和方式完全取决于 MXMACA 驱动软件的调度决策。

9.3.2　任务图的图节点类型

MXMACA 任务图的图节点可以是以下类型中的任意一种：GPU 核函数（GPU Kernel）节点、CPU 函数调用（CPU Function Call）节点、内存复制（Memory Copy）节点、内存赋值（Memset）节点、空任务（Empty）节点、等待事件（Waiting on An Event）节点、记录事件（Recording An Event）节点、发出外部信号（Signaling An External Semaphore）节点、等待外部信号（Waiting on An External Semaphore）节点、子任务图（Child Graph:To Execute A Separate Nested Graph）节点。图 9-4 所示是一个包含子任务图的任务图，任务图中的 Y 是一个子任务图节点，Y 任务图里有 A、B、C、D 四个节点，C 节点需要等A 和 B 完成后才能开始。

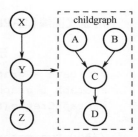

图 9-4　包含子任务图的任务图

9.3.3　创建 MXMACA 任务图

MXMACA 任务图的创建可以通过以下两种方法来实现。

● 使用显式图编程 API（Graph API）。这种方法需要程序员从头开始构建图，通过定义图中的节点和边来创建任务图。程序员需要手动编写代码以创建节点、设置依赖关系等，从而构建完整的任务图。这种方法提供了最大的灵活性，但也需要更大的编程工作量和知识量来正确地构建任务图。

● 使用流捕获图编程 API（Stream Capture API）。这种方法更加自动化，它允许程序员将应用程序代码的一部分打包，并将流中已启动的工作记录到任务图中。这种方法通常用于捕获和分析现有应用程序的执行流，以便将其转换为任务图。通过这种方式，程序员可以更容易地构建任务图，特别是对于那些没有明确结构或难以手动建模的应用程序。

以上两种方法各有优缺点，选择哪种方法取决于具体的应用需求和程序员的编程能力。对于需要高度定制化和灵活性的场景来说，显式图编程 API 更合适；而对于需要快速构建和分析现有应用程序的场景来说，流捕获图编程 API 更加实用。

9.3.4　显式图编程 API

以计算任务 VectorAdd 为例来进行说明，其任务图如图 9-5 所示。

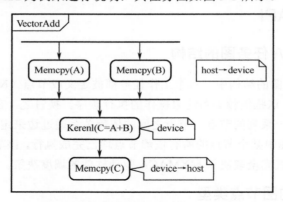

图 9-5　计算任务 VectorAdd 的任务图

用显式图编程 API 创建 VectorAdd 任务图的示例代码见示例代码 9-1。

示例代码 9-1　用显式图编程 API 创建 VectorAdd 任务图

```
//Create a graph with graph API - it starts out empty
mcGraph_t graph;
mcGraphCreate(&graph, 0);

//Add two memory copy nodes into the graph
mcGraphAddMemcpyNode1D(&a, graph, NULL, 0, &nodeParams);
mcGraphAddMemcpyNode1D(&b, graph, NULL, 0, &nodeParams);

//Add one kernel node into the graph
mcGraphAddKernelNode(&c, graph, NULL, 0, &nodeParams);
```

```
//Add one memory copy node into the graph
mcGraphAddMemcpyNode1D(&d, graph, NULL, 0, &nodeParams);

//Now set up dependencies on each node
mcGraphAddDependencies(graph, &a, &c, 1);      //A->C
mcGraphAddDependencies(graph, &b, &c, 1);      //B->C
mcGraphAddDependencies(graph, &c, &d, 1);      //C->D
```

9.3.5 流捕获图编程 API

流捕获图编程 API 提供了从现有基于流的 API 创建任务图的机制。这种机制通过将工作启动到流中的代码进行捕获，并将这些代码转换为任务图。具体来说，程序员可以将需要捕获的代码段用函数 mcStreamBeginCapture 和 mcStreamEndCapture 的调用括起来。在这两个函数调用之间的所有操作都将被视为任务图的一部分。通过这种方式，流捕获图编程 API 能够自动地将基于流的代码转换为任务图，而不需要程序员手动创建每个节点和边。用流捕获图编程 API 创建 VectorAdd 任务图的示例代码见示例代码 9-2。

示例代码 9-2 用流捕获图编程 API 创建 VectorAdd 任务图

```
//Create a graph with Stream Capture API
mcGraph_t graph;
mcStreamBeginCapture(stream, mcStreamCaptureModeGlobal);

mcMemcpyAsync(device_A, host_A, size, stream);
mcMemcpyAsync(device_B, host_B, size, stream);
vectorAdd<<< ..., stream >>>( device_A, device_B, device_C...);
mcMemcpyAsync(host_C, device_C, size, stream);

mcStreamEndCapture(stream, &graph);
```

调用函数 mcStreamBeginCapture 将流置于捕获模式。捕获流时，启动到流中的工作不会排队等待执行，而是将其附加到正在逐步构建的一个待捕获的任务图中，然后通过调用函数 mcStreamEndCapture 返回此任务图，从而结束了该流的捕获模式。通过流捕获主动构造的任务图被称为捕获任务图。

流捕获可用于除 mcStreamLegacy 类型的流（也被称为 NULL 流）之外的任何流，它可以在 mcStreamPerThread 类型的流上使用。mcStreamLegacy 类型的流是一个特殊的流，用于兼容旧的 MXMACA API。对于 mcStreamPerThread 类型的流，MXMACA 驱动程序会为每个线程创建一个独立的执行上下文。这意味着每个线程都有自己的核函数队列和执行状态，且互不干扰。如果应用程序在 NULL 流（stream 0，默认空流）上进行流捕获，MXMACA 驱动程序则可以将NULL 流重新定义为 mcStreamPerThread 类型的流，而不进行任何功能更改。如果应用程序代码不确定当前的状态是否正在捕获流，可以使用函数 mcStreamIsCapturing 进行查询。

针对计算任务 VectorAdd，示例代码 9-1 和示例代码 9-2 给出的两种用图编程 API 创建任务图的流程如图 9-6 所示，可以对比加深理解。

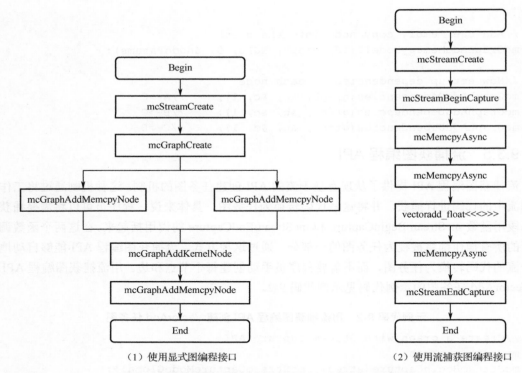

图 9-6　两种用图编程 API 创建 VectorAdd 任务图的流程

1. 定义跨流的依赖关系

MXMACA 图编程可以通过流捕获和事件处理机制，允许程序员在多个流之间定义复杂的依赖关系，从而构建高效的任务图。这种机制提供了一种灵活的方式来管理和优化并行任务的执行。让我们来详细了解 MXMACA 图编程中的流捕获和事件处理机制。

● 流捕获与跨流依赖关系。在 MXMACA 图编程中，流捕获用于将现有的基于流的代码转换为任务图。然而，有时候需要在不同的流之间定义依赖关系，这被称为跨流依赖。为了处理这种依赖关系，MXMACA 事件程提供了函数 mcEventRecord 和 mcStreamWaitEvent。

● 事件记录与捕获。当在处于捕获模式的流中使用函数 mcEventRecord 记录一个事件时，该事件将被视为捕获任务图中的一个节点。这些事件表示一组相关的操作或任务。

● 等待事件与流模式切换。当一个流使用函数 mcStreamWaitEvent 等待一个被捕获的事件时，如果该流尚未处于捕获模式，MXMACA 驱动程序会自动将其配置为捕获模式。这意味着该流中的下一个操作或任务将与被捕获的事件中的节点具有额外的依赖关系。这样，两个流就被捕获到同一个捕获任务图中了。

● 结束捕获与流模式重置。当存在跨流的依赖关系时，必须确保在调用函数 mcStreamBeginCapture 的同一个流中调用函数 mcStreamEndCapture。这是因为基于事件的依赖关系要求所有参与捕获的流最终都连接到原始流。在调用函数 mcStreamEndCapture 时，所有被捕获到同一捕获任务图中的流都会被移出捕获模式。

以如图 9-7 所示为例，有一个计算任务序列，其中任务 A 和任务 B 必须在任务 X 完成后才能启动，任务 C 需要在任务 A 和任务 B 完成后才能执行，而任务 Y 须在任务 C 完成后才能开始。为了高效地执行这些依赖性任务，我们可以采用以下步骤。

- 利用 MXMACA 提供的流管理函数和事件管理函数编写任务 X、任务 A、任务 B、任务 C 和任务 Y 的应用代码。
- 将编写好的代码段置于函数 mcStreamBeginCapture 和 mcStreamEndCapture 的调用之间，以此开始和结束流捕获过程。
- 通过流捕获，可以构建一个捕获任务图，该图将自动包含各个任务之间的依赖关系。
- 一旦捕获了捕获任务图，可以生成一个可执行图，其包含所有必要的执行参数和依赖关系。
- 最后，可以通过启动可执行图来在设备上执行整个任务序列，这通常比逐个启动任务更高效。

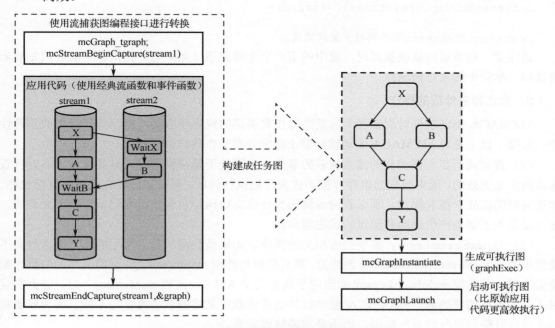

图 9-7　使用流捕获图编程 API 捕获的任务图

通过这种方式，我们能够利用更新的 **MXMACA** 图编程管理来优化任务的执行流程，减少 CPU 到 GPU 的提交开销，并可能实现更高层次的硬件优化。使用流捕获图编程 API 把存在跨流依赖关系的计算任务转换为任务图的完整代码，见示例代码 9-3。

示例代码 9-3　使用流捕获图编程 API 把存在跨流依赖关系的计算任务转换为任务图

```
//stream1是开启流捕获的原始流
mcGraph_t graph;
mcStreamBeginCapture(stream1);

kernel_X<<< ..., stream1 >>>(...);

//跳到stream2(Fork into stream2)
mcEventRecord(event1, stream1);
mcStreamWaitEvent(stream2, event1);

kernel_A<<< ..., stream1 >>>(...);
kernel_B<<< ..., stream2 >>>(...);
```

```
//从stream2跳回到stream1（原始流）
mcEventRecord(event2, stream2);
mcStreamWaitEvent(stream1, event2);

kernel_C<<< ..., stream1 >>>(...);

kernel_Y<<< ..., stream1 >>>(...);

//在原始流中停止流捕获
mcStreamEndCapture(stream1, &graph);
```

//stream1和stream2都不再处于捕获模式

请注意，当流退出捕获模式时，流中的下一个未捕获项（如果有）仍依赖于最近的先前未捕获项，尽管中间项已被删除。

2．禁止和未处理的操作

MXMACA 驱动软件对图编程中的某些操作有明确的规定和限制，以保持其行为的正确性和一致性。以下是对 MXMACA 驱动软件禁止或未处理操作的详细解释。

（1）查询或同步正在捕获的流或捕获的事件。当流处于捕获模式时，对其执行状态进行查询或同步是无效的，因为捕获的事件和流不代表计划执行的项，所以它们没有明确的执行状态。如果关联的流处于捕获模式，那么查询该流的执行状态或同步包含该流的句柄也是不允许的，这主要是为了避免产生混淆和错误的状态同步。

（2）与 mcStreamLegacy 类型的流相关的操作。如果捕获同一上下文中的流，且这些流不是使用类型 mcStreamNonBlocking 创建的，那么任何与类型 mcStreamLegacy 的流相关的操作都是无效的。当类型 mcStreamLegacy 的流用于执行同步 API（如函数 mcMemcpy）时，它会在返回之前同步被捕获的流。MXMACA 驱动软件会在依赖关系将捕获的内容与未捕获的内容连接起来并排队等待执行时返回错误，而不是忽略依赖关系。

（3）合并关联捕获任务图。在使用流捕获图编程 API 生成两个独立的捕获任务图后，不允许等待其中一个捕获任务图中的事件（该事件属于一个正在被捕获的流）并将其与另一个不同的捕获任务图关联。这样的规定是为了确保每个捕获任务图的结构完整性。同样地，如果不使用函数 mcEventWaitExternal 来指定一个外部事件，那么也不允许等待一个未被捕获的事件，这样做可以防止在事件管理及流状态控制上产生混淆。

（4）使用特定 API 与正在捕获的流。目前，MXMACA 驱动软件不支持将少量的异步操作排队到流中进行流捕获，例如函数 mcStreamAttachMemAsync。如果正在捕获的流调用这些不被支持的异步操作函数，那么 MXMACA 运行时库将会返回错误。这是为了确保流使用的正确性和操作的顺序性。

总的来说，这些规则和限制是为了确保 MXMACA 驱动软件的稳定性和正确性，防止出现不合理的操作和潜在的错误。在进行 MXMACA 图编程时，遵循这些规则是非常重要的。

3．无效操作

在流捕获期间尝试无效操作会导致任何关联的捕获任务图变得无效。这是为了确保捕获任务图的完整性和一致性。一旦捕获任务图无效，进一步使用正在捕获的流或与该捕获任务图相关联的捕获事件都会被认为是无效的，并且会返回错误。

当使用函数 mcStreamEndCapture 结束流捕获时，关联的流会退出捕获模式。然而，这个调用会返回一个错误值和空的捕获任务图。这是为了明确指示，捕获操作已经结束且捕获任务图是无效的。

9.3.6 将任务图实例化、加载到 GPU 并启动执行

任务图实例化和启动执行的过程如图 9-8 所示。其中，调用函数 mcGraphInstantiate，传入数据类型 mcGraph_t 的图句柄，就可以生成数据类型为 mcGraphExec_t 的可执行图（图中取名为 graphExec），然后，再调用函数 mcGraphLauch，传入数据类型 mcGraphExec_t 的可执行图（graphExec），就可以提交任务图，把它加载到 GPU，并启动执行该任务图。

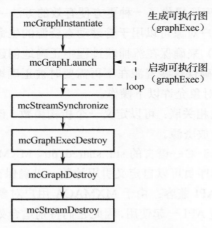

图 9-8　任务图实例化和启动执行的过程

任务图实例化和启动执行的图编程 API 示例见示例代码 9-4。

示例代码 9-4　任务图实例化和启动执行的图编程 API 示例

```
mcGraphExec_t graphExec;
mcGraphNode_t errorNode;
char logBuffer256] = {0};
mcGraphInstantiate(&graphExec, graph, &errorNode, logBuffer,
sizeof(logBuffer);
mcGraphLaunch(graphExec, stream);
mcStreamSynchronize(stream);
mcGraphExecDestroy(graphExec);
mcStreamDestroy(stream);
```

9.3.7　MXMACA 任务图的生命周期管理

当需要在 MXMACA 任务图中使用一些动态资源（如动态库或外部数据）时，须确保这些资源在整个 MXMACA 任务图的生命周期中都存在。但当动态资源相关的代码与用于管理 MXMACA 任务图的代码分布在不同的代码模块中时，确实会增加流捕获的复杂性。在这种情况下，流捕获不仅要跟踪 MXMACA 任务图的执行流程，还要确保正确地加载和使用动态资源。例如，如果动态库在流捕获过程中被动态加载，那么须在流捕获的上下文中正确地处理资源生

命周期，包括初始化和销毁。此外，如果资源的管理代码和应用代码分离，可能会导致流捕获过程中的同步问题。例如，如果资源在流捕获过程中被异步地创建和销毁，那么须确保在流捕获过程中正确地处理这些异步操作，以避免数据竞争或资源泄漏。

为了解决上述问题，我们可以采用以下策略。

- 资源封装：将资源的管理代码和应用代码封装在一个独立的模块中，以确保资源的生命周期与流捕获过程同步。
- 同步机制：在流捕获过程中使用适当的同步机制，如互斥锁或原子操作，以确保资源访问的正确性和一致性。
- 日志和调试：在流捕获过程中添加日志记录和调试信息，以便跟踪和诊断问题。
- 测试和验证：通过充分的测试和验证来确保流捕获过程的正确性和稳定性。

其实，MXMACA 运行时库还提供了一种更方便有效的方法——使用 MXMACA 用户对象（User Object）。MXMACA 用户对象可以用于管理动态资源的生命周期，通过对相关资源进行引用计数（Reference-counting）来确保在流捕获过程中正确地创建、使用和释放资源。通过使用 MXMACA 用户对象，可以确保这些资源在不再需要时被正确地释放，避免内存泄漏或无效的资源访问。MXMACA 用户对象允许以下操作。

- 将析构函数与资源释放相关联：可以定义一个析构函数，该析构函数在用户对象不再被引用时被调用，从而释放资源。
- 自定义引用计数：类似于 C++语言的 std::shared_ptr，MXMACA 用户对象允许程序员管理对象的生命周期，程序员可以自定义引用计数，以确保在正确的时间释放资源。
- 与 MXMACA 图编程 API 兼容：由于 MXMACA 用户对象可以与 MXMACA 显式图编程 API 和流捕获图编程 API 一起使用，因此它们特别适合处理一些在异步操作中使用的资源。

MXMACA 运行时库提供了以下这些 API，允许程序员对 MXMACA 用户对象进行引用计数，从而更好地控制资源的生命周期。

- 函数 mcUserObjectCreate：用于创建一个用户对象，在创建用户对象时，可以指定一个析构函数，在用户对象不再被引用时该析构函数将被调用，以释放相关的资源。
- 函数 mcUserObjectRetain：用于增加用户对象的引用计数，增加引用计数可以确保用户对象在不需要时不会被销毁，直到引用计数被明确地减少。
- 函数 mcUserObjectRelease：用于减少用户对象的引用计数，当其引用计数减少到 0 时，与该用户对象关联的析构函数将被调用，并释放相关的资源。
- 函数 mcGraphReleaseUserObject：用于减少数据类型为 mcGraphUserObject_t 的用户对象的引用计数，当其引用计数减少到 0 时，与该用户对象关联的析构函数将被调用，并释放相关的资源。
- 函数 mcGraphRetainUserObject：用于增加数据类型为 mcGraphUserObject_t 的用户对象的引用计数，增加其引用计数可以确保用户对象在不需要时不会被销毁，直到引用计数被明确地减少。

MXMACA 用户对象在任务图中的使用和管理见示例代码 9-5。函数 mcUserObjectCreate 提供了将程序员指定的析构函数回调与用于管理动态资源的内部引用计数相关联的机制。

- 创建用户对象后，可以将唯一的引用移动到 MXMACA 任务图中，当这个引用被关联到

MXMACA 任务图时，MXMACA 驱动软件会自动管理图的操作。

● 克隆的 MXMACA 任务图（数据类型为 cudaGraph_t）会保留源 MXMACA 任务图拥有的每个引用的副本。实例化的可执行图（数据类型为 cudaGraphExec_t）会保留源 MXMACA 任务图中每个引用的副本。当实例化的可执行图在未同步的情况下被销毁时，引用会被保留，直到执行完成。

示例代码 9-5　MXMACA 用户对象在任务图中的使用和管理

```
mcGraph_t graph; //MXMACA任务图（假设已经创建好）
Object *object = new Object; //任意C++对象
mcUserObject_t mcObject;
mcUserObjectCreate(
        &mcObject,
        Object, //这里为这个API提供了一个回调来删除C++对象指针
        1, //创建时初始引用计数为1
        mcUserObjectNoDestructorSync //确认MXMACA不需要析构函数同步
);
//将一个引用（调用函数mcUserObjectCreate）转移到MXMACA任务图
mcGraphRetainUserObject(
        graph,
        mcObject,
        1, //引用计数为1
        mcGraphUserObjectMove //转移调用方拥有的引用计数（不要修改引用总数）
);
//此线程不再拥有任何引用；无须调用函数mcUserObjectRelease进行释放
mcGraphExec_t graphExec;
//实例化graphExec，用户对象的引用计数加1
mcGraphInstantiate(&graphExec, graph, nullptr, nullptr, 0);
mcGraphDestroy(graph); //实例化graphExec，仍然拥有1个引用计数
mcGraphLaunch(graphExec, 0); //可执行图异步启动，可以访问用户对象
//graphExec has access while executing
//The execution is not synchronized yet, so the release may be deferred
//past the destroy call:
mcGraphExecDestroy(graphExec);//graphExec相关资源的释放可能推迟
mcStreamSynchronize(0); //完成同步后，引用计数减少到0，并执行析构函数
//如果析构函数回调已经发送了一个同步对象，那么在此刻等待它是安全的
//请注意，这是异步发生的
```

接下来讨论 MXMACA 任务图中子图节点和引用管理的细节。具体来说，子图节点中的任务图所拥有的引用是与子任务图相关联的，而不是与父任务图相关联的。这意味着当更新或删除子任务图时，相关的引用会被相应地更改。当需要更新可执行图或子任务图时，可以使用函数 mcGraphExecUpdate 或 mcGraphExecChildGraphNodeSetParams。这两个函数会克隆源任务图中的引用，并替换目标任务图中的引用。无论在哪种情况下，如果先前的可执行图启动不同步，那么任何将被释放的引用都会被保留，直到可执行图启动并完成执行。

以上这些细节对于正确地管理和同步 MXMACA 任务图中的资源来说非常重要。如果没有正确的管理，假如某个任务完成时间早于预期，就可能会引发不必要的计算。而利用用户对象，可以在需要时释放资源，避免了不必要的计算和内存使用。用户对象提供了一种方式，使程序员可以从析构代码中手动发出同步对象的信号。此外，从析构函数调用 MXMACA 运行时库提

供的 API 是不合法的,这是为了避免阻塞 MXMACA 内部共享线程,进而避免不必要的程序未定义行为或程序崩溃。

9.3.8　更新实例化图

第 9.2 节已经介绍过,MXMACA 任务图的工作提交分为三个不同的阶段:定义、实例化和执行。在 MXMACA 任务图工作流不变的情况下,定义和实例化的开销可以在多次执行中分摊,因此 MXMACA 图编程具有明显优于经典流编程的优势。

可执行图是 MXMACA 任务图工作流的快照,其包括核函数任务、任务参数和依赖项。MXMACA 程序任务图的多次更新和重复启用机制如图 9-3 所示。在 MXMACA 任务图工作流发生更改的情况下,若原来的 MXMACA 任务图过时,则必须对其进行修改。对 MXMACA 任务图结构的重大更改,如拓扑或节点类型的改变,须重新实例化源图,因为需要重新运用各种与拓扑相关的优化技术。

虽然重复实例化的成本可能会降低 MXMACA 任务图工作流所带来的整体性能收益,但在许多情况下,只是节点参数(如核函数参数和 mcMemcpy 地址)发生了变化,而图形拓扑保持不变。针对这种情况,MXMACA 运行时库提供了一种被称为"任务图更新"的轻量级机制,这种机制允许在不重建整个任务图的情况下,就地对某些节点参数进行修改。这比重新实例化要有效得多。

更新后的 MXMACA 任务图在被再次实例化为可执行图并加载到 GPU 后,会在下次启动时生效。这意味着任务图更新不会影响之前的 MXMACA 任务图的执行,即使在任务图更新时它们正在执行或在硬件队列中等待执行。此外,MXMACA 任务图可以多次更新和重新启动,因此,多个更新/启动可以在一个流上排队执行。这种机制使得 MXMACA 图编程能够灵活地处理大规模并行计算任务,提供高性能和高资源利用率。

在 MXMACA 运行时库中,任务图更新提供了两种更新实例化图参数的机制:任务图整体更新和单个节点更新。任务图整体更新允许程序员提供一个拓扑相同的数据类型 mcGraph_t,其节点包含更新的参数。单个节点更新则允许程序员显式更新单个节点的参数。当大量节点需要更新,或者调用方不知道任务图拓扑(例如库调用的流捕获所产生的图)时,使用任务图整体更新机制更为合适。而当更改的数量较少,且程序员拥有需要更新节点的句柄时,使用单个节点更新机制更为高效,这是因为,单个节点更新可以跳过对未更改节点的拓扑检查和比较。此外,MXMACA 运行时库还提供了一种机制,用于启用和禁用单个节点,而不影响其当前的参数。

下面将更详细地解释每种方法的特点和应用场景。

1.任务图整体更新

在 MXMACA 运行时库中,函数 mcGraphExecUpdate 用于将已实例化好的原始任务图通过参数更新生成另外一个拓扑相同的新任务图。然而,使用这个函数有以下这些限制。

- 新任务图的拓扑必须与用于实例化可执行图的原始任务图相同。这意味着新任务图中的节点和依赖关系必须与原始任务图一致。
- 将节点添加到原始任务图(或从原始任务图中移除)的顺序,必须与将节点添加到新任务图(或从新任务图中移除)的顺序匹配。这意味着在更新过程中,节点的添加和删除必须按照相同的顺序进行:在使用流捕获图编程 API 时,必须以相同的顺序捕获节点,以确保节点顺序的一致性；在使用显式图编程 API 时，必须按相同的顺序添加和/或删除所有节点，以确保更新操作的正确性。

使用流捕获图编程 API 更新实例化任务图的代码见示例代码 9-6。在实际应用中，根据具体的需求和场景，程序员可以选择合适的编程 API 和更新方式，以满足特定的性能和资源管理的需求。

示例代码 9-6　使用流捕获图编程 API 更新实例化任务图

```
mcGraphExec_t graphExec = NULL;

for (int i = 0; i < 10; i++) {
    mcGraph_t graph;
    mcGraphExecUpdateResult updateResult;
    mcGraphNode_t errorNode;

    //以流捕获图编程API创建任务图为例
    //（使用显式图编程API的方法类似）
    mcStreamBeginCapture(stream, mcStreamCaptureModeGlobal);

    //例如，调用一个用户基于经典流编程的工作任务提交
    do_MACA_work(stream);

    mcStreamEndCapture(stream, &graph);

    //如果该任务图已经实例化，直接更新
    //(避免再次实例化带来的额外开销)
    if (graphExec != NULL) {
        //如果任务图整体更新失败，errorNode将被设置为导致失败的节点
        //updateResult将被设置为相关的错误代码
        mcGraphExecUpdate(graphExec, graph, &errorNode, &updateResult);
    }

    //进行实例化
    if (graphExec == NULL || updateResult != mcGraphExecUpdateSuccess) {

        //如果前面的某次任务图整体更新失败，先销毁可执行图再重新实例化
        if (graphExec != NULL) {
            mcGraphExecDestroy(graphExec);
        }
        //将任务图实例化为可执行图（此处未使用错误节点和错误消息参数）
        mcGraphInstantiate(&graphExec, graph, NULL, NULL, 0);
    }

    mcGraphDestroy(graph);
    mcGraphLaunch(graphExec, stream);
    mcStreamSynchronize(stream);
}
```

典型的工作流程是，使用流捕获图编程 API 或显式图编程 API 创建初始的 MXMACA 任务图，再将任务图实例化为可执行图并正常启动执行。首次启动执行后，可以使用与初始任务图

相同的方法来创建新的任务图，并调用函数 mcGraphExecUpdate。

如果任务图更新成功（可以通过检查上述示例代码中的参数 updateResult 来确定），则启动任务图更新后的可执行图。如果任务图更新失败，将调用函数 mcGraphExecDestroy 和 mcGraphInstantiate 来销毁原始的可执行图并实例化一个新的可执行图。

这种工作流程允许程序员在程序运行时动态更新任务图，而无须重新创建整个任务图。这样可以提高性能和资源利用率，特别是在处理大规模并行计算任务时。通过正确地使用这些函数和 API，程序员可以灵活地管理和优化任务图的执行。

2．单个节点更新

可以直接更新实例化后的可执行图节点参数，这消除了实例化的开销以及创建新的任务图的开销。如果需要更新的节点数量比任务图中的节点总数少，则最好单独更新可执行图节点。MXMACA 运行时库针对更新节点的类型分别提供了相应的函数。

- 函数 mcGraphExecKernelNodeSetParams：用于设置核函数节点的参数，可以更新核函数的名称、线程网格尺寸、线程块尺寸及参数列表等。
- 函数 mcGraphExecMemcpyNodeSetParams：用于设置内存复制节点的参数，可以更新内存复制节点支持的相关参数。
- 函数 mcGraphExecMemsetNodeSetParams：用于设置内存赋值节点的参数，可以更新内存赋值节点支持的相关参数。
- 函数 mcGraphExecHostNodeSetParams：用于设置主机节点的参数，可以更新主机节点支持的相关参数。
- 函数 mcGraphExecChildGraphNodeSetParams：用于设置子任务图节点的参数，可以更新子任务图节点支持的相关参数。
- 函数 mcGraphExecEventRecordNodeSetEvent：用于设置等待事件节点的参数，可以更新等待事件节点支持的相关参数。
- 函数 mcGraphExecEventWaitNodeSetEvent：用于设置记录事件节点的参数，可以更新记录事件节点支持的相关参数。
- 函数 mcGraphExecExternalSemaphoresSignalNodeSetParams：用于设置发出外部信号节点的参数，可以更新发出外部信号节点支持的相关参数。
- 函数 mcGraphExecExternalSemaphoresWaitNodeSetParams：用于设置等待外部信号节点的参数，可以更新等待外部信号节点支持的相关参数。

3．启用或禁用节点

可以使用函数 mcGraphNodeSetEnabled 来启用或禁用实例化的可执行图中的核函数节点、内存复制节点和内存赋值节点。这使程序员能够灵活地根据需求在每次启动时自定义和调整图形的功能集。例如，程序员创建一个任务图，该任务图包含所需功能的超集，该超集可以针对每次可执行图的启动进行自定义。

当节点被禁用时，其在功能上相当于一个空节点，不会执行任何操作。节点参数的更新或使用函数 mcGraphExecUpdate 进行任务图整体更新，这些操作不受节点启用/禁用状态的影响。这意味着，无论节点的状态如何，参数的更改都会被保留，并在节点重新启用时生效。可以使用函数 mcGraphNodeGetEnabled 来查询节点的启用状态。

4．更新实例化图的限制

节点类型的更新限制主要涉及底层硬件的特性、优化和实现的细节。这些限制旨在确保图的一致性和正确性，同时保持对硬件的合理利用。更新实例化图的限制随节点类型的不同而有所差异。

- 对于核函数节点而言，最初未使用 MXMACA 动态并行的核函数节点无法被更新为使用 MXMACA 动态并行的核函数节点。
- 对于内存赋值节点和内存复制节点而言，主要有以下这些方面的限制：在 MXMACA 设备分配方面，一旦节点被分配到特定的 MXMACA 设备上，它们的设备分配就无法被更改；在源/目标内存设备一致性方面，在进行内存操作时，源内存和目标内存必须来自相同的 GPU，以确保数据传输的一致性和正确性；在一维节点限制方面，目前仅支持更新一维的内存赋值节点和内存复制节点；在内存类型和传输类型方面，节点的源内存和目标内存的类型（如 mcPitchedPtr、mcArray_t 等）及传输类型（如 mcMemcpyKind）在更新时是不可被更改的，以确保数据传输的一致性和正确性。
- 对于外部信号节点（发出外部信号节点和等待外部信号节点）而言，不支持更改信号量的数量。
- 对于主机节点和事件相关的节点（记录事件节点或等待事件节点）而言，没有更新限制。这些节点通常与主机代码相关，不受底层硬件细节的直接影响，因此它们的更新更为灵活。

9.3.9　图编程的调试 API

针对图编程，MXMACA 运行时库提供了一些快速方便的调试 API，以便有效地检查和调试 MXMACA 任务图。以下是一些可能用于获取任务图基本信息的调试 API 及其功能说明。

- 函数 mcGraphGetNodes：用于获取 MXMACA 任务图中的节点，其返回一个包含任务图中的所有节点的节点数组。
- 函数 mcGraphGetEdges：用于获取 MXMACA 任务图中的边，其返回一个包含任务图中的所有边的边数组。
- 函数 mcGraphHostNodeGetParams：用于获取 MXMACA 任务图中主机节点的参数。
- 函数 mcGraphKernelNodeGetParams：用于获取 MXMACA 任务图中核函数节点的参数。

此外，MXMACA 图编程调试 API 也可以通过创建整个 MXMACA 任务图的全面概述和 DOT 图（DOT 是一种图描述语言），来将复杂的程序任务图进行可视化展开和检查，使任务图的结构和关系更加直观。

MXMACA 运行时库提供的函数 mcGraphDebugDotPrint 是一个非常有用的工具，其能够构建任何未实例化图的详细视图，演示拓扑结构、节点几何结构、属性配置和参数值。应用程序调用函数 mcGraphDebugDotPrint 并给定一个 MXMACA 任务图作为输入，函数会输出一个 DOT 图。该 DOT 图的详细视图使程序员能更容易地识别配置问题和错误，并生成易于理解的错误报告，供其他人来分析和调试问题。

```
mcGraphDebugDotPrint(mcGraph_t hGraph, const char *path,
                     unsigned int flags);
```

例如，调用函数 mcGraphDebugDotPrint，将 vectorAdd 任务图作为输入，将输出调试信息和如图 9-9 所示的 DOT 图。

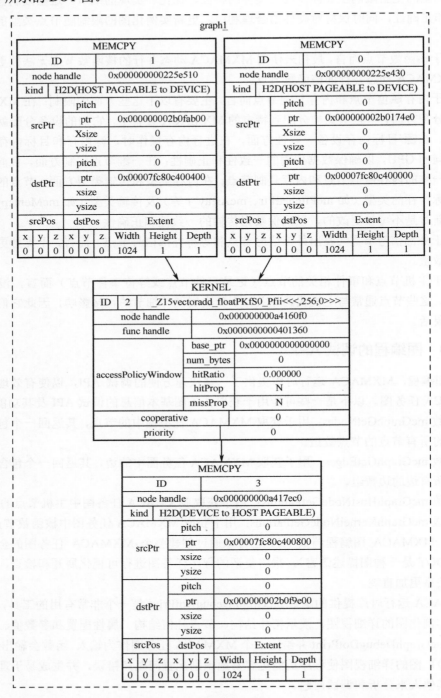

图 9-9 vectorAdd 任务图的 DOT 图

9.4 图编程加速

本节通过一个非常简单的示例来演示如何使用 MXMACA 图编程，并建议读者根据所学内容完成习题和思考。

9.4.1 实践示例

假设我们有一系列执行时间非常短的核函数，如下所示。

```
Loop over timesteps
    ...
    shortKernel1
    shortKernel2
    ...
    shortKernelN
    ...
```

而且，其中的每个核函数都像下面的代码片段这样简单。从内存中读取浮点数的输入数组，将每个元素乘以一个常数因子，然后将输出数组写回内存。该核函数单个执行所用的时间取决于数组的大小。

```
#define N 400000 //tuned until kernel takes a few microseconds

__global__ void shortKernel(float * out_d, float * in_d){
  int idx=blockIdx.x*blockDim.x+threadIdx.x;
  if(idx<N) out_d[idx]=1.23*in_d[idx];
}
```

在上面的例子中，当数组大小被设置为 40 万个元素时，核函数 shortKernel 的执行时间为几微秒。通过使用性能分析工具 mcTracer 对核函数 shortKernel 执行时间进行测量，我们发现在曦云系列 GPU 上运行该核函数（设置每个线程块包含 512 个线程）的耗时大约为 2.8μs。接下来，我们保持这个核函数不变，仅对其调用方式进行调整。

1. 顺序调用

首先使用最简单的顺序调用方式，见示例代码 9-7。

示例代码 9-7　顺序调用方式

```
#define NSTEP 2000
#define NKERNEL 20

//start CPU monitor timer
for(int istep=0; istep<NSTEP; istep++){
  for(int ikrnl=0; ikrnl<NKERNEL; ikrnl++){
    shortKernel<<<blocks, threads, 0, stream>>>(out_d, in_d);
    mcStreamSynchronize(stream);
  }
}
//end CPU monitor timer
```

在双层循环中，内层循环调用核函数 20 次，外层循环进行 2000 次迭代。在 CPU 中记录整个操作所花费的时间，然后用其除以 NSTEP×NKERNEL，得到每个核函数耗时约 9μs（包括启动核函数开销耗时），这要远高于 **3.9μs** 的纯核函数执行时间。

由于每次核函数启动后都调用了函数 mcStreamSynchronize，所以每个核函数在前一个核函数完成之前不会启动。这意味着与每次启动相关的任何开销都将被完全暴露：总时间将是核函数执行时间加上任何开销的总和。可以使用工具 mcTracer 直观地看到这一点，如图 9-10 所示。

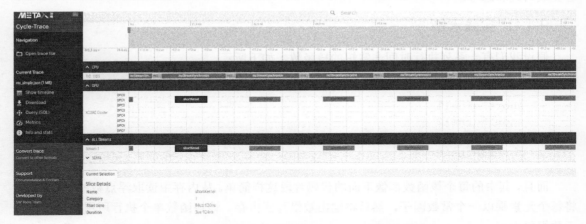

图 9-10　顺序调用方式的 mcTracer 跟踪测试结果

上图显示了 timeline 的一部分，其中包括连续 6 次核函数 shortKernel 的启动执行。在理想情况下，GPU 应保持忙碌的计算状态，但显然，实际情况并非如此。在 "XCORE CLUSTER" 部分可以看到，每个核函数执行之间都有很长的空隙时间，此时 GPU 处于空闲状态。

在 "TID:1025" 这一行，浅灰色块（函数 mcLaunchKernel）代表 CPU 调用核函数启动方法的耗时，灰色块（函数 mcStreamSynchronization）代表同步 GPU 所需的时间。CPU 对核函数启动方法的调用耗时加上核函数 shortKernel 启动本身的耗时就成为上面的空隙时间。

在这个时间尺度上，工具 mcTracer 本身会增加一些额外的启动开销，因此，为了准确地分析性能，应该使用基于 CPU 计时器。尽管如此，工具 mcTracer 在帮助我们理解代码行为方面仍然具有指导意义。

2. 堆叠计算

接下来，我们采用一个简单有效的优化方案，即采用堆叠计算方式，见示例代码 9-8。

示例代码 9-8　堆叠计算方式

```
//start monitor timer
for(int istep=0; istep<NSTEP; istep++){
  for(int ikrnl=0; ikrnl<NKERNEL; ikrnl++){
    shortKernel<<<blocks, threads, 0, stream>>>(out_d, in_d);
  }
  mcStreamSynchronize(stream);
}
//end monitor timer
```

在上面的代码中，核函数在同一个流中，它们仍将按顺序执行。现在，由于不需要每个核函数执行都进行同步（调用函数 mcStreamSynchronize），因此，在前一个核函数执行完成之前可以启动下一个核函数（核函数调用是异步的），从而可以将核函数启动开销隐藏在核函数执行时间内。此时，测量每个核函数所花费的时间（包括开销）约为 5.5μs。堆叠计算方式的 mcTracer 跟踪测试结果如图 9-11 所示，可以看到，灰色块（函数 mcStreamSynchronization）代表的同步时间已经基本没有了（只有进入外层循环时会产生），但不同的核函数执行之间还是存在一定的时间间隙。

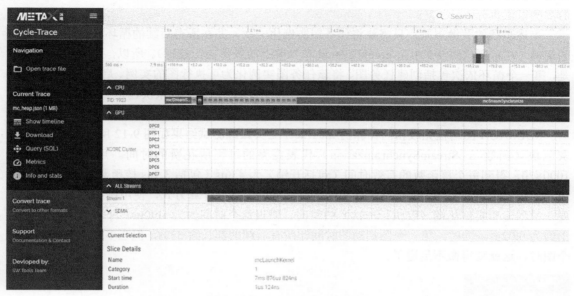

图 9-11　堆叠计算方式的 mcTracer 跟踪测试结果

3．使用 MXMACA 图编程

最后，我们再运用本章介绍的 MXMACA 图编程方式，看看是否可以进一步地加速。MXMACA 图编程方式的代码见示例代码 9-9。在代码中引入了两个新对象：mcGraph_t 类型的对象定义了任务图的结构和内容；mcGraphExec_t 类型的对象是一个任务图实例化后的可执行图，其能像单个核函数一样启动和执行。

示例代码 9-9　MXMACA 图编程方式

```
bool graphCreated=false;
mcGraph_t graph;
mcGraphExec_t instance;
for(int istep=0; istep<NSTEP; istep++){
  if(!graphCreated){
    mcStreamBeginCapture(stream, mcStreamCaptureModeGlobal);
    for(int ikrnl=0; ikrnl<NKERNEL; ikrnl++){
      shortKernel<<<blocks, threads, 0, stream>>>(out_d, in_d);
    }
    mcStreamEndCapture(stream, &graph);
    mcGraphInstantiate(&instance, graph, NULL, NULL, 0);
    graphCreated=true;
  }
  mcGraphLaunch(instance, stream);
  mcStreamSynchronize(stream);
}
```

首先，定义一个任务图，用函数 mcStreamBeginCapture 和 mcStreamEndCapture 来捕获流上所有的 GPU 核函数，并构建和生成这些核函数的任务图。然后，须调用函数 mcGraphInstantiate 把该任务图实例化为可执行图的实例，该函数调用创建并预初始化所有的核函数工作描述符，以便可执行图里的所有核函数都能尽快地重复启动。最后，调用函数 mcGraphLaunch 提交生成的实例以供执行。

上述步骤的关键点是，只需要将任务图实例化一次，并在所有后续的循环中重复使用相同的实例（在示例代码 9-9 中由 graphCreated 布尔值上的条件语句控制）。所以，实际的执行流程是，第一个循环依次包括创建任务图、将该任务图实例化为可执行图的实例、启动可执行图（包含 20 个核函数）、等待可执行图的任务执行完成四个步骤，剩余循环依次包括启动可执行图（包含 20 个核函数）、等待可执行图的任务执行完成两个步骤。

MXMACA 图编程完成相同计算的 mcTracer 工具跟踪测试结果如图 9-12 所示。可以看到，灰色块（函数 mcStreamSynchronization）代表完整的过程所花费的时间。用这个时间除以 1000×20，得到每个核函数的有效时间（包括开销）为 4.8μs（包括 3.9μs 核函数执行时间），这成功地进一步降低了开销。请注意，相比于顺序调用或堆叠计算方式，使用图编程 API 额外需要一次创建和实例化图（仅执行一次）的时间，假设这个时间约为 400μs，平摊到每个核函数上约为 0.02μs。同时，第一个图启动的时间比所有后续的都长约 33%，但当多次重复使用同一个图时，这就变得微不足道了。

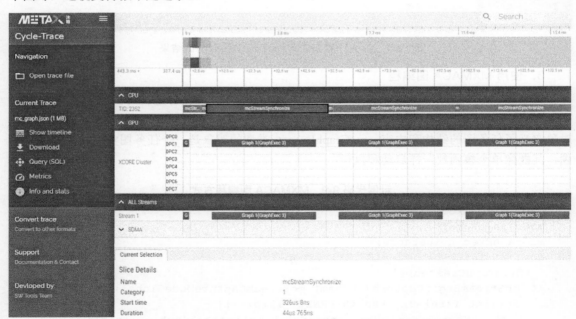

图 9-12　MXMACA 图编程完成相同计算的 mcTracer 工具跟踪测试结果

从上述案例可以看到 MXMACA 图编程对程序效率的提升效果，尽管其中的大部分开销已经通过重叠的核函数启动和执行来隐藏了。对于更复杂的计算逻辑，MXMACA 图编程提供了更大的优化提升空间。同时，MXMACA 任务图还支持多个流间的融合，其不仅可以包括核函数执行，还可以包括在主机 CPU 上的函数执行、内存复制、内存赋值等。此外，MXMACA 任务图还可以跨越多个 GPU。

9.4.2　习题和思考

尝试用 MXMACA 图编程 API 实现如图 9-13 所示的任务图。

改用 MXMACA 流，利用并行执行（主要是内存复制之间的并行，以及内存复制和核函数执行的并行、核函数之间的执行并行）API 实现如图 9-13 所示的任务图。

将以上两种编程方式的运行结果和性能进行比较，并对比单次和多次重复启动的性能差异。

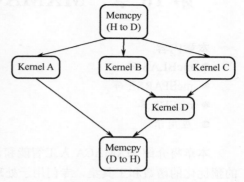

图 9-13　任务图习题

第 10 章　MXMACA 人工智能和计算加速库

本章内容

- mcBLAS 库
- mcSPARSE 库
- mcFFT 库
- 应用示例

- mcDNN 库
- mcSOLVER 库
- 其他加速库

本章将介绍 MXMACA 人工智能和计算加速库（简称加速库），这是一套为 GPU 量身定制的预优化的函数和工具集，专门用于处理各种计算密集型任务。这些任务包括但不限于线性代数运算、傅里叶变换和随机数生成等。这些加速库特别适用于由一组函数组成的函数库，主要面向深度学习、科学计算、大数据分析等领域。

程序员可以很方便地使用这些加速库来加速任务，而不用从头开始编写相关的 MXMACA 核函数，这有助于节省开发成本和缩短产品开发周期。这些加速库都是由沐曦相关领域的专家精心打造的，采用 MXMACA C/C++ 语言开发，并专门在沐曦的 GPU 设备上进行了调优，具有稳定、高效和易用的特性。一些常见的加速库如下。

- mcBLAS 库：基础线性代数程序集（Basic Linear Algebra Subprograms，BLAS）的 MXMACA 实现版本。
- mcDNN 库：深度神经网络算子库。
- mcSPARSE 库：用于处理稀疏矩阵的基本线性代数库。
- mcSOLVER 库：用于稀疏和稠密矩阵分解及线性方程求解的库。
- mcFFT 库：用于计算快速傅里叶变换的库。

接下来，我们将深入讲解这些加速库，并特别以 mcBLAS 和 mcDNN 库为例介绍如何在应用程序中使用这类加速库。

10.1　mcBLAS 库

BLAS 是一个应用程序接口（API）标准，其为各厂商发布的基础线性代数计算库提供规范。BLAS 最初发布于 1979 年，最初的程序语言为 Fortran。根据功能的不同，BLAS 提供了三个级别的例行程序：Level1（向量—向量运算）、Level2（矩阵—向量运算）、Level3（矩阵—矩阵运算）。BLAS 被广泛应用于高性能计算领域，是事实上的行业标准。基于 BLAS 的实现库是很多大型数值计算软件、机器学习框架的重要依赖组件，例如 LAPACK、MATLAB、NumPy、Pytorch 等，这些大型软件底层都使用了 BLAS 库。

BLAS 归属于科学计算软件仓库 Netlib。Netlib 还发布了两个官方 BLAS 参考实现库 Netlib BLAS 和 Netlib CBLAS，前者是用 Fortran77 语言实现的，后者是用 C 语言实现的。当前的 BLAS 实现库非常多，例如由中国科学院软件研究所发起的 openBLAS 和针对 Intel 处理器深度优化的 oneMKL，这两个库主要针对 CPU 平台做了大量的性能优化。

mcBLAS 库是一个针对沐曦 GPU 所设计的 BLAS 库，它运行在 MXMACA 环境下，提供了 C/C++语言形式的 API。mcBLAS 库充分利用了沐曦 GPU 的硬件特性来达到最大的并行计算性能。除了兼容 BLAS 经典 API，mcBLAS 库还提供了一些辅助和扩展 API，为程序员提供便利。

10.1.1 数据排布

为了最大程度地兼容现有的 Fortran BLAS 程序，mcBLAS 库使用了与 Fortran BLAS 相同的列主序（Column-major Order）数据排布方式。与列主序对应的是行主序（Row-major Order）。它们描述了二维数组或矩阵在一维内存中的不同存储顺序。图 10-1 展示了两种方式的差异，图中的折线描述了矩阵元素在内存中的存储顺序。在行主序方式中，每行的连续元素在内存中彼此相邻，因此，左边矩阵元素在内存中的存储顺序为 $[a_{11}, a_{12}, a_{13}, a_{21}, a_{22}, a_{23}, a_{31}, a_{32}, a_{33}]$。同理，右边矩阵元素在内存中的存储顺序为 $[a_{11}, a_{21}, a_{31}, a_{12}, a_{22}, a_{32}, a_{13}, a_{23}, a_{33}]$。程序员需要关注输入矩阵的数据排布，要符合列主序方式的要求，否则会产生错误的计算结果。

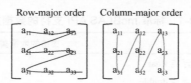

图 10-1　行主序和列主序示意图

10.1.2 mcBLAS API 介绍

mcBLAS 库的 API 主要分为 5 类：Level-1 Functions、Level-2 Functions、Level-3 Functions、BLAS-like Extension Functions 和 Helper Functions。

Level-1 Functions 是实现 BLAS Level-1 例程的函数集合。该集合用于执行向量与向量、向量与标量之间的运算。例如 mcblas<t>axpy()这组 API，其用于执行向量之间的加法运算 $y' = \alpha x + y$，其中，α 是标量，x、y 和 y' 是向量。<t>表示包含多种数据类型的 API，axpy 包含 mcblasSaxpy、mcblasDaxpy、mcblasCaxpy、mcblasZaxpy 四个 API，其分别对应单精度浮点实数、双精度浮点实数、单精度浮点复数、双精度浮点复数四种数据类型场景。

Level-2 Functions 是实现 BLAS Level-2 例程的函数集合。该集合用于执行矩阵与向量之间的运算。例如 mcblas<t>gemv()这组 API，其用于执行通用的矩阵向量乘法运算 $y' = \alpha Ax + \beta y$，其中，α 和 β 是标量，A 是矩阵，x、y 和 y' 是向量。<t>表示数据类型，该组 API 同样包含 S、D、C 和 Z 四种数据类型。

Level-3 Functions 是实现 BLAS Level-3 例程的函数集合。该集合用于执行矩阵与矩阵之间的运算。例如，mcblas<t>gemm()这组 API 用于执行通用的矩阵与矩阵乘法运算 $C' = \alpha AB + \beta C$，其中，α 和 β 是标量，A、B、C 和 C' 均为矩阵。GEMM（GEneral Matrix Multiplication）运算是线性代数的基本操作，广泛应用于科学计算、机器学习、图形处理等领域。以机器学习为例，无论是经典的卷积神经网络，还是当前热门的 Transformer 网络，它们的训练和推理过程都涉及大量的 GEMM 操作。由于 GEMM 的重要性，它的算法效率直接决定了上层应用的性能，因此，对 GEMM 的性能优化一直是学术界和工业界讨论的热点。mcBLAS 库为 GEMM 的优化做了大量的工作，使其能够发挥最佳的 GPU 算力。除了 GEMM，BLAS Level-3 还包含 SYMM、TRMM、

SYRK 等例程，读者可自行了解这些例程的具体含义。

BLAS-Like Extension Functions 是非标准 BLAS 函数的集成。该组集合用于执行一些矩阵与矩阵之间的运算，是在 Level-3 Functions 的基础上封装而成的扩展 API，其作用是提升程序使用的便利性和提供更丰富的功能。

Helper Functions 是一些辅助函数。由于 mcBLAS 库的 API 内部并不会分配设备端或主机端内存空间，因此需要程序员自行分配并传入。另一方面，mcBLAS 库的 API 在 GPU 上是异步执行的，程序员需要自行保证时序并从 GPU 取回计算结果。辅助函数就是被用来帮助程序员完成这些任务的，它可以通过同步或异步的方法在设备端或主机端之间复制向量或矩阵。除了内存复制，辅助函数还提供诸如句柄的创建与销毁、设置日志打印等级和回调函数、设置和查询当前的 stream ID 等功能。辅助函数的实现是基于 MXMACA 运行时库的，它们能为 mcBLAS 库程序员在程序初始化、前处理、后处理等阶段提供便利。

对于 Level-1、Level-2、Level-3 这三类 mcBLAS 函数而言，单个 API 所有的输入数据（包括标量、向量和矩阵）的数据类型都是一致的，见表 10-1。

表 10-1　标准 mcBLAS API 支持的数据类型

mcBLAS API 类别	支持的数据类型
Level-1 Functions	单精度浮点 float
	双精度浮点 double
	单精度浮点复数 complex（除了 rotg 和 rotgm）
	双精度浮点 double complex（除了 rotg 和 rotgm）
Level-2 Functions	单精度浮点 float（除了 hermitian 相关的 API）
	双精度浮点 double（除了 hermitian 相关的 API）
	单精度浮点复数 complex（除了 symmetric 相关的 API）
	双精度浮点 double complex（除了 symmetric 相关的 API）
	IEEE 754 标准的 float16（仅支持 gemv 相关的 API）
Level-3 Functions	单精度浮点 float（除了 gemm3m 和 hermitian 相关的 API）
	双精度浮点 double（除了 gemm3m 和 hermitian 相关的 API）
	单精度浮点复数 complex
	双精度浮点 double complex
	IEEE 754 标准的 float16（仅支持 gemm 相关的 API）

除了上述 float、double、complex、double complex 和 float16 等数据类型，BLAS-Like Extension Functions 还支持 int8、uint8、int8 complex、bfloat16 等数据类型。BLAS-Like Extension Functions 还支持输入和计算时的数据类型不一致的情况（例如，输入的数据类型是 float16，计算时的是 float），其数据类型支持情况比较复杂，具体请参考 mcBLAS 库用户手册。

使用 batch API 无疑是 mcBLAS 库程序员充分利用 GPU 加速性能的最佳选择。这些 API 可以对批量输入的数据进行处理，且相比单个输入的情况，时延几乎没有增加。mcBLAS 库支持 batched 和 strided batched 两种批量模式，这两种模式的 API 在输入参数上有一定的区别。目前，Level-2 Functions 中的 GEMV，Level-3 Functions 中的 GEMM、TRSM，以及 BLAS-Like Extension Functions 中的一些 API，都支持一种或两种批量模式。以 GEMM 为例，常规的 API 是 mcblas<t>gemm()，而 batch 版本则是 mcblas<t>gemmBatched() 和 mcblas<t>gemmStrideBatched()。

10.2 mcDNN 库

MXMACA Deep Neural Network（mcDNN）库是基于 MXMACA 的深度神经网络加速计算库。其提供常用的深度学习算子（包括前向和反向），如 convolutional、matmul、pooling、batch normalization、fully connected、softmax 等。在提供高性能的同时，mcDNN 库还在降低显存开销方面进行了大量的优化。此外，mcDNN 库还可支持多线程及多流。

mcDNN 库提供了一套完备且易用的 API。现有的机器学习和深度学习框架可以很方便地集成 mcDNN 库。借助沐曦 GPU 强大的算力和 mcDNN 库优异的性能，这些框架可以大大提升模型训练的效率并减少模型推理的时延。

10.2.1 数据格式和类型

在 mcDNN 库中，图片、视频等任何形式的数据都是以多维张量的形式被存储的。张量（Tensor）通常被用来描述具有任意数量轴的 N 维数组。例如，向量是一阶张量，矩阵是二阶张量，RGB 三通道的图片可以用三阶张量来描述，视频或批量图片可以用四阶张量来描述。不同维度张量的存储方式也不尽相同。在计算机视觉模型中，常用的张量是批量图片，N、C、H、W 分别表示批量、通道数、高度、宽度。根据四个维度的顺序不同，形成了以下几种常见的格式：NCHW、NHWC 和 CHWN。

我们以 N=1、C=3、H=5、W=5 的 RGB 图像为例来说明每种格式对应的内存排布形式。图 10-2 展示了每个维度上数值的排布情况。

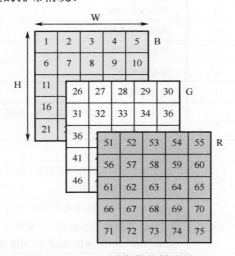

图 10-2　RGB 图像数值排布情况

以 NCHW 和 NHWC 格式来存储数据时，两者在内存中的排布如图 10-3 所示。

图 10-3　NCHW 与 NHWC 格式的内存排布

数据在内存中实际上是以一维向量的形式存储的。NCHW 采用行优先的存储方式，即 H=0 的行存储完毕后，紧接着存储 H=1 的行，如此循环。NHWC 采用通道优先的存储方式，即每个通道上 H=0、W=0 位置的元素按通道顺序存储完毕后，再开始存储 H=0、W=1 位置的元素，以此类推。

除了四阶张量，mcDNN 库还支持五阶张量，其用来表示批量的三维图片或视频序列等类型的数据。常见五阶张量的格式有 NCDHW、NDHWC 和 CDHWN。这里的 D 对于图片而言表示深度信息，对于视频序列而言表示序列信息。五阶张量在内存中的存储方式与四阶张量类似，这里不再多做介绍。

mcDNN 库提供数据格式转换 API mcdnnTransformTensor，用于在实际应用场景中自由变换张量的数据格式。例如，深度神经网络的输出格式是 NHWC，但为了后续计算方便，需要将其转换成更易于理解和处理的格式 NCHW。

为了提升深度神经网络的计算性能，float16、int8 等数据类型相继被使用。mcDNN 库支持完备的数据类型，参见表 10-2。针对不同的场景，程序员可以自由选择合适的数据类型。MCDNN_DATA_DOUBLE 的精度最高，但会带来显存开销增大的问题。MCDNN_DATA_HALF 以牺牲少量的精度来换取更好的性能及更低的显存开销。MCDNN_DATA_INT8 的每个数据只占 8 位，内存使用更少，且在沐曦 GPU 硬件的特定支持下，能获得最高的计算性能。

表 10-2 mcDNN 库支持的数据类型

数 据 类 型	位　数	说　　明
MCDNN_DATA_FLOAT	32	单精度浮点数
MCDNN_DATA_DOUBLE	64	双精度浮点数
MCDNN_DATA_HALF	16	半精度浮点数
MCDNN_DATA_INT8	8	带符号整数
MCDNN_DATA_INT32	32	带符号整数
MCDNN_DATA_INT8x4	32	包含 4 个 8 位带符号整数的数，仅用于支持 MCDNN_TENSOR_NCHW_VECT_C 数据格式的张量
MCDNN_DATA_UINT8	8	无符号整数
MCDNN_DATA_UINT8x4	32	包含 4 个 8 位无符号整数的数，仅用于支持 MCDNN_TENSOR_NCHW_VECT_C 数据格式的张量
MCDNN_DATA_INT8x32	256	包含 32 个 8 位带符号整数的数，仅用于支持 MCDNN_TENSOR_NCHW_VECT_C 数据格式的张量，且适用于 MCDNN_CONVOLUTION_FWD_ALGO_IMPLICIT_PRECOMP_GEMM 算法的卷积运算
MCDNN_DATA_BFLOAT16	16	16 位浮点数，包含 7 位尾数位、8 位指数位、1 位符号位
MCDNN_DATA_INT64	64	64 位带符号整数
MCDNN_DATA_BOOLEAN	1	Bool 型，该数据类型需要是"连续的"，1 字节包含 8 个 MCDNN_TYPE_BOOLEAN 数据。如 00110011，其中的 0 和 1 分别表示 false 和 true

10.2.2　卷积神经网络

卷积神经网络（Convolutional Neural Network，CNN）被广泛应用于计算机视觉等领域。随着 CNN 的不断发展，网络层数不断加深，虽然研究人员在极力简化网络的复杂度，减少网络的计算量，但是卷积运算本身的计算开销不容忽视。针对卷积运算的特性，mcDNN 库通过使用 GEMM、FFT 等算法，对卷积算子进行优化，从而提升 CNN 的计算性能。

mcDNN 库提供了多个卷积运算相关的 API，如计算卷积前向推理的 mcdnnConvolutionForward、计算权重反向传播的 mcdnnConvolutionBackwardFilter 和计算偏置反向传播的 mcdnnConvolutionBackwardBias 等。以 mcdnnConvolutionForward 为例，该函数的功能是实现前向卷积运算，其函数声明如下。

```
mcdnnStatus_t mcdnnConvolutionForward(
    mcdnnHandle_t handle,
    const void *alpha,
    const mcdnnTensorDescriptor_t xDesc,
    const void *x,
    const mcdnnFilterDescriptor_t wDesc,
    const void *w,
    const mcdnnConvolutionDescriptor_t convDesc,
    mcdnnConvolutionFwdAlgo_t algo,
    void *workSpace,
    size_t workSpaceSizeInBytes,
    const void *beta,
    const mcdnnTensorDescriptor_t yDesc,
    void *y);
```

以下详细解释上述代码片段中各个参数的含义：handle 是传入的句柄；alpha 是缩放因子，beta 是偏置项；x、w、y 分别代表输入特征图、权重和输出张量的设备端内存地址；xDesc、wDesc、yDesc 分别表示这三个张量的描述信息，包括张量的尺寸、数据格式和数据类型等；algo 用于指定卷积运算使用的算法（常用 algo 参数见表 10-3）；convDesc 是卷积描述符，它包含卷积模式、数据类型和分组卷积等信息。

表 10-3　卷积运算 API 常用 algo 参数

运　算　类　别	algo 参数	说　　明
通用矩阵乘法（GEMM）：通过显式或隐式的方式将张量转换成矩阵，使用矩阵乘法来完成卷积运算	MCDNN_CONVOLUTION_FWD_ALGO_GEMM	显式地将输入数据转换成矩阵，并需要申请一块额外的内存来用于存储
	MCDNN_CONVOLUTION_FWD_ALGO_IMPLICIT_GEMM	不需要显式地将输入数据转换成矩阵
	MCDNN_CONVOLUTION_FWD_ALGO_IMPLICIT_PRECOMP_GEMM	该算法虽然也不需要显式地将输入数据转换成矩阵，但是需要申请一块较小的内存空间用来存储将输入隐式转换成矩阵的过程中需要的一些位置索引
快速傅里叶变换（FFT）：将待运算的矩阵通过 FFT 变换成频域，在频域完成运算后再通过 IFFT 反变换回时域。这使得整体的卷积运算的时间复杂度从 GEMM 计算的 $O(N^2)$ 降到 $O(N\log_2 N)$，性能有所提升，使用的内存空间也更大*	MCDNN_CONVOLUTION_FWD_ALGO_FFT	使用 FFT 算法完成卷积运算的同时，需要额外申请一块内存用来存储上述运算过程中的一些中间结果
	MCDNN_CONVOLUTION_FWD_ALGO_FFT_TILING	需要将输入划分成多个相同大小的 tile，此时所需要的保存中间结果的内存空间会减少，尤其是针对尺寸较大的输入。而且，多个 tile 可以完成多线程的并行，提升性能

运 算 类 别	algo 参数	说 明
Winograd 算法：一种针对卷积运算中出现的重复计算进行优化的一种算法。当卷积核在特征图上滑动时，如果步长小于卷积核的大小，会出现一些重复的元素的运算。Winograd 算法则是通过规律性总结重新组合数据的运算方式，减少乘法运算的次数，以提升性能	MCDNN_CONVOLUTION_FWD_ALGO_WINOGRAD	使用 Winograd 算法完成卷积运算，需要一块相对较小的内存空间来存储中间结果
	MCDNN_CONVOLUTION_FWD_ALGO_WINOGRAD_NONFUSED	该算法中用来存储中间结果的内存空间相对较大

*注：在计算机科学中通常使用大 O 符号表示算法的时间复杂度，时间复杂度用于衡量算法的运行快慢，N 表示输入数据的长度。

参数 convDesc 中设定的卷积模式包含数学意义上的卷积模式 MCDNN_CONVOLUTION 和互相关模式 MCDNN_CROSS_CORRELATION。数学意义上的卷积模式需要先对卷积核进行转置，然后再进行点积运算。在互相关模式中，卷积核每个元素与对应位置的输入元素进行点积运算。在深度学习中通常使用互相关模式。

参数 convDesc 还可以设定是否使用分组卷积。分组卷积是把输入的 Feature Map 和卷积核分成若干组，在每个组内进行卷积运算。和标准卷积相比，分组卷积的计算量会大大减少。二者的区别如图 10-4 所示。

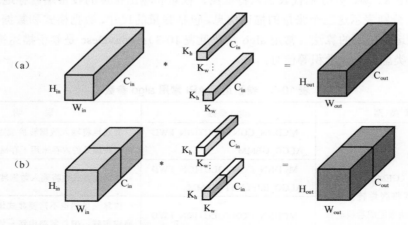

图 10-4　标准卷积和分组卷积的区别：（a）标准卷积；（b）分组卷积

前面讨论的都是针对四阶张量的二维卷积，如果要处理五阶张量，就需要用到三维卷积，如图 10-5 所示。五阶张量比四阶张量多了一维深度通道，这个深度通道可以是视频上的连续帧，也可以是立体图像中的不同切片。此时，卷积核也是三维的，这也意味着原始卷积核滑动窗口的运动方向也变成了三维的，多了在深度通道的滑动。

如需进行三维卷积前向计算，使用的 API 依然是 mcdnnConvolutionForward。只是在调用该 API 前设置描述符与常规的二维卷积调用 API 不同。二维卷积和三维卷积 API 输入参数的区别见表 10-4。在三维卷积中依然可以选择不同的卷积模式和数据类型。

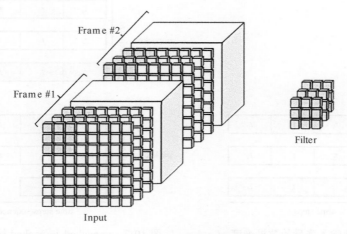

Frame #2

Frame #1

Input

Filter

图 10-5　三维卷积

表 10-4　二维卷积和三维卷积 API 输入参数的区别

输 入 参 数	二 维 卷 积	三 维 卷 积
xDesc/yDesc	mcdnnSetTensor4dDescriptor()/mcdnnSetTensor4dDescriptorEx()	mcdnnSetTensorNdDescriptor()/mcdnnSetTensorNdDescriptorEx()
wDesc	mcdnnSetFilter4dDescriptor()	mcdnnSetFilterNdDescriptor()
convDesc	mcdnnSetConvolution2dDescriptor()	mcdnnSetConvolutionNdDescriptor()

10.2.3　循环神经网络

循环神经网络（Recurrent neural network，RNN）作为深度学习的另一个重要分支，广泛应用于自然语言处理、机器翻译、内容生成等领域。RNN 的主要函数有计算 RNN 网络前向传播的 mcdnnRNNForward、计算 RNN 网络数据反向梯度传播的 mcdnnRNNBackwardData 和计算 RNN 网络权重反向梯度传播的 mcdnnRNNBackwardWeights。RNN 函数的使用方式和卷积函数较为一致，需要设置 RNN 描述信息和张量描述信息。

RNN 描述信息通过函数 mcdnnSetRNNDescriptor 来设置，包括 RNN 算法、RNNMode、dataType 等信息。RNNMode 包括 RNN_RELU（使用 RELU 激活函数）、RNN_TANH（使用 TANH 激活函数）、LSTM 和 GRU 四种。

张量描述信息通过函数 mcdnnSetRNNDataDescriptor 来设置，包括数据类型、数据格式、批量大小等。以输入张量为例，它是时间序列，属于三维张量，包括 time steps（sequence length）、batch size 和 input size 三个维度，如图 10-6 所示。

mcDNN 库支持的 RNN 数据格式主要有 unpacked sequence-major、packed sequence-major 和 unpacked batch-major 三种，它们的区别主要是在内存中的排布顺序不同。通常用 L、N、H 代表 squence length、batch size、input size 三个维度的缩写。sequence-major 是指第一维是 L，数据格式为 LNH；batch-major 是指第一维是 N，数据格式为 NLH。每个 batch 的序列长度的是 unpacked 格式，不同的是 packed 格式，二者的区别如图 10-7 所示。packed sequence-major 格式对每个 batch 的长度有限制，sequence length 需要在 batch 维度按降序排序。

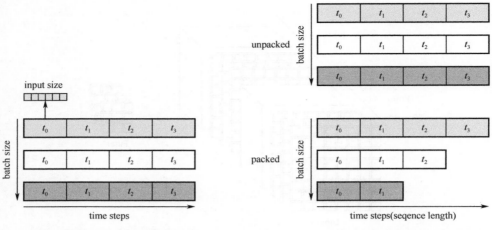

图 10-6　RNN 输入张量的数据维度　　　　图 10-7　unpacked 与 packed 格式的区别

10.3　mcSPARSE 库

稀疏矩阵在机器学习、航空航天、气象、EDA 等众多领域有着广泛的应用。稀疏矩阵是零元素数量远多于非零元素数量的矩阵。相反，若非零元素数量占大多数，则称该矩阵为稠密矩阵。mcSPARSE 库是基于 MXMACA 的稀疏矩阵线性代数库，包含多种通用的稀疏矩阵线性代数函数。相比于基于 CPU 的稀疏矩阵求解程序，mcSPARSE 库可以大大缩短求解的时间。mcSPARSE 库支持一系列的矩阵和向量线性代数运算，mcSPARSE 库函数列表见表 10-5。与同样支持矩阵和向量运算的 mcBLAS 库不同，mcSPARSE 库涉及的矩阵包括稠密矩阵和稀疏矩阵两种，而 mcBLAS 库只针对稠密矩阵。当有稀疏矩阵相关的操作时，可以调用 mcSPARSE 库中相应的 API 来完成相应的稀疏矩阵线性代数运算。

表 10-5　mcSPARSE 库函数列表

类　型	函 数 名	描　述
Level1	axpyi	$y' = \alpha x + y$
	doti	$z = y^{\mathrm{T}} x$，实数向量点积
	dotci	$z = y^{\mathrm{H}} x$，复数向量点积
	gthr	基于向量 z 中的索引，将向量 y 中对应的数据赋给向量 x
	gthrz	基于向量 z 中的索引，将向量 y 中对应的数据赋给向量 x 并抹零
	roti	对向量 x、y 进行 Givens 旋转
	sctr	基于向量 z 中的索引，将稀疏向量 x 中对应的数据分散至稠密向量 y
Level2	spmv	$y' = \alpha \mathrm{op}(A)x + \beta y$，$A$ 为稀疏矩阵，x、y 为稠密向量
	spsv	求解稀疏三角线性方程组 $\mathrm{op}(A) \cdot y = \alpha x$
	gemvi	$y' = \alpha \mathrm{op}(A)x + \beta y$，$A$ 为稠密矩阵，x 为稀疏向量，y 为稠密向量
Level3	spmm	$C' = \alpha \mathrm{op}(A)\mathrm{op}(B) + \beta C$，$A$ 为稀疏矩阵，B、C 为稠密矩阵
	spsm	求解稀疏三角线性系统 $\mathrm{op}(A)C = \alpha \mathrm{op}(B)$
	gemmi	$C' = \alpha AB + \beta C$，B 为稀疏矩阵，A、C 为稠密矩阵

类　型	函　数　名	描述
Level3	sddmm	$C' = \alpha(\text{op}(A) \cdot \text{op}(B)) \circ \text{spy}(C) + \beta C$，$C$ 为稀疏矩阵，A、B 为稠密矩阵，" $\circ$ " 表示矩阵逐元素相乘，spy(C) 代表 C 矩阵的稀疏特性
Extra	spgemm	$D = \alpha\text{op}(A)\text{op}(B) + \beta C$，$A$、$B$、$C$ 为稀疏矩阵
	spgeam	$C = \alpha A + \beta B$，A、B 为稀疏矩阵
Preconditioner	iLU0	不完全 LU 分解，$A \approx LU$
	iC0	不完全 Cholesky 分解，$A \approx LL^H$
	gtsv	求解三对角线性系统 $AX = B$，A 为三对角矩阵
	gpsv	求解五对角线性系统 $AX = B$，A 为五对角矩阵

注：op 为矩阵函数，包括非转置、转置及共轭转置运算三种。

10.3.1　稀疏矩阵存储格式

对于稀疏矩阵来说，采用稠密矩阵的存储方式既浪费存储资源，又会在计算过程中对零元素进行大量的无效操作。因此，在实际应用中，采用稀疏矩阵专用的数据存储格式可以大大提升稀疏矩阵的计算效率。mcSPARSE 库支持的常见稀疏矩阵存储格式有坐标稀疏矩阵存储格式（COO）、压缩稀疏行存储格式（CSR）和压缩稀疏列存储格式（CSC）。

COO 使用三元组来表示矩阵中每个非零元素的行坐标索引、列坐标索引以及数值，具体的格式示例如图 10-8 所示（行、列坐标从 0 开始计数）。第 0 行有 2 和 7 两个非零元素，其对应 values 数组的前两个元素（它们的行坐标都是 0），对应 row indices 数组的前两个 0 元素（列坐标分别是 0 和 1），分别对应 column indices 数组的第 0 和第 1 两个位置的元素 0 和 1。第 1 行有 1 和 8 两个非零元素，其对应 values 数组的第 2 和第 3 两个位置的 1 和 8（它们的行坐标都是 1），对应 row indices 数组的第 2 和第 3 两个位置的元素 1（列坐标分别是 1 和 2），分别对应 column indices 数组的第 2 和第 3 两个位置的 1 和 2。其他行依次类推。这种存储方式简单易懂，每个三元组可以自己定位，不需要解码。

$$A = \begin{bmatrix} 2 & 7 & 0 & 0 \\ 0 & 1 & 8 & 0 \\ 5 & 0 & 6 & 9 \\ 0 & 3 & 0 & 4 \end{bmatrix}$$

row indices=[0, 0, 1, 1, 2, 2, 2, 3, 3]
column indices=[0, 1, 1, 2, 0, 2, 3, 1, 3]
values=[2, 7, 1, 8, 5, 6, 9, 3, 4]

图 10-8　COO 格式示例

COO 格式有个明显的缺点，即 row_indices 数组存储了大量重复的行坐标，这在矩阵规模较大时将浪费存储空间。与 COO 相比，CSR 同样存储了非零元素的列坐标索引和数值，所不同的是该格式不再存储行坐标索引，而是将同一行的所有非零元素作为一个偏移量存储在行偏移数组中。CSR 格式示例如图 10-9 所示。row_offsets 数组描述稀疏矩阵每行的非零元素在 values 和 column_indices 两个数组里的起止索引。这个起止索引对是左闭右开区间，例如，第一组 row_offsets 数对[0,2)表示 column_indices 和 values 数组里第 0 位置和第 1 位置的两个元素位于 A 矩阵的第 0 行，第二组 row_offsets 数对[2,4)表示 column_indices 和 values 数组里第 2 位置和第 3 位置的两个元素位于 A 矩阵的第 1 行，第三组 row_offsets 数对[4,7)表示 column_indices 和

values 数组里第 4 位置、第 5 位置和第 6 位置的三个元素位于 A 矩阵的第 2 行，依次类推。row_offsets 数组定位了非零元素所处的行坐标，column_indices 定位了列坐标，二者结合起来完整地描述了稀疏矩阵非零元素的行列坐标。row_offsets 数组元素的个数总是比矩阵的行数多 1。

$$A = \begin{bmatrix} 2 & 7 & 0 & 0 \\ 0 & 1 & 8 & 0 \\ 5 & 0 & 6 & 9 \\ 0 & 3 & 0 & 4 \end{bmatrix}$$

row offsets=[0, 2, 4, 7, 9]
column indices=[0, 1, 1, 2, 0, 2, 3, 1, 3]
values=[2, 7, 1, 8, 5, 6, 9, 3, 4]

图 10-9　CSR 格式示例

CSC 与 CSR 类似，CSC 格式示例如图 10-10 所示。二者唯一的区别是，CSR 按行优先的方式遍历原矩阵，而 CSC 是按列优先的方式遍历矩阵。

$$A = \begin{bmatrix} 2 & 7 & 0 & 0 \\ 0 & 1 & 8 & 0 \\ 5 & 0 & 6 & 9 \\ 0 & 3 & 0 & 4 \end{bmatrix}$$

row indices=[0, 2, 0, 1, 3, 1, 2, 2, 3]
column offsets=[0, 2, 5, 7, 9]
values=[2, 5, 7, 1, 3, 8, 6, 9, 4]

图 10-10　CSC 格式示例

10.3.2　mcSPARSE 库的工作流程

编写 mcSPARSE 库应用程序，通常要遵循以下工作流程。

（1）使用函数 mcMalloc 分配设备内存，用于存储稠密和 CSR 格式的输入矩阵和向量，并使用函数 mcMemcpy 从主机端传入对应的数据。

（2）使用 mcspCreate 系列 API 创建 mcSparse handle 和其他 API 所需的结构。

（3）（可选）调用格式转换 API 进行格式转换。

（4）（可选）调用函数 buffersize 查询需要分配的设备内存大小。

（5）（可选）使用函数 mcMalloc 分配设备内存，或创建 API 所需的其他资源。

（6）调用稀疏矩阵线性代数运算 API 进行计算。

（7）使用函数 mcMemcpy 取回设备内存的计算结果。

（8）使用函数 mcFree 和 mcspDestroy 系列 API 释放 mcSPARSE 库所申请的资源。

10.4　mcSOLVER 库

稠密矩阵代数运算在科学计算、人工智能、数字孪生、量子科技等众多领域都有着广泛的应用。mcSOLVER 库是稠密矩阵线性代数方程组的求解函数库。相比于 CPU 版本的应用程序，使用基于 MXMACA 的 mcSOLVER 库的应用程序将获得显著的性能提升。

mcSOLVER 库所支持的求解函数主要分为两类：一类是与线性代数方程组直接求解相关的函数，包括矩阵的 LU 分解、Cholesky 分解等；另一类是与矩阵特征值求解相关的函数，包括 SVD 分解等。mcSOLVER 库支持的一系列线性代数函数见表 10-6。mcSOLVER 库的底层库是 mcBLAS 库，因此，在程序运行过程中 mcSOLVER 库会调用 mcBLAS 库的 API。

表 10-6　mcSOLVER 库支持的一系列线性代数函数

类　型	函 数 名	描　　　述
Dense Linear Solver	potrf	求解 $n×n$ 阶实对称正定矩阵或 Hermitian 矩阵 A 的 Cholesky 分解，$A=LL^H$
	potrs	求解 $n×n$ 阶实对称正定矩阵或 Hermitian 矩阵 A 的线性方程组，$AX=B$
	potri	使用 Cholesky 因子分解计算 $n×n$ 阶实对称正定矩阵或 Hermitian 矩阵 A 的逆
	getrf	求解 $m×n$ 阶矩阵 A 的 LU 分解，$PA=LU$
	getrs	使用 LU 分解求解线性方程组，op$(A)X=B$，A 为 getrf 求解得到的 $n×n$ 阶 LU 分解矩阵
	gesv	快速求解 $m×n$ 阶矩阵 A 的线性方程组（低精度），$AX=B$
	geqrf	求解 $m×n$ 阶矩阵的 QR 分解，$A=QR$
	ormqr	QR 分解后矩阵 Q 与其他矩阵的乘法，$C'=$op$(Q)C$ 或 $C'=C$op(Q)
	orgqr	QR 分解后生成矩阵 Q
	sytrf	求解对称矩阵的 Bunch-Kaufman 分解
Dense Eigenvalue Solver	gebrd	通过正交变换将 $m×n$ 阶矩阵 A 简化为上（下）双对角矩阵，$Q^H AP=B$
	orgbr	生成由 gebrd 确定的共轭矩阵 Q 或 P^H
	sytrd	通过正交变换将 $n×n$ 阶对称矩阵或 Hermitian 矩阵 A 简化为对称三对角矩阵，$Q^H AQ=T$
	ormtr	通过 sytrd 计算得到的矩阵 Q 重新生成矩阵，$C'=$op$(Q)C$ 或 $C'=C$op(Q)
	orgtr	生成复数矩阵的共轭矩阵
	gesvd	求解 $m×n$ 阶矩阵 A 的奇异值分解（SVD），生成左/右奇异向量
	syevd	求解实对称矩阵的特征值和特征向量
	sygvd	求解实对称矩阵对（A，B）的特征值和特征向量
	syevj	求解复数对称矩阵的特征值和特征向量
	sygvj	求解复数对称矩阵对（A，B）的特征值和特征向量

10.4.1　mcSOLVER 库的工作流程

使用 mcSOLVER 程序，通常需要遵循如下的工作流程。

（1）使用函数 mcMalloc 分配设备内存，用于存储输入矩阵和向量，并从主机端传入对应的数据。

（2）使用 mcsolverCreate 或 mcblasCreate 系列 API，创建 mcsolver handle 和其他 API 所需的数据结构。

（3）（可选）调用函数 buffersize 查询需要分配的辅助设备内存的大小。

（4）（可选）使用函数 mcMalloc 分配辅助设备内存，或创建 API 所需的其他资源。

（5）调用 mcSOLVER 库运算 API 进行计算。

（6）使用函数 mcMemcpy 取回设备内存的计算结果。

（7）使用函数 mcFree、mcblasDestroy 或 mcsolverDestroy 系列 API 释放 MACA、mcBLAS 库和 mcSOLVER 库所申请的资源。

10.4.2　相关注意事项

在使用 mcSOLVER 库时，为了防止出现不必要的错误，需要注意以下关键点。

首先，程序员需要保证输入的矩阵和向量的数据类型是正确且与对应的 API 相匹配的。对于矩阵数据，mcSOLVER 库默认的内存排布方式是列主序方式，程序员在 C++ 程序中需要按正确的方式排布数据，并设置正确的主维度（Leading Dimension）数值，否则可能出现计算错误。

其次，mcSOLVER 库中的索引值都是 int 型，当数组较大时可能会出现数值溢出的问题。

最后，mcSOLVER 库的 API 可能是异步返回的，这便于程序员利用异步机制提升整体性能（查询完整的 API Reference 可得知具体的异步 API）。这意味着当函数返回时，如果未同步就进行下一步操作，有可能会造成预料之外的结果。在前述的工作流程中，计算结束后使用函数 mcMemcpy 将结果传回主机端，这个步骤会自动进行同步，因此不会出现问题。但如果采用其他的方式，如使用函数 mcMemcpyAsync，那么在使用该结果之前，程序员需要正确地进行同步以保证结果的正确性。

10.5 mcFFT 库

MXMACA Fast Fourier Transform（mcFFT）库是基于 MXMACA 实现的快速傅里叶变换（Fast Fourier Transform，FFT）库。mcFFT 库具有如下特性：支持单精度和双精度浮点数据类型；支持一维、二维和三维变换；支持实数与复数的 FFT；支持任意数据长度的计算，并对能够表示为 2、3、5 和 7 的幂组合进行优化；支持 in-place 和 out-of-place 转换；支持批量处理；对于所有的输入规模来说，mcFFT 库的算法复杂性均为 $O(N \log_2 N)$。

10.5.1 快速傅里叶变换

在信号处理中，离散傅里叶变换（Discrete Fourier Transform，DFT）可以将信号从时域转换到频域，逆 DFT 则相反。DFT 是对一个 N 点有限长序列 $x(n)$ 的运算，该序列 $x(n)$ 可被看作是对一个有限周期连续函数 $f(x)$ 的采样。$x(n)$ 的 DFT 也同样是一个 N 点序列，记为 $X(k)$。$x(n)$ 的正变换用式（10-1）表示，反变换用式（10-2）表示。

$$X(k) = \text{DFT}[x(n)] = \sum_{n=0}^{N-1} x(n) W_N^{nk} \ (k = 0,1,\cdots,N-1) \tag{10-1}$$

$$x(n) = \text{IDFT}[X(k)] = \frac{1}{N} \sum_{k=0}^{N-1} X(k) W_N^{-nk} \ (n = 0,1,\cdots,N-1) \tag{10-2}$$

其中，$X(k)$、$x(n)$ 和 W_N^{nk} 都是复数。W_N^{nk} 被称为旋转因子（Twiddle Factor），是一个周期函数，$W_N^{nk} = \text{e}^{-\text{i}\frac{2\pi}{N}nk}$，其还可以表示成

$$W_N^{nk} = \cos\left(\frac{2\pi nk}{N}\right) - \text{i}\sin\left(\frac{2\pi nk}{N}\right) \tag{10-3}$$

式（10-1）和式（10-2）的差别在于，旋转因子 W_N^{nk} 的指数符号不同，且二者差一个常数因子 $1/N$。二者的运算量是完全相同的。

DFT 运算量和 N^2 的大小成正比，当 N 很大时，运算量非常大。因此，减少 DFT 运算量至关重要。仔细观察式（10-1）可以看到，DFT 运算包含大量的重复运算，而旋转因子是一个周期函数，它的周期性和对称性可被用来改进运算，提高计算效率。

W_N^{nk} 的对称性为

$$(W_N^{nk})^* = W_N^{-nk} \tag{10-4}$$

W_N^{nk} 的周期性为

$$W_N^{nk} = W_N^{(n+N)k} = W_N^{n(k+N)} \tag{10-5}$$

可得到如下的结果

$$W_N^0 = \mathrm{e}^{-\mathrm{i}\frac{2\pi}{N}0} = 1 \tag{10-6}$$

$$W_N^{\frac{N}{2}} = -1 \tag{10-7}$$

$$W_N^{\left(\frac{N}{2}+k\right)} = W_N^{\frac{N}{2}} W_N^k = -W_N^k \tag{10-8}$$

利用这些特性，将 DFT 的计算分成若干步进行，能大大提高计算效率。FFT 是 DFT 高效、快速的计算方法的统称，可将运算复杂度从 $O(N^2)$ 降到 $O(N\log_2 N)$。FFT 是一个高度并行的分治算法，适合在 GPU 上实现。

mcFFT 库使用 Stockham 算法，它是 Cooley-Tukey 算法的变形，其去掉了位反转排列，有利于优化访存的性能。mcFFT 库实现了以下构建块：基 2、基 3、基 5 和基 7。因此，当变换大小可被分解为 $2^a \times 3^b \times 5^c \times 7^d$（$a$、$b$、$c$、$d$ 为非负整数）时，其性能在 mcFFT 库中能被优化。针对其他素数 m 的基 m 构建块（$m<128$），当其长度不能被分解为 2～127 的素数幂的倍数时，可以使用 Bluestein 算法。

10.5.2　mcFFT 库的工作流程

mcFFT 库支持使用计划（plan）来进行配置。使用计划的好处是可以根据输入数据的大小预先配置内存和计算资源，使处理器在运算时能达到最佳的性能。当配置好计划后，运行函数 execution 便开始了真正的 FFT 运算过程。

下面是一个代码片段，用于计算 BATCH 块大小为 NX 的一维 DFT。

```
#define NX 256
#define BATCH 10
#define RANK 1
...
mcfftHandle plan;
mcfftComplex *data;
...
mcMalloc((void**)&data, sizeof(mcfftComplex)*NX*BATCH);
mcfftPlanMany(
&plan, RANK, NX, &iembed, istride, idist, &oembed, ostride, odist, MCFFT_C2C,
BATCH);
...
mcfftExecC2C(plan, data, data, MCFFT_FORWARD);
mcDeviceSynchronize();
...
mcfftDestroy(plan);
mcFree(data);
```

在以上代码片段中，首先，使用以下函数中的一个来创建计划：mcfftPlan1D（创建一维变换计划）、mcfftPlan2D（创建二维变换计划）、mcfftPlan3D（创建三维变换计划）、mcfftPlanMany（创建支持批量输入和跨步数据布局的计划）、mcfftXtMakePlanMany（创建支持批量输入、跨步数据布局和任意数据类型的计划）。其中，mcfftPlanMany 允许使用更复杂的数据布局和批量执行。执行特定大小和类型的转换可能需要几个处理阶段。生成变换计划后，mcFFT 库将导出需要采取的内部步骤。这些步骤可能包括多个核函数启动、内存复制等。此外，所有的中间缓冲区分配（在 CPU/GPU 内存上）都在计划中进行。当计划被销毁时，这些缓冲区将被释放。

然后，调用执行函数，如 mcfftExecC2C，该函数将使用计划中定义的规范执行转换。

通过提供不同的输入和输出指针，可以创建 mcFFT 计划并对不同的数据集执行多个变换。一旦不再需要计划，应调用函数 mcfftDestroy 释放为计划分配的资源。

对任何 mcFFT 函数的第一个程序调用都会导致 mcFFT 核函数的初始化。如果 GPU 上没有足够的可用内存，这可能会失败。建议先初始化 mcFFT 核函数（如通过创建计划），再分配内存。

10.5.3　FFT 变换类型

mcFFT 库实现了三种不同类型的傅里叶变换：C2C（复数到复数）、C2R（复数到实数）、R2C（实数到复数）。本质上，这三种转换都可以看作是复数域到复数域的变换，这样划分最主要的考量因素是性能因素。例如，在一般的数字信号处理中，输入数据是一些离散的实数域上的采样点，这时对它们做傅里叶变换实际上就是 R2C，根据 Hermitian 对称性（Hermitian Symmetry），变换后，$X_k = X_{N-k}^*$（*代表共轭复数）。mcFFT 库的傅里叶变换类型则利用了这些冗余，将计算量降到最低。FFT 变换 API 见表 10-7，每种变换 API 都提供了单精度浮点和双精度浮点两个版本。

表 10-7　FFT 变换 API

FFT 变换类型	单精度浮点 API	双精度浮点 API
C2C 傅里叶变换	mcfftExecC2C	mcfftExecZ2Z
R2C 傅里叶变换（正向傅里叶变换）	mcfftExecR2C	mcfftExecD2Z
C2R 傅里叶变换（逆向傅里叶变换）	mcfftExecC2R	mcfftExecZ2D

10.5.4　数据类型和数据布局

mcFFT 库包含若干种数据类型，针对复数有 mcfftComplex 和 mcfftDoubleComplex 两种数据类型，针对实数有 mcfftReal 和 mcfftDouble 两种数据类型。

根据转换结果的存储位置不同，FFT 变换可被分为 in-place 和 out-of-place 两种模式：前者直接在输入数据上进行变换，后者则会将变换后的结果存入新的存储器地址。in-place 模式支持两种数据布局，分别是 native 和 padded。在 padded 布局中输出信号的开始地址与输入信号一样，换句话说，R2C 变换的输入数据和 C2R 变换的输出数据必须被填充。在 native 布局中则没有填充要求。

一维 FFT 输入与输出信息见表 10-8，表中的 x 表示输入数据元素的个数。

表 10-8　一维 FFT 输入与输出信息

FFT 变换类型	输入数据尺寸	输入数据类型	输出数据尺寸	输出数据类型
C2C	x	mcfftComplex	x	mcfftComplex
C2R	$x/2+1$	mcfftComplex	x	mcfftReal
R2C	x	mcfftReal	$x/2+1$	mcfftComplex

对于 C2C 变换而言，可通过在函数 cufftExecC2C、cufftExecZ2Z 中指定方向参数为
CUFFT_FORWARD（CUFFT_INVERSE）来选择正向变换（反向变换）。R2C 变换是隐式的正
向变换，C2R 变换则是隐式的反向变换。

10.5.5　多维变换

可以将一维 DFT 推广到多维，mcFFT 库目前支持一维、二维和三维变换。以二维变换为
例，输入是一个二维数组 $x(n_1, n_2)$，维数分别为 (N_1, N_2)，将一维变量转为二维变量，就可以得
到二维正向变换公式［式（10-9）］和反向变换公式［式（10-10）］。

$$X(k_1, k_2) = \mathrm{DFT}[x(n_1, n_2)] = \sum_{n_1=0}^{N_1-1} \sum_{n_2=0}^{N_2-1} x(n_1, n_2) \mathrm{e}^{-\mathrm{i}2\pi\left(\frac{k_1 n_1}{N_1} + \frac{k_2 n_2}{N_2}\right)} \tag{10-9}$$

$$x(n_1, n_2) = \mathrm{IDFT}[X(k_1, k_2)] = \frac{1}{N_1 N_2} \sum_{k_1=0}^{N_1-1} \sum_{k_2=0}^{N_2-1} X(k_1, k_2) \mathrm{e}^{\mathrm{i}2\pi\left(\frac{k_1 n_1}{N_1} + \frac{k_2 n_2}{N_2}\right)} \tag{10-10}$$

根据输入大小和数据类型的不同，mcFFT 库可以分别使用函数 mcfftMakePlan1d、
mcfftMakePlan2d、mcfftMakePlan3d，或者直接使用 mcfftMakePlanMany，来配置一维、二维和
三维变换。

10.6　其他加速库

10.6.1　Thrust 库

Thrust 库是一个基于标准模板库（STL）的 C++模板库，它利用 MXMACA 并行计算能力
为 STL 提供加速。它提供了许多与 STL 同名的 API，程序员只需要像使用 STL 一样进行调用，
就能方便地对数据进行运算和操作。

Thrust 库不是传统意义上的函数库，其所有的内容都被包含
在头文件中，没有单独的动态库或静态库文件。在使用时，只需
包含需要的头文件即可。Thrust 库总体结构图如图 10-11 所示，
Thrust 库可被划分为三大部分：算法（Algorithms）、容器
（Containers）和花式迭代器（Fancy Iterators）。

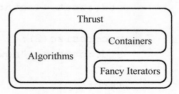

图 10-11　Thrust 库总体结构图

Thrust 库提供了大量的通用并行算法，其主要的 API 类型包
括复制（Copying）、合并（Merge）、前缀求和（Prefix Sum）、规约（Reduction）、再排序（Reordering）、
查找（Searching）、集合操作（Set Operation）、排序（Sorting）、转换（Transformation）。

Thrusty 库的 API 都在 thrust 命名空间中，它们在功能上与 STL 中的同名 API 相同，只是
实现方式有所不同。例如，Thrusty 库的 thrust::sort 和 C++ STL 的 std::sort，二者都可以对容器
中的元素进行排序，前者主要是在 GPU 上进行操作，会启动多个线程，在多个线程块上使用并
行算法进行运算，而后者是在主机上使用单线程和传统的排序算法进行操作。

Thrust 库提供了两种类型的向量容器（Container），即 host_vector 和 device_vector，它们分
别被存储在主机内存和设备内存上。和 C++ STL 中的 std::vector 一样，host_vector 和
device_vector 也是通用类型的容器，可以动态调整大小。Thrust 库中的并行算法大多是对容器
进行操作的，也支持 C++ STL 中多种类型的容器，如 std::vector、std::map、std::tuple。

Thrust 库提供了花式迭代器（Fancy Iterators），其功能与 Boost C++库中的迭代器基本相同。Thrust库支持的迭代器类型如下：常量迭代器（Constant Iterator）、计数迭代器（Counting Iterator）、转换迭代器（Transform Iterator）、排列迭代器（Permutation Iterator）、Zip 迭代器（Zip Iterator）。

以下是使用 Thrust 库 API 的一个简单示例。

```
#include <thrust/sort.h>
#include <thrust/iterator/counting_iterator.h>
#include <thrust/reduce.h>
#include <thrust/host_vector.h>

#include <vector>
#include <iostream>

int main(void) {
    //the following code shows how to use thrust::sort and thrust::host_vector
    std::vector<int> array = {2, 4, 6, 8, 0, 9, 7, 5, 3, 1};
    thrust::host_vector<int> vec;
    vec = array;      //now vec has storage for 10 integers
    std::cout << "vec has size: " << vec.size() << std::endl;

    std::cout << "vec before sorting:" << std::endl;
    for (size_t i = 0; i < vec.size(); ++i)
    std::cout << vec[i] << "  ";
    std::cout << std::endl;

    thrust::sort(vec.begin(), vec.end());
    std::cout << "vec after sorting:" << std::endl;
    for (size_t i = 0; i < vec.size(); ++i)
              std::cout << vec[i] << "  ";
    std::cout << std::endl;

    vec.resize(2);
    std::cout << "now vec has size: " << vec.size() << std::endl;

    return 0;
}
```

运行时的打印输出结果为：

```
vec has size: 10
vec before sorting:
2 4 6 8 0 9 7 5 3 1
vec after sorting:
0 1 2 3 4 5 6 7 8 9
now vec has size: 2
```

10.6.2　mcRAND

mcRAND 是一个高性能随机数生成器，其能以比 CPU 快 8 倍的速度进行高质量的随机数生成，支持四种高质量的随机数算法（MRG32k3a、MTGP Merseinne Twister、XORWOW Pseudo-random Generation、Sobol' Quasi-random Number Generator）、四种随机数分布（Uniform、Normal、Log-normal、Poisson），以及两种数据类型（Single-precision、Double-precision）。mcRAND

的软件分为主机端和设备端两个部分，其架构如图 10-12 所示，主机端提供了一组 API，用于设置生成器的参数、控制随机数的生成类型和存储位置等，设备端是各种类型随机数生成器的核函数。

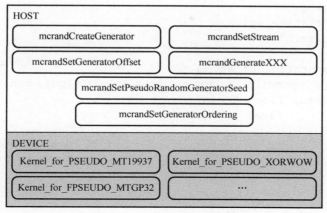

图 10-12　mcRAND 架构图

mcRAND 使用主机端的 API 设置生成器的参数，通过 API 调用设备端的核函数生成随机数，其调用流程如图 10-13 所示。首先，使用 mcrandCreateGenerator 创建生成器；然后，依次通过 mcrandSetGeneratorOrdering、mcrandSetPseudoRandomGeneratorSeed、mcrandSetGeneratorOffset、mcrandSetStream 这几个 API 设置生成器的参数；最后，调用 mcrandGenerateXXX（XXX 为随机数类型，如 mcurandGenerateLogNormal）来产生随机数。

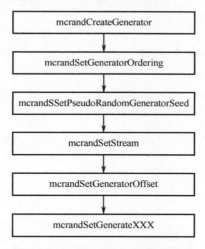

图 10-13　mcRAND API 调用流程

10.7　应用示例

10.7.1　使用 mcBLAS 库求解矩阵乘法

在 C 语言程序中使用 mcBLAS 库提供的 API 采用 GEMM 运算求解矩阵乘法，完整代码见示例代码 10-1。

```
#include <stdio.h>
#include <stdlib.h>
#include <string.h>
#include <mc_runtime_api.h>
#include "mcblas.h"

/* cpu implementation of sgemm */
static void cpu_sgemm(int m, int n, int k, float alpha, const float *A, const
float *B, float beta, float *C_in,
                      float *C_out) {
  int i;
  int j;
  int kk;

  for (i = 0; i < m; ++i) {
    for (j = 0; j < n; ++j) {
      float prod = 0;

      for (kk = 0; kk < k; ++kk) {
        prod += A[kk * m + i] * B[j * k + kk];
      }

      C_out[j * m + i] = alpha * prod + beta * C_in[j * m + i];
    }
  }
}

int main(int argc, char **argv) {
  float *h_A;
  float *h_B;
  float *h_C;
  float *h_C_ref;
  float *d_A = 0;
  float *d_B = 0;
  float *d_C = 0;
  float alpha = 1.0f;
  float beta = 0.0f;
  int m = 256;
  int n = 128;
  int k = 64;
  int size_a = m * n;  //the element num of A matrix
  int size_b = n * k;  //the element num of B matrix
  int size_c = m * n;  //the element num of C matrix
  float error_norm;
  float ref_norm;
  float diff;
  mcblasHandle_t handle;
  mcblasStatus_t status;
```

```
/* Initialize mcBLAS */
status = mcblasCreate(&handle);
if (status != MCBLAS_STATUS_SUCCESS) {
  fprintf(stderr, "Init failed\n");
  return EXIT_FAILURE;
}

/* Allocate host memory for A/B/C matrix*/
h_A = (float *)malloc(size_a * sizeof(float));
if (h_A == NULL) {
  fprintf(stderr, "A host memory allocation failed\n");
  return EXIT_FAILURE;
}
h_B = (float *)malloc(size_b * sizeof(float));
if (h_B == NULL) {
  fprintf(stderr, "B host memory allocation failed\n");
  return EXIT_FAILURE;
}
h_C = (float *)malloc(size_c * sizeof(float));
if (h_C == 0) {
  fprintf(stderr, "C host memory allocation failed\n");
  return EXIT_FAILURE;
}
h_C_ref = (float *)malloc(size_c * sizeof(float));
if (h_C_ref == 0) {
  fprintf(stderr, "C_ref host memory allocation failed\n");
  return EXIT_FAILURE;
}

/* Fill the matrices with test data */
for (int i = 0; i < size_a; ++i) {
  h_A[i] = cos(i + 0.125);
}
for (int i = 0; i < size_b; ++i) {
  h_B[i] = cos(i - 0.125);
}
for (int i = 0; i < size_c; ++i) {
  h_C[i] = sin(i + 0.25);
}

/* Allocate device memory for the matrices */
if (mcMalloc((void **)(&d_A), size_a * sizeof(float)) != mcSuccess) {
  fprintf(stderr, "A device memory allocation failed\n");
  return EXIT_FAILURE;
}
if (mcMalloc((void **)(&d_B), size_b * sizeof(float)) != mcSuccess) {
  fprintf(stderr, "B device memory allocation failed\n");
  return EXIT_FAILURE;
}
if (mcMalloc((void **)(&d_C), size_c * sizeof(float)) != mcSuccess) {
  fprintf(stderr, "C device memory allocation failed\n");
```

```
        return EXIT_FAILURE;
    }

    /* Initialize the device matrices with the host matrices */
    if (mcblasSetVector(size_a, sizeof(float), h_A, 1, d_A, 1) !=
MCBLAS_STATUS_SUCCESS) {
        fprintf(stderr, "Copy A from host to device failed\n");
        return EXIT_FAILURE;
    }
    if (mcblasSetVector(size_b, sizeof(float), h_B, 1, d_B, 1) !=
MCBLAS_STATUS_SUCCESS) {
        fprintf(stderr, "Copy B from host to device failed\n");
        return EXIT_FAILURE;
    }
    if (mcblasSetVector(size_c, sizeof(float), h_C, 1, d_C, 1) !=
MCBLAS_STATUS_SUCCESS) {
        fprintf(stderr, "Copy C from host to device failed\n");
        return EXIT_FAILURE;
    }

    /* Compute the reference result */
    cpu_sgemm(m, n, k, alpha, h_A, h_B, beta, h_C, h_C_ref);

    /* Perform operation using mcblas */
    status = mcblasSgemm(handle, MCBLAS_OP_N, MCBLAS_OP_N, m, n, k, &alpha,
d_A, m, d_B, n, &beta, d_C, k);
    if (status != MCBLAS_STATUS_SUCCESS) {
        fprintf(stderr, "Sgemm kernel execution failed\n");
        return EXIT_FAILURE;
    }
    /* Read the result back */
    status = mcblasGetVector(size_c, sizeof(float), d_C, 1, h_C, 1);
    if (status != MCBLAS_STATUS_SUCCESS) {
        fprintf(stderr, "C data reading failed\n");
        return EXIT_FAILURE;
    }

    /* Check result against reference */
    error_norm = 0;
    ref_norm = 0;

    for (int i = 0; i < size_c; ++i) {
        diff = h_C_ref[i] - h_C[i];
        error_norm += diff * diff;
        ref_norm += h_C_ref[i] * h_C_ref[i];
    }

    error_norm = (float)sqrt((double)error_norm);
    ref_norm = (float)sqrt((double)ref_norm);

    if (error_norm / ref_norm < 1e-6f) {
```

```
      printf("McBLAS test passed.\n");
    } else {
      printf("McBLAS test failed.\n");
    }

    /* Memory clean up */
    free(h_A);
    free(h_B);
    free(h_C);
    free(h_C_ref);

    if (mcFree(d_A) != mcSuccess) {
      fprintf(stderr, "A device mem free failed\n");
      return EXIT_FAILURE;
    }

    if (mcFree(d_B) != mcSuccess) {
      fprintf(stderr, "B device mem free failed\n");
      return EXIT_FAILURE;
    }

    if (mcFree(d_C) != mcSuccess) {
      fprintf(stderr, "C device mem free failed\n");
      return EXIT_FAILURE;
    }

    /* Shutdown */
    status = mcblasDestroy(handle);
    if (status != MCBLAS_STATUS_SUCCESS) {
      fprintf(stderr, "Destory failed\n");
      return EXIT_FAILURE;
    }

    return EXIT_SUCCESS
}
```

上述代码进行了一个数据类型为单精度浮点的矩阵乘法运算 $C' = \alpha AB + \beta C$，是在 C++代码中使用 mcBLAS 库的 API mcblasSgemm 来实现的。其中，矩阵 A 的维度是 256×64，B 的维度是 64×128，C 的维度是 256×128。为了检验计算结果，上述代码提供了一个简单地运行在 CPU 上的 GEMM 函数。相同的矩阵 A、B、C 分别在 CPU 和 GPU 上进行 GEMM 计算，并对比二者的计算结果。

需要注意的是，对于 mcblasSgemm 来说，输入矩阵须在设备内存中，因此，需要先将数据从主机端复制到设备端。一般来说，可以使用函数 mcMemcpy 实现主机端和设备端之间的数据复制。上述代码没有直接使用该函数，而是使用了 mcBLAS 库提供的 helper 函数 mcblasSetVector 和 mcblasGetVector，来达到相同的效果。这两个函数的作用是实现向量在主机端和设备端之间的复制。上述代码创建的二维矩阵在内存中的存储形式可被视为一维向量，因此可以使用该组 helper 函数。

mcBLAS 库 API 兼容 C 和 C++语言，可以采用 GCC 来进行编译，相应的命令如下

```
gcc sample_mcblas.c -I${MACA_PATH}/include -I${MACA_PATH}/include/mcblas
-I${MACA_PATH}/include/mcr -L${MACA_PATH}/lib -lmcruntime -lmcblas
```

当然，更推荐程序员使用 MXMACA 提供的编译器 mxcc。接下来的示例将演示如何使用
mxcc 编译应用程序。

10.7.2　使用 mcDNN 库求解深度神经网络卷积计算

在 C 语言程序中使用 mcDNN 库提供的 API 求解深度神经网络卷积计算的完整代码见示例
代码 10-2。

示例代码 10-2　使用 mcDNN 库求解深度神经网络卷积计算

```
#include <iostream>
#include <vector>
#include <mcr/mc_runtime_api.h>
#include <mcdnn/mcdnn.h>

#define MCDNN_CHECK(f)        \
  {                           \
    mcdnnStatus_t err = \
      static_case<mcdnnStatus_t>(f) if (err != MCDNN_STATUS_SUCCESS) { \
      std::cout << "Error occurred : " << err << std::endl;   \
      std::exit(1);           \
    }                         \
  }

int main() {
  //data shape
  int batch = 3;
  int data_w = 224;
  int data_h = 224;
  int in_channel = 3;
  int out_channel = 8;
  int filter_w = 5;
  int filter_h = 5;
  int stride[2] = {1, 1};
  int dilate[2] = {1, 1};
  float alpha = 2.f;
  float beta = 5.f;

  //model selected
  mcdnnConvalutionMode_t mode = MCDNN_CROSS_CRRELATION;
  mcdnnConvalutionFwdAlgo_t algo = MCDNN_CONVOLUTION_FWD_ALGO__FFT_TILING;
  //data type selected float, double, half, etc.
  mcdnnDataType_t data_type = MCDNN_DATA_FLOAT;

  //init handle
  mcdnnHandle_t handle;
  MCDNN_CHECK(mcdnnCreate(&handle));

  //create descriptor
```

```
    mcdnnTensorDescriptor_t x_desc;
    mcdnnFilterDescriptor_t w_desc;
    mcdnnTensorDescriptor_t y_desc;
    mcdnnConvolutionDescriptor_t conv_desc;
    MCDNN_CHECK(mcdnnCreateTensorDescriptor(&x_desc));
    MCDNN_CHECK(mcdnnCreateFilterDescriptor(&w_desc));
    MCDNN_CHECK(mcdnnCreateTensorDescriptor(&y_desc));
    MCDNN_CHECK(mcdnnCreateConvolutionDescriptor(&conv_desc));

    //convolution padding
    //out size = (input + pad - kernel) / stride + 1
    uint32_t padding_w = data_w 1 + pad[2] + pad[3];
    uint32_t padding_h = data_h + pad[0] + pad[1];
    uint32_t out_h = padding_h - filter_h + 1;
    uint32_t out_w = padding_w - filter_w + 1;
    //init tensor descriptor, set data type, layout format, shape, etc.
    mcdnnSetTensor4dDescriptor(x_desc, MCDNN_TENSOR_NCHW, data_type, batch,
                               in_channel, data_h, data_w);
    mcdnnSetFilter4dDescriptor(w_desc, data_type, MCDNN_TENSOR NCHW,
out_channel,
                               in_channel, filter_h, filter_w);
    mcdnnSetTensor4dDescriptor(y_desc, MCDNN_TENSOR_NCHW, data_type, batch,
                               out_channel, out_h, out_w);
    //int convolution descriptor, set padding, stride date_type, etc.
    mcdnnSetConvolution2dDescriptor(conv_desc, pad[1], pad[2], stride[0],
                                    stride[l], dilate[0], dilate[l], mode,
                                    data_type);

    //init input data
    uint32_t input_data_numbers = batch * in_channel * data_h * data_w;
    uint32_t filter_data_numbers = out_channel * in_channel * filter_h *
filter_w;
    uint32_t out_data_numbers = batch * out_channel * out_h * out_w;

    std::vector<float> x(input_data_numbers);
    std::vector<float> w(filter_data_numbers);
    std::vector<float> y(out_data_numbers);
    for (int i = 0; i < input_data_numbers; ++i) {
      x[i] = std::cos(i) * i;
    }
    for (int i = 0; i < filter_data_numbers; ++i) {
      x[i] = std::sin(i) / 10;
    }

    for (int i = 0; i < out_data_numbers; ++i) {
      y[i] = std::cos(i + 0.5);
    }

    //alloc x device memory
    void *ptr_x_dev = nullptr;
    MCDNN_CHECK(mcMalloc(&ptr_x_dev, x.size() * sizeof(float)));
```

```
    //copy data to device
    MCDNN_CHECK(mcMemcpy(&ptr_x_dev, x.data(), x.size() * sizeof(float),
                        mcMemcpyHostToDevice));
    //alloc w device memory
    void *ptr_w_dev = nullptr;
    MCDNN_CHECK(mcMalloc(&ptr_w_dev, w.size() * sizeof(float)));
    //copy data to device
    MCDNN_CHECK(mcMemcpy(&ptr_w_dev, w.data(), w.size() * sizeof(float),
                        mcMemcpyHostToDevice));
    //alloc y device memory
    void *ptr_y_dev = nullptr;
    MCDNN_CHECK(mcMalloc(&ptr_y_dev, y.size() * sizeof(float)));
    //copy data to device
    MCDNN_CHECK(mcMemcpy(&ptr_y_dev, y.data(), y.size() * sizeof(float),
                        mcMemcpyHostToDevice));

    uint32_t padding_src_elements = batch * in_channel * padding_h * padding_w;

    size_t workspace_size = 0;
    MCDNN_CHECK(mcdnnGetConvolutionForwardWorkspaceSize(
      handle, x_desc, w_desc, conv_desc, y_desc, algo, &workspace_size));

    void *ptr_worksapce = nullptr;
    if (workspace_size > 0) {
      MCDNN_CHECK(mcMalloc(&ptr_worksapce, workspace_size));
    }

    //convolution forward
    MCDNN_CHECK(mcdnnConvolutinForward(handle, &alpha, x_desc, ptr_x_dev,
w_desc,
                                      ptr_w_dev, conv_desc, algo, ptr_worksapce,
                                      workspace_size, &beta, y_desc, ptr_y_dev));
    MCDNN_CHECK(mcMemcpy(y.data(), ptr_y_dev, y.size() * sizeof(float),
                        mcMemcpyDeviceToHost));

    //free device pointer and handle
    MCDNN_CHECK(mcFree(ptr_x_dev));
    MCDNN_CHECK(mcFree(ptr_w_dev));
    MCDNN_CHECK(mcFree(ptr_y_dev));
    MCDNN_CHECK(mcFree(ptr_w_dev));
    MCDNN_CHECK(mcdnnDestoryTensorDescriptor(x_desc));
    MCDNN_CHECK(mcdnnDestoryTensorDescriptor(y_desc));
    MCDNN_CHECK(mcdnnDestoryFilterDescriptor(w_desc));
    MCDNN_CHECK(mcdnnDestoryConvolutionDescriptor(conv_desc));
    MCDNN_CHECK(mcdnnDestory(handle));

    return 0;
}
```

上述代码的主要执行步骤如下：

（1）调用函数 mcdnnCreate 创建 handle。

（2）创建并初始化张量及算法描述符。

（3）初始化输入张量，并将其复制到设备端。

（4）调用函数 mcdnnConvolutinForward 进行前向推理计算。

（5）将输出结果复制到主机端。

（6）释放所申请的内存。

在上述代码中，调用 mcDNN 库需要通过函数 mcdnnCreate 来初始化 mcDNN 句柄 mcdnnHandle_t，在 mcDNN 库使用完毕后须用函数 mcdnnDestroy 销毁句柄。该句柄将贯穿全局，显式地传递给后续调用的每个 mcDNN 库函数，以方便程序员设置硬件参数等信息，例如指定运行设备、选择和控制流等。须注意，当选择使用不同的设备时，应重新创建另一个句柄，将其与新的设备关联。MCDNN_CHECK 是一个状态检测宏，被用来检测 mcDNN 函数的返回状态，如果返回错误则会报错并退出。

以操作系统 Ubuntu 18.04 为例，在编译上述代码之前，须确认已正确安装 MXMACA，且其包含 mcDNN 库，并将其路径导入环境变量中。

```
export MACA_PATH=/path/to/MACA
export PATH=$PATH:/path/to/MACA/mxgpu_llvm/bin
```

使用 mxcc 进行编译，具体的编译命令如下。

```
mxcc --maca-path=$MACA_PATH -I$MACA_PATH/include -L$MACA_PATH/lib -lmcdnn
-o mcdnn_example example.cpp
```

编译完成后会在当前的目录生成一个二进制文件 mcdnn_example，然后运行./mcdnn_example。

第 11 章　MXMACA 多 GPU 编程

本章内容
- 单节点多卡：多设备服务器系统
- 多节点多卡：多 GPU 集群部署
- 多 GPU 编程示例

到目前为止，本书中的大部分示例使用的都是单个的 GPU。本章将介绍多 GPU 编程相关的内容，即在开发的 MXMACA 应用程序中添加对多 GPU 的支持，使其既可以支持在一个计算节点内的多 GPU，也可以支持跨多个计算节点间的多 GPU。在 MXMACA 应用程序中添加对多 GPU 的支持，其最常见的需求来自以下几个方面。

- 问题域的大小。当现有的数据集太大，超出单 GPU 的内存容量限制时，多 GPU 编程成为必要的解决方案。这个方案可以更有效地处理大规模的数据集，实现更高效的内存管理和数据传输。
- 吞吐量和效率。在某些情况下，单 GPU 可以很好地处理单个任务。然而，若想并行处理多个任务以提高应用程序的吞吐量和效率，使用多 GPU 是一个很好的选择。通过将任务分配给不同的 GPU，可以同时处理多个任务，从而提高计算能力和处理速度。

在进行多 GPU 编程时，关键的挑战是如何有效地将任务分配给不同的 GPU，并确保它们能够高效地协同工作。这涉及任务划分、数据传输和同步等多个方面。

- 任务划分是指将一个大的任务分解为多个小的子任务。任务划分在单 GPU 和多 GPU 环境中都是一个重要的概念。在单 GPU 环境中，任务划分通常是为了充分利用计算资源，将大规模的任务分解为更小的子任务。而在多 GPU 环境中，任务划分则是为了实现真正的并行处理，将任务分配给不同的 GPU。
- 数据传输是指在不同 GPU 之间进行数据传输，以确保子任务之间的数据共享和交换。
- 同步是指协调不同 GPU 之间的任务执行顺序，以确保计算的正确性和一致性。

以上这些方面都需要理解 GPU 之间的物理通信链路和通信方式，这对于优化多 GPU 系统中的数据传输和同步至关重要。通信链路的质量直接影响系统整体的性能和效率。不同的连接方式（如 PCIe 总线、以太网或 Infiniband）具有不同的带宽、延迟和拓扑特性，在进行任务划分、数据传输和同步时都需要考虑这些特性。

在多 GPU 系统里有单节点多卡和多节点多卡两种连接方式。

（1）单节点多卡（Single-Node Multi-GPU）方式是指多 GPU 之间通过 MetaXLink、PCIe 总线进行通信，组成一个高性能计算服务器。这种连接方式具有以下特性。

- 通信延迟低：由于多 GPU 在同一个节点上，通信距离短，延迟较低。
- 带宽高：PCIe 总线提供了高带宽的数据传输能力。
- 资源共享：同一节点内的 GPU 可以更方便地共享内存和计算资源。

（2）多节点多卡（Multi-Node Multi-GPU）：多个节点上的 GPU 通过网络交换机（如以太网或 Infiniband）进行通信，然后通过建立 Socket 进行通信，组成一个高性能计算服务器集群。这种连接方式具有以下特性。

- 可扩展性强：可以跨多个节点进行扩展，适合大规模并行计算。
- 支持分布式系统：可以构建高性能计算集群。

以上两种连接方式的拓扑结构不是互斥的。MXMACA 多 GPU 编程的简化拓扑结构如图 11-1 所示。它有两个服务器节点 server0 和 server1。GPU0 和 GPU1 通过 PCIe 总线连接到 server0 节点上，GPU2~GPU5 通过 PCIe 总线连接到 server1 节点上。两个服务器节点通过 Infiniband 交换机（或以太网交换机）互相连接。

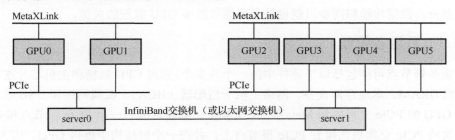

图 11-1　MXMACA 多 GPU 编程的简化拓扑结构

11.1　单节点多卡：多设备服务器系统

单台计算机形成网络上的一个节点，将许多机器连接起来就得到了一个机器集群。单机多卡服务器的多客户端结构如图 11-2 所示。通常，这种集群是由一套机架式节点组成的，每个机架式节点都是由 1~2 个多核 CPU 和多个 GPU 构成的一个多设备服务器系统，供多个不同的客户端同时使用。

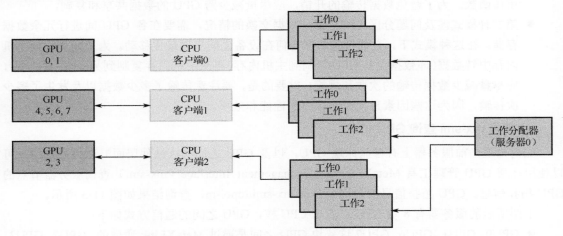

图 11-2　单机多卡服务器的多客户端结构

MXMACA 编程支持以下多种 GPU 并行编程方式。

- 单线程控制多 GPU。在这种方式中，一个主线程负责管理多个 GPU。主线程将任务分配给各个 GPU，并协调它们之间的数据传输和同步。这种方式的优点是代码相对简单，易于管理。但是，随着 GPU 数量增加，单线程的负担可能会加重，性能可能会受到影响。
- 多线程控制多 GPU。这种方式是利用多个线程管理和控制多个 GPU，每个线程可以负责一个或多个 GPU，从而实现真正的并行处理。这种方式能够更好地利用多核 CPU 资源，提高整体的计算性能。但是，线程间的同步和数据传输可能会带来额外的开销。

- 多进程控制多 GPU。在这种方式中，每个进程负责一个或多个 GPU，进程间通过 IPC 机制进行数据传输和同步。这种方式提供了更好的并行性和可扩展性，尤其适合大规模的多节点多 GPU 系统。但是，IPC 机制的开销相对较大，并且需要更复杂的编程模型。

选择哪种并行编程方式取决于具体的应用需求、硬件配置和性能要求。在实际应用中，可能需要结合上述方式的优势，根据实际情况混合使用，以达到最佳的性能和效果。同时，合理设计任务划分、数据传输和同步机制也是实现高效的多 GPU 编程的关键。

11.1.1 多设备管理

每个服务器节点可能包括以下硬件中的一个或多个：通过 CPU 插槽和主机芯片连接的多个 CPU、主机 DRAM、本地存储设备、网络主机卡适配器（HCA）、板载网络和 USB 端口，以及连接多个 GPU 的 PCIe 交换机和 MetaXLink 交换机。系统可能有一个 PCIe 根节点和多个 PCIe 交换机，这些 PCIe 交换机连接到 PCIe 根节点上，并在一个树结构中连接 GPU。因为 PCIe 链路是双工的，所以可以使用 MXMACA API 在 PCIe 链路之间映射一条路径，以避免总线竞争，同时也可以在 GPU 间共享数据。

设计一个利用多 GPU 的程序时，需要考虑如何在各个 GPU 之间分配工作负载。根据问题特性和数据交换需求，可以采用不同的通信模式。

- 第一种模式涉及问题分区之间没有必要进行数据交换的情况，每个问题分区可以在不同的 GPU 上独立运行。在这种情况下，关键是如何将任务有效地分配给各个 GPU，并确保它们之间没有数据共享的需求。这通常需要了解如何在多个设备之间传输数据以及调用核函数。为了避免数据传输的开销，应尽量减少跨 GPU 的数据共享和复制。
- 第二种模式涉及问题分区之间有部分数据交换的情况，需要在各 GPU 间进行冗余数据存储。在这种模式下，必须考虑数据如何在设备之间实现最优移动。为了避免通过主机内存中转数据（即数据先从 GPU 复制到主机内存，再从主机内存复制到另一个 GPU 上），应尽量减少数据传输的次数和规模。重要的是，要注意传输了多少数据以及发生了多少次传输，因为这些因素直接影响程序的性能和效率。

1. 使用 mx-smi 查询 GPU 信息

如何知道当前服务器上有哪些沐曦 GPU，以及 GPU 之间的（硬件层面）通信方式呢？可以使用沐曦 GPU 管理工具 MetaX System Management Interface（mx-smi）查询服务器节点的 GPU 拓扑信息。GPU 拓扑信息的查询命令是 mx-smi topo -m，查询结果如图 11-3 所示。

上图所示的服务器有 8 块 GPU、15 个 CPU 核，GPU 之间的通信方式如下：

- GPU0、GPU1、GPU6、GPU7 这 4 块 GPU 之间是通过 MetaXLink 通信的；GPU2、GPU3、GPU4、GPU5 这 4 块 GPU 之间也是通过 MetaXLink 通信的。MetaXLink 是一种高速通信协议的接口总线，用于沐曦两个 GPU 之间的直接通信。这种通信方式具有高带宽和低延迟的特点，适用于大规模的数据传输和计算任务。
- 其他的 GPU 两两之间是通过 PCIe Host Bridge 进行通信的，数据交换通过 PCIe 主机桥接器完成。PCIe 主机桥接器充当 CPU/GPU 和 PCIe 总线之间的中介，负责数据传输、错误报告、电源管理等任务。操作系统和驱动程序通过桥接器与 PCIe 总线上的设备进行通信，无须 CPU 直接介入每个 I/O 操作，这样可以减轻 CPU 的负担并提高系统的整体效率。

```
(base) [root@sysqa-arm-101 ~]# mx-smi topo -m
mx-smi  version: 2.1.3

=================== MetaX System Management Interface Log ===================
Timestamp                                    : Wed May 15 13:39:02 2024

Attached GPUs                                : 8
Device link type matrix
           GPU0   GPU1   GPU2   GPU3   GPU4   GPU5   GPU6   GPU7   Node Affinity  CPU Affinity
GPU0       X      MX     PXB    PXB    PXB    PXB    MX     MX     0              0-15
GPU1       MX     X      PXB    PXB    PXB    PXB    MX     MX     0              0-15
GPU2       PXB    PXB    X      MX     MX     MX     PXB    PXB    0              0-15
GPU3       PXB    PXB    MX     X      MX     MX     PXB    PXB    0              0-15
GPU4       PXB    PXB    MX     MX     X      MX     PXB    PXB    0              0-15
GPU5       PXB    PXB    MX     MX     MX     X      PXB    PXB    0              0-15
GPU6       MX     MX     PXB    PXB    PXB    PXB    X      MX     0              0-15
GPU7       MX     MX     PXB    PXB    PXB    PXB    MX     X      0              0-15

Legend:
  X    = Self
  SYS  = Connection traversing PCIe as well as the SMP interconnect between NUMA nodes (e.g., QPI/UPI)
  NODE = Connection traversing PCIe as well as the interconnect between PCIe Host Bridges within a NUMA node
  PHB  = Connection traversing PCIe as well as a PCIe Host Bridge (typically the CPU)
  PXB  = Connection traversing multiple PCIe bridges (without traversing the PCIe Host Bridge)
  PIX  = Connection traversing at most a single PCIe bridge
  MX   = Connection traversing MetaXLink
  NA   = Connection type is unknown
```

图 11-3　使用 mx-smi 查询服务器节点 GPU 拓扑信息

2．使用 MXMACA 运行时库 API 管理设备

MXMACA 运行时库 API 支持以多种方式在多 GPU 系统中管理设备和执行核函数。

单个主机线程可以管理多个 GPU。一般来说，首先是要确定系统内支持 MXMACA 编程的 GPU 数量，可使用如下函数获得。

```
mcError_t mcGetDeviceCount(int* count);
```

调用函数 mcGetDeviceCount 获取可用的 GPU 数量，并将其存储在变量*count 中。下面的代码片段说明了如何确定使能 GPU 的数量，对其进行遍历。遍历时调用函数 mcGetDeviceProperties 获取每个 GPU 的属性，并将这些属性存储在 devProp 结构中。并使用函数 printf 打印关于该 GPU 的信息，包括其计算能力（由 **devProp.major** 和 **devProp.minor** 表示）。

```
int nGpus;
mcGetDeviceCount(&nGpus);
for (int i = 0; i < nGpus; i++) {
    mcDeviceProp devProp;
    mcGetDeviceProperties(&devProp, i);
    printf("Device %d has compute capability %d.%d.\n",
           i, devProp.major, devProp.minor);
}
```

在运行多个 GPU 一起工作的 MXMACA 应用程序时，必须显式地指定哪个 GPU 是当前所有 MXMACA 运算的目标。可以使用以下函数设置当前设备。

```
mcError_t mcSetDeviceCount(int id);
```

该函数将具有标识符 id 的设备设置为当前设备。该函数不会与其他设备同步，因此是一个低开销的调用。使用此函数，可以在任何时间从任何主机线程中选择任何设备。有效的设备标识符的范围是从 0 到 nGpus−1。如果在首次调用 MXMACA API 之前没有显式地调用函数 mcSetDevice，那么当前设备会被自动地设置为设备 0。

一旦通过函数 mcSetDevice 设置了当前设备，我们可以在编程中确保特定的运算、内存分配、流/事件和核函数都与该特定设备相关联，从而实现细粒度的资源管理和控制。

- 设备内存的分配与驻留：任何从主线程中分配的设备内存将完全地常驻该设备。
- 主机内存的生命周期：由 MXMACA API 分配的主机内存是与选定设备相关联的，并具有与该设备相关的生命周期，这意味着，当与该设备相关的操作完成后，这部分主机内存可能会被释放或回收。
- 流和事件与设备的关联：任何由主机线程创建的流或事件都会与该设备相关联，这意味着，这些流或事件的操作、状态等信息都与该特定设备相关。
- 核函数的执行设备：任何由主机线程启动的核函数，其执行位置（即在哪台设备上执行）都由当前设置决定，也就是说，这些核函数都会在该设备上执行。

11.1.2　多设备系统编程

MXMACA 提供了大量实现多 GPU 编程的功能，包括在一个或多个进程中管理多设备、使用统一的虚拟寻址（UVA）直接访问其他的设备内存、GPU-Direct 技术，以及使用流和异步函数实现的多设备计算通信重叠。本节需要掌握的内容有以下几个方面：在多 GPU 上管理和执行核函数，跨 GPU 的虚拟寻址、重叠计算和通信方式，使用流和事件实现多 GPU 同步执行。GPU-Direct 技术将在第 11.2 节进行详细介绍。

1. 在多 GPU 上管理和执行核函数

在使用多设备系统进行编程时，同时使用多 GPU 的情况包括以下这些：

- 在一个节点的单 CPU 线程上：在一个节点上，只有一个 CPU 线程，但该线程可以同时使用多个 GPU 进行计算。
- 在一个节点的多 CPU 线程上：在一个节点上，有多个 CPU 线程，这些线程可以同时使用多个 GPU 进行计算。
- 在一个节点的多 CPU 进程上：在一个节点上，有多个 CPU 进程，这些进程可以同时使用多个 GPU 进行计算。
- 在多个节点的多 CPU 进程上：在多个节点上，每个节点都有多个 CPU 进程，这些进程可以同时使用其所在节点上的 GPU 进行计算。

下面的代码片段准确展示了如何在一个循环中遍历所有可用的 GPU，并在每个 GPU 上执行核函数和内存复制操作。

```
for (int i = 0; i < nGpus; i++) {
//将当前设备设置为第i个设备
mcSetDevice(i);

//在当前设备上执行核函数
Kernel <<<grid, block>>>(…);

//在主机和当前设备之间异步传输数据
mcMemcpyAsync(…);
}
```

由于循环中的核函数启动和数据传输是异步的，因此在每次调用操作后控制将会很快地被返回到主机线程。但是，即使核函数或由当前线程发出的传输仍然在当前设备上执行，也可以安全地转变设备，因为函数 mcSetDevice 不会导致主机同步。

总之，想要在单一节点内获取 GPU 的数量和它们的性能，可以使用下述函数。

```
mcError_t mcGetDeviceCount(int* count);
mcError_t mcGetDeviceProperties(struct mcDeviceProp *prop, int device);
```
还可以使用下述函数设置当前设备。
```
mcError_t mcSetDeviceCount(int id);
```
一旦设置好了当前设备，所有的 MXMACA 操作都会在那个设备的上下文发出。随后，当前被选择的设备可以用本书提供的 GPU 编程方式来使用。

2. 点对点通信

GPU 点对点（Peer-to-Peer，P2P）通信是指两个或多个 GPU 之间直接交换数据的过程，整个过程不需要 CPU 参与。在这种通信模式下，GPU 可以直接访问对方 GPU 的内存空间，从而提高数据传输效率和整体计算性能。在 MXMACA 程序中，要实现核函数直接访问同一个服务器上任意一个 GPU 的全局内存，需要满足以下条件。

● 这些 GPU 必须连接到同一个 PCIe 根节点上，或通过 MetaXLink 连接起来。
● 为了实现设备间的直接通信，必须使用 MXMACA 运行时库提供的点对点（P2P）功能函数。

点对点（P2P）功能函数能够实现以下操作。

● 点对点访问：这允许在 MXMACA 核函数和 GPU 之间直接加载和存储地址。通过这种方式，核函数可以访问其他 GPU 的全局内存，而无须经过 CPU 或其他中间环节。
● 点对点传输：这允许在 GPU 之间直接复制数据。这意味着数据可以在不同的 GPU 之间直接移动，而不需要通过 CPU 或其他设备进行中转。

实现点对点通信，需要确保目标 GPU 的内存区域是可访问的，并且进行适当的权限设置和同步操作，以确保数据的一致性和正确性。同时，也需要考虑数据传输的开销和性能影响，特别是在大规模并行计算中。

（1）点对点访问的检查和启用。

点对点访问允许各个 GPU 连接到同一个 PCIe 根节点上，使其能直接引用存储在其他 GPU 内存上的数据。对于透明的核函数来说，引用的数据将通过 PCIe 总线被传输到请求的线程上。因为不是所有的 GPU 都支持点对点访问，所以需要使用下述函数显式地检查设备是否支持点对点访问。
```
mcError_t mcDeviceCanAccessPeer(int* canAccessPeer,
                                int device, int peerDevice);
```
如果设备 device 能够直接访问对等设备 peerDevice 的全局内存，那么函数变量 canAccessPeer 返回值为整型 1，否则为 0。

在利用函数 mcDeviceCanAccessPeer 检查确认两个设备之间支持点对点访问后，我们就可以安全地使用点对点功能来加速数据传输和处理。在两个设备之间，必须用以下函数显式地启用点对点内存访问。
```
mcError_t mcDeviceEnableAccessPeer(int peerDevice, unsigned int flag);
```
这个函数允许从当前设备到对等设备 peerDevice 的点对点访问。参数 flag 被保留以备用，目前必须将其设置为 0。一旦成功，当前设备将立即访问对等设备 peerDevice 的内存。这个函数授权的访问是单向的，即这个函数允许从当前设备到对等设备 peerDevice 的访问，但不允许从对等设备 peerDevice 到当前设备的访问。如果希望对等设备 peerDevice 也能直接访问当前设备的内存，则需要另一个方向单独地匹配调用。

点对点访问将一直保持启用状态，直至被以下函数显式地禁用。

```
mcError_t mcDeviceDisableAccessPeer(int peerDevice);
```

（2）点对点内存复制。

两个设备之间启用对等访问之后，使用下面的函数可以异步地复制设备上的数据。

```
mcError_t mcMemcpyPeerAsync(void* dst, int dstDev, void* src, int srcDev,
                            size_t nBytes, msStream_t stream);
```

这个函数将数据从设备 srcDev 的设备内存传输到设备 dstDev 的设备内存中。函数 mcMemcpyPeerAsync 对于主机和所有其他设备来说都是异步的。如果 srcDev 和 dstDev 共享相同的 PCIe 根节点或有 MetaXLink 链路，那么数据传输是沿 PCIe 最短路径执行的，不需要通过主机内存中转。

3．多 GPU 间的同步

用于流和事件的 MXMACA API 也适用于多 GPU 应用程序。每个流和事件与单一设备相关联。在多 GPU 应用程序上可以使用和单 GPU 应用程序相同的同步函数，但是必须确保正确地指定当前设备。多 GPU 环境中的应用程序使用流和事件的典型工作流程如下。

- 选择 GPU 集。确定应用程序将使用哪些 GPU，这通常是基于性能、可用资源或特定的硬件需求来决定的。
- 创建流和事件。每个 GPU 都需要有自己的流和事件。流用于组织和控制并行任务，而事件用于标记任务开始和结束的时间点。
- 分配设备资源。为每个选定的 GPU 分配所需的设备资源，如内存。这通常涉及使用特定硬件的 API 调用来在 GPU 上分配内存空间。
- 启动任务。使用流在每个 GPU 上启动任务。这可以包括数据传输或核函数的执行。流确保了任务在正确的时间点上以正确的顺序执行。
- 查询和等待任务完成。通过使用事件，可以查询任务的完成状态，并等待特定任务或一组任务完成。这有助于确保数据的完整性和正确性。
- 释放资源。在所有操作完成后，应释放之前分配的所有设备资源。这有助于管理内存并避免潜在的资源泄漏。

在多 GPU 环境中构建高效的多 GPU 应用程序，需要程序员仔细地管理资源、任务和同步。程序员既要遵循上述工作流程，也需要注意以下事项。

- 设备相关性，即流和事件与当前设备的关联性。只有与特定流相关联的设备才能在该流中启动核函数或记录事件。这是多 GPU 环境中管理资源和任务执行的关键。
- 内存复制。无论流与哪个设备相关联或当前设备是什么，都可以随时进行内存复制。这是多 GPU 应用程序中数据传输的常见需求，以确保数据在 GPU 之间正确流动。
- 查询和同步不相关设备。尽管流或事件可能与当前设备不相关，但仍然可以查询或同步它们。这对于管理和监控跨多个设备的并行任务来说至关重要。

4．多 GPU 间的细分计算

接下来，我们利用多 GPU 扩展第 3 章介绍的向量加法示例，学习通过多 GPU 分离输入和输出向量。向量加法是多 GPU 编程的典型案例，在问题分区之间不需要交换数据。

（1）在多个 GPU 上分配内存。

在向多个 GPU 分配计算任务之前，首先要确定在当前系统中有多少可用的 GPU。

```
int nGpus;
mcGetDeviceCount(&nGpus);
printf(" MXMACA-capable devices: %i\n", nGpus);
```

一旦 GPU 的数量确定，就要为多个 GPU 声明主机内存、设备内存、流和事件。保存这些变量的一个简单方法是使用数组，其声明如下。

```
#define NGPUS 4
float *d_A[NGPUS], *d_B[NGPUS], *d_C[NGPUS];
float *h_A[NGPUS], *h_B[NGPUS], *hostRef[NGPUS], *gpuRef[NGPUS];
mcStream_t stream[NGPUS]
```

在向量加法示例中，假定输入元素总的大小为 16MB，平分给每个设备 iSize 个元素。

```
int size = 1 << 24;
int iSize = size / nGpus;
```

按如下方式计算 GPU 上一个浮点向量的字节大小。

```
size_t iBytes = iSize * sizeof(float);
```

接下来可以分配主机内存和设备内存了，为每个 GPU 创建 MXMACA 流。

```
for (int i = 0; i < nGpus; i++) {
    //set current device
    mcSetDevice(i);

    //allocate device memory
    mcMalloc((void **) &d_A[i], iBytes);
    mcMalloc((void **) &d_B[i], iBytes);
    mcMalloc((void **) &d_C[i], iBytes);

    //allocate page locked host memory for asynchronous data transfer
    mcMallocHost((void **) &h_A[i], iBytes);
    mcMallocHost((void **) &h_B[i], iBytes);
    mcMallocHost((void **) &hostRef[i], iBytes);
    mcMallocHost((void **) &gpuRef[i], iBytes);
}
```

请注意，分配页锁定主机内存是为了在设备端和主机端之间进行异步数据传输。同时，在分配任何内存或创建任何流之前，使用函数 mcSetDevice 在每次循环迭代开始时设置当前设备。

（2）单主机线程分配工作。

在多 GPU 间分配操作之前，需要为每个 GPU 初始化主机数组的状态。

```
for (int i = 0; i < nGpus; i++) {
    mcSetDevice(i);
    initialData(h_A[i], iSize);
    initialData(h_B[i], iSize);
}
```

随着所有资源都被分配和初始化，可以使用一个循环在多个 GPU 之间分配数据和计算。

```
//distributing the workload across multiple devices
for (int i = 0; i < nGpus; i++) {
    mcSetDevice(i);

    mcMemcpyAsync(d_A[i],h_A[i], iBytes, mcMemcpyHostToDevice, stream[i]);
    mcMemcpyAsync(d_B[i],h_B[i], iBytes, mcMemcpyHostToDevice, stream[i]);

    gpuVectorAddKernel<<<grid,block,0,stream[i]>>>(d_A[i], d_C[i], iSize);
```

```
    mcMemcpyAsync(gpuRef[i],d_C[i],iBytes,mcMemcpyDeviceToHost,stream[i]);
}
mcDeviceSynchronize();
```

这个循环遍历多个 GPU。首先，异步复制输入数组。然后，在相同的流中操作 iSize 个数据元素以便启动核函数。最后，GPU 发出异步复制命令，把结果从核函数返回主机。因为所有的函数都是异步的，所以控制会被立即返回主机线程。因此，当任务仍在当前设备上运行时，切换到下一个设备是安全的。

在沐曦官网的开发者社区中，找到本书示范代码项的相关链接并进行下载，可获得这个例子的文件 vectorAddMultiGpus.cpp，其中有完整的多 GPU 向量加法示例。用以下命令编译该文件。

```
mxcc -x maca -O3 vectorAddMultiGpus.cpp -o vectorAddMultiGpus
```

函数 vectorAddMultiGpus 的采样输出如下。

```
./vectorAddMultiGpus 2
> Number of GPUs available: 2
> Total data size is 64MB, using 2 GPUs with each GPU handling 32MB
> The execution time with 2GPUs:    0.067924s
```

将命令行选项设为 1，并尝试只用一个 GPU 运行它，其结果如下。

```
./vectorAddMultiGpus 1
> Number of GPUs available: 2
> Total data size is 64MB, using 1 GPUs with each GPU handling 64MB
> The execution time with 1GPUs:    0.11076s
```

尽管使用双倍数量的 GPU 时，运行时间并没有减少一半，但仍然取得了显著的性能提升，从这些结果中可以看到任务被完美地分配到两个 GPU 上了。

5. 多 GPU 上的点对点通信

接下来介绍两个 GPU 之间的数据传输，我们将测试以下三种情况：两个 GPU 之间的单向内存复制、两个 GPU 之间的双向内存复制、核函数中对等设备内存的访问。

（1）实现点对点访问。

首先，必须对所有 GPU 启用双向点对点访问，见以下代码片段。

```
/* enable P2P memory copies between GPUs */
inline void enableP2P (int ngpus)
{
for( int i = 0; i < ngpus; i++ )
{
    mcSetDevice(i);
    for(int j = 0; j < ngpus; j++)
    {
        if(i == j) continue;
        int peer_access_available = 0;
        mcDeviceCanAccessPeer(&peer_access_available, i, j);
        if (peer_access_available)
        {
            mcDeviceEnablePeerAccess(j, 0));
            printf("> GPU%d enabled direct access to GPU%d\n", i, j);
        }
        else
```

```
        {
            printf("> GPU%d has no direct access to GPU%d \n", i, j );
        }
      }
   }
}
```

这段代码是一个 C 语言函数，其函数名为 enableP2P，用于启用 GPU 之间的点对点访问。该函数遍历所有 GPU 对，如果 GPU 支持点对点访问，则使用函数 mcDeviceEnablePeerAccess 启用双向点对点访问。

（2）点对点内存复制。

在启用点对点访问之后，数据可以在两个 GPU 之间直接复制，不需要通过 CPU 中转。如果 GPU 不支持点对点访问，函数 enableP2P 会输出无法启用点对点访问的 GPU ID。这些 GPU 无法启用点对点访问最主要的原因是它们并未连接至同一 PCIe 根节点。当两个 GPU 之间不支持点对点访问时，它们之间的数据复制将通过主机内存中转，从而降低了内存复制的性能。性能降低的程度对应用程序的影响大小取决于核函数执行时间以及执行对等传输所需的时间。如果核函数有足够的时间进行计算，那么可以隐藏点对点复制的延时，该延时主要通过主机内存与设备计算进行重叠来减少。

一旦启用点对点访问，以下代码片段将在两个 GPU 之间执行 100 次 ping-pong 同步内存复制。如果所有的 GPU 都成功启用了点对点访问，数据传输将直接通过 PCIe 总线进行，不需要 CPU 机进行交互，从而将数据传输性能最大化。

```
mcEventRecord(start, 0);
for (int i = 0; i < 100; i++)
{
   if (i % 2 == 0)
   {
       mcMemcpy(d_src[1], d_src[0], iBytes, mcMemcpyDeviceToDevice));
   }
   else
   {
       mcMemcpy(d_src[0], d_src[1], iBytes, mcMemcpyDeviceToDevice));
   }
}
```

请注意，在内存复制之前没有设备转换，因为跨设备的内存复制不需要显式地设置当前设备。如果在内存复制前指定了设备，也不会影响它的行为。

如果需要衡量 GPU 之间数据传输的性能，需要把启动和停止事件记录在同一 GPU 上，并包含 ping-pong 同步内存复制。再用函数 mcEventElapsedTime 计算两个事件之间消耗的时间。

```
mcSetDevice(0);
mcEventRecord(start,0);
for (int I = 0; in < 100; i++){
   ...
}
mcSetDevice(0);
mcEventRecord(stop,0);
mcEventSynchronize(stop);
```

```
float elapsed time_ms;
mcEventElapseTime(&elapsed_time_ms, start, stop);
```

然后，按照下面的代码片段估计通过 ping-pong 同步内存复制测试所获得的带宽。

```
float elapsed_time_ms;
mcEventElapsedTime(&elapsed_time_ms, start, stop ));
elapsed_time_ms /= 100.0f;
printf("Ping-pong unidirectional mcMemcpy:\t\t %8.2f ms", elapsed_time_ms);
printf("performance: %8.2f GB/s\n",
(float)iBytes / (elapsed_time_ms * 1e6f));
```

在沐曦官网的开发者社区中，找到本书示范代码项的相关链接并进行下载，可获得这个例子的文件 simpleP2P_PingPong.cpp。按下面的代码片段对该文件进行编译和运行。

```
$ mxcc -O3 simpleP2P_PingPong.cpp -o simplePingPong
$ ./ simplePingPong
```

编译和运行的输出结果如下所示。

```
Allocating buffers (64MB on each GPU and CPU host)…
Ping-pong unidirectional mcMemcpy:      0.73ms performance:      92.15GB/s
```

因为 PCIe 总线支持任何两个端点之间的全双工通信，所以也可以使用异步复制函数来进行双向的、点对点的内存复制。

```
mcEventRecord(start, 0));

for (int i = 0; i < 100; i++)
{
    mcMemcpyAsync(d_src[1], d_src[0], iBytes,mcMemcpyDeviceToDevice,
    stream[0]);
    mcMemcpyAsync(d_rcv[0], d_rcv[1], iBytes,mcMemcpyDeviceToDevice,
    stream[1]);
}
```

可以在同一个文件中实现双向内存复制的测试，下面是一个示例输出。

```
Allocating buffers (64MB on each GPU and CPU host)…
Ping-pong bidirectional mcMemcpyAsync:      0.73ms performance:
183.14GB/s
```

注意，因为 PCIe 总线是一次在两个方向上使用的，所以获得的带宽增加了一倍。如果通过在文件 simpleP2P_PingPong.cpp 中移除对函数 enableP2P 的调用来禁用点对点访问，那么无论是单向还是双向的例子都会正确运行，但由于通过主机内存中转传输，所以测得的带宽将会下降。

6. 统一虚拟寻址的点对点内存访问

统一虚拟寻址（UVA）技术将 CPU 系统内存和 GPU 的全局内存映射到一个单一的虚拟地址空间中，如图 6-26 所示。所有由函数 mcMallocHost 分配的主机内存和由函数 mcMalloc 分配的设备内存驻留在这个统一的地址空间内。

将 MXMACA 运行时库的点对点 API 与统一虚拟寻址技术相结合，可以实现对任何设备内存的透明访问。不必手动管理单独的内存缓冲区，也不必从主机内存中进行显式的复制。底层系统能使我们避免显式地执行这些操作，从而简化了代码。请注意，过于依赖统一虚拟寻址技术进行对等访问将对性能将产生负面影响，例如，跨 PCIe 总线的许多小规模的传输会有明显过大的消耗。

11.2　多节点多卡：多 GPU 集群部署

随着 5G/6G、大数据、物联网、人工智能等新技术的发展，人类社会正逐步迈向万物感知、万物互联、万物智能的智能社会。在这个过程中，数据中心的算力已成为新的生产力，算力中心的概念也逐步普及。算力中心主要包含三大资源区，即通用计算区、高性能计算（HPC）区和存储区，如图 11-4 所示。

* 通用计算区是数据中心与外部用户对接的区域，主要提供应用服务。这个区域大量运用虚拟化、容器等技术，形成灵活的资源池来承载应用。这意味着通用计算区能够根据需求快速地配置和调整计算资源，为各种应用提供高效的服务。
* 高性能计算（HPC）区是配备了专用高性能单元（如 CPU、GPU）的服务器，主要负责完成高性能计算任务或人工智能训练。这些服务器通常较少地使用虚拟技术，因为它们需要更高的计算性能和稳定性。
* 存储区采用专用的存储服务器，存储、读写和备份各类数据。存储区是数据中心的重要组成部分，它确保数据的安全性和可靠性，并提供高效的存储解决方案。

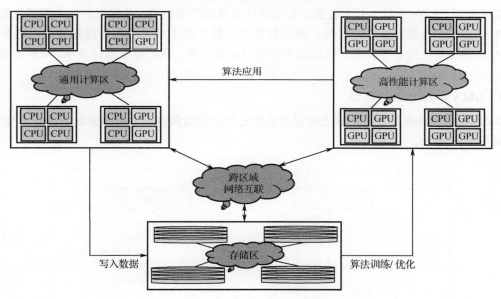

图 11-4　算力中心的三大资源区

11.2.1　RDMA 技术

计算、存储和网络是数据中心的三个核心要素。计算和存储方面已经取得了显著的进步，但网络的发展相对滞后，传输时延高。网络逐渐成了数据中心性能提高的瓶颈。

以太网作为当前和未来数据中心内部主要的网络互联技术，随着计算集群规模的扩大，对集群之间互联的网络性能要求也越来越高。传统的 TCP/IP 网络通信逐渐无法满足高性能计算业务的要求，主要存在以下限制。

* TCP/IP 协议栈处理带来的时延：数十微秒的时延对于高性能计算任务来说是不能接受的，因为它可能导致任务超时或整体性能下降。

● TCP/IP 协议栈处理导致的服务器 CPU 负载居高不下：大量的协议栈处理操作占用了服务器 CPU 资源，分散了原本用于计算任务的 CPU 资源，从而影响整体性能。

为了解决这些问题，远程直接地址访问（Remote Direct Memory Access，RDMA）技术应运而生。RDMA 技术是一种专为解决网络传输中服务器端数据处理延迟而产生的技术。利用 RDMA 技术，应用程序可以直接从内存中读取数据，不需要经过 CPU 和操作系统，从而显著地降低网络传输时延并提高整体性能。

RDMA 技术不是一项新技术，它已经在高性能科学计算领域得到了广泛应用。随着数据中心对高带宽和低时延的需求不断增长，RDMA 技术也开始逐渐应用于那些要求高性能数据中心的场景。

举个例子，2021 年，某大型网上商城在"双十一"购物狂欢节中创下了 5000 多亿元的交易额纪录，比 2020 年增长了近 10%。这个巨大的交易额背后涉及海量的数据处理。为了支撑如此巨大的交易量，该网上商城采用了 RDMA 技术来提供高性能网络支持，从而确保了"双十一"购物节的顺畅进行。RDMA 技术的引入为该网上商城提供了低时延和高带宽的网络连接，使数据能够被快速、准确地传输和处理，为消费者带来了更加流畅的购物体验。

总的来说，RDMA 技术对于数据中心的高性能发展至关重要，尤其在处理大规模数据和应对高并发请求方面具有显著的优势。随着数据中心技术的不断进步和应用场景的不断拓展，RDMA 技术有望在未来得到更广泛的应用和发展。接下来，我们将详细讨论 RDMA 技术的细节。

1．DMA 和 RDMA 的概念

DMA 技术允许在计算机主板上的设备直接把数据发送到内存，数据搬运不需要 CPU 的参与，如图 11-5 所示。

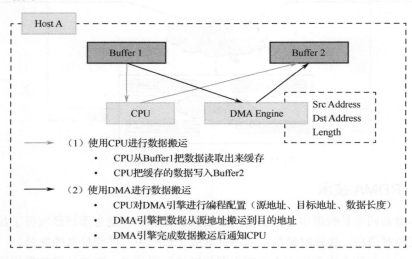

图 11-5　DMA 技术介绍

传统内存访问需要通过 CPU 进行数据复制来移动数据，即通过 CPU 将数据从 Buffer 1 移动到 Buffer 2 中。在 DMA 技术中，可以在 DMA Engine 之间通过硬件将数据从 Buffer 1 移动到 Buffer 2，而不需要操作系统 CPU 的参与，从而大大降低了 CPU 复制的开销。

RDMA 技术是一种主机卸载（Host-offload）和主机旁路（Host-bypass）技术，允许应用程

序（包括存储）在它们的内存空间之间直接进行数据传输，如图 11-6 所示。

通过绕过传统的 TCP/IP 协议栈，RDMA 技术能够提供更低时延和更高带宽的数据传输。在 RDMA 架构中，源和目标之间的可靠连接是由具有 RDMA 引擎的以太网卡（RNIC）来负责管理的，而不是主机。这意味着数据传输的负载被卸载到了以太网卡上，从而释放了 CPU 资源。

应用程序与 RNIC 的通信是通过一对队列（Queue Pair，QP）和完成队列（Completion Queue，CQ）来实现的。每个应用程序可以拥有多个 QP 和 CQ，而每个 QP 都包含一个发送队列（Send Queue，SQ）和一个接收队列（Receive Queue，RQ）。每个 CQ 可以与多个 SQ 或 RQ 相关联，这为应用程序提供了灵活的数据传输和管理能力。

2．RDMA 技术的优势

传统的 TCP/IP 技术在处理数据包时，须经过操作系统及其他软件层，要占用大量的服务器资源和内存总线带宽。数据在系统内存、处理器缓存和网络控制器缓存之间被来回地复制和移动，给服务器的 CPU 和内存带来了沉重负担。尤其是网络带宽、处理器速度与内存带宽三者严重的"不匹配性"加剧了网络延迟效应。

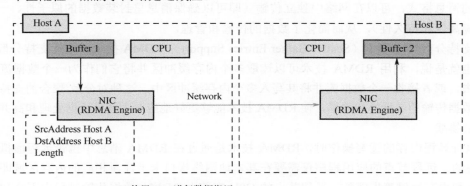

使用DMA进行数据搬运
- 网络接口卡（Network Interface Card, NIC）支持RMDA引擎
- CPU对RMDA引擎进行编程配置（源地址、目标地址、数据长度）
- RDMA引擎把数据从源地址搬运到目的地址
- RDMA引擎完成数据搬运后通知CPU

图 11-6　RDMA 技术介绍

RDMA 技术是一种新的直接内存访问技术，其允许一台计算机直接访问另一台计算机的内存，而不需要经过处理器。传统网络和 RDMA 网络区别如图 11-7 所示。RDMA 技术将数据从一个系统快速移动到远程系统的内存中，而不对操作系统造成任何影响。

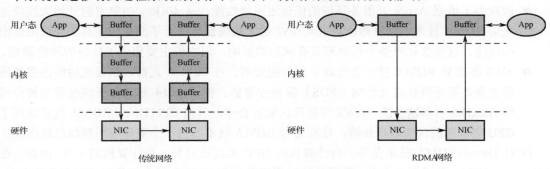

图 11-7　传统网络和 RDMA 网络区别

RDMA 技术实际上是一种智能网卡与软件架构充分优化的远端内存直接高速访问技术，通过将 RDMA 协议固化在硬件（即网卡）上及支持零复制（Zero-copy）和主机内核旁路（Kernel Bypass）这两种技术途径，来达到其高性能的远程直接数据存取的目标。使用 RDMA 技术的优势如下。

- 零复制（Zero-copy）。在不涉及网络软件栈的情况下，应用程序能够直接执行数据传输。数据能够被直接发送到缓冲区或者直接从缓冲区里接收，而不需要被复制到网络层。
- 主机内核旁路（Kernel Bypass）。应用程序可以直接在主机用户态下执行数据传输，不需要在主机内核态与用户态之间做上下文切换。
- 不需要 CPU 干预（No CPU Involvement）。应用程序可以访问远程主机内存，而不消耗远程主机中的任何 CPU 资源。远程主机内存能够被读取，而不需要远程主机上的进程或 CPU 参与。远程主机 CPU 的缓存不会被访问的内存内容所填充。
- 基于消息传递的事务性操作（Message Based Transaction）。这意味着数据被处理为离散的消息，而不是连续的数据流。这种基于消息传递的处理方式意味着数据被封装成特定的消息格式，可以在网络中独立传输（即可以确保消息里封装数据的原子性、一致性、隔离性和持久性），从而简化了数据的传输和管理。
- 支持分散/聚合条目（Scatter/Gather Entries Support）。RDMA 技术原本就支持分散/聚合，也就是说，利用 RDMA 技术可以读取多个内存缓冲区并将它们作为一个数据流发送出去，或者接收一个数据流并将其写入多个内存缓冲区中。这种对分散/聚合的支持提高了数据传输的灵活性和效率，使 RDMA 技术能够更好地应对大规模数据处理和高并发请求的挑战。

在执行远程内存的读写操作时，RDMA 技术是通过在 RDMA 消息中携带远程虚拟内存地址来实现的。远程节点的应用程序仅需要在其本地网络接口卡上注册相应的内存区域即可。除连接建立和内存注册等步骤外，远程节点的 CPU 在整个 RDMA 数据传输过程中不会被调用，从而不会对 CPU 造成额外的负载。

11.2.2 GPU Direct RDMA 技术

在数据中心广泛采用 RDMA 技术的先行者中，微软公司（简称微软）于 2015 年至 2018 年间在计算机网络系统领域国际顶级会议 ACM SIGCOMM 上发表了多篇论文，探讨了 RDMA 技术在数据中心的应用。此后，亚马逊云服务（Amazon Web Services，AWS）也开始实施 RDMA 技术的部署，但其方法与微软有显著的不同。

- 微软为了增强 Azure 云服务环境的低延迟网络性能，从 40Gb/s 的带宽起开始大规模地采用 RDMA 技术。尽管微软对 RoCE v2 的大规模部署进行了流量控制算法和应用层面的优化，这些优化对整个行业都具有深远的影响，但它们主要集中于传统的网络领域。
- AWS 在部署 RDMA 技术上采取了不同的策略。在 2014 年之前，低延迟网络的多数应用主要是基于软件定义存储（SDS）解决方案的。到了 2014 年，由于深度卷积神经网络 AlexNet 的卓越性能，AWS 与英伟达紧密合作，利用 GPU Direct RDMA 技术实现了 GPU 集群内的快速数据传输，这标志着 RDMA 技术的另一个重要应用领域已经实现。

GPU Direct RDMA 技术允许一台计算机的 GPU 直接访问另一台计算机的 GPU 内存。在 GPU Direct RDMA 技术诞生之前，数据传输过程需要先将 GPU 内存中的数据复制到系统内存，再通过 RDMA 传输到目标计算机，随后目标计算机的 GPU 还需要将数据从系统内存复制到 GPU 内存。这一技术被称为 GPU Direct 1.0 技术。从 GPU Direct 1.0 技术发展到 GPU Direct RDMA 技术，技术的演进如图 11-8 所示。GPU Direct RDMA 技术进一步减少了 GPU 间通信的数据复制次数，有效地降低了通信延迟。

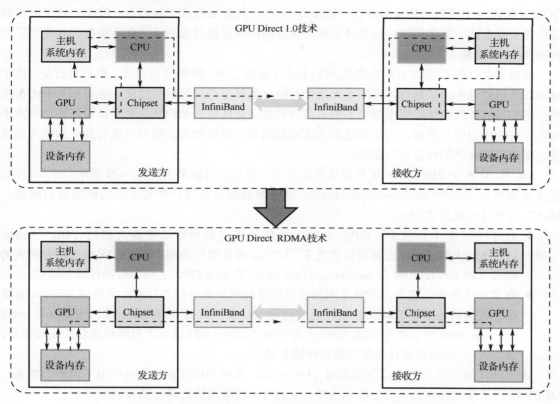

图 11-8　从 GPU Direct 1.0 技术到 GPU Direct RDMA 技术的技术演进

11.2.3　多 GPU 编程的底层通信库

MXMACA 提供了一套专为多 GPU 编程设计的底层通信库，名为 MetaX Collective multi-GPU Communication Library（MCCL）。MCCL 是沐曦在软件层面对多种通信方式的封装，旨在为多 GPU 编程提供简单而强大的支持。MCCL 支持的通信方式和底层通信链路如图 11-1 所示，该通信库在节点内部和节点之间都能实现多 GPU 间的快速集合通信。

对于节点内部的通信而言，MCCL 提供了两种主要的通信方式。一种是通过 PCIe 链路或 MetaXLink 链路的 GPU Direct P2P 通信方式，这种方式允许 GPU 之间进行直接的高速数据传输，无须 CPU 介入，这避免了通过 CPU 进行数据交换的开销。另一种是通过 PCIe Host Bridge 实现的非 GPU Direct P2P 通信方式，这种方式通过 PCIe Host Bridge 进行数据交换，而不是通过两个 GPU 进行直接通信。

在节点间的通信方面，MCCL 同样也提供了多样化的解决方案。一种是基于以太网的 Socket 通信，这是一种广泛使用的网络通信方式，适用于大多数的应用场景。另一种是基于 Infiniband 链路的 GPU Direct RDMA 技术进行通信，其允许 GPU 之间进行高速、低延迟的数据传输，特别适合大规模集群中需要高效数据传输和计算的应用场景。

MCCL 严格遵循消息传递接口（Message Passing Interface，MPI）定义的主流集合 API，这意味着它与 MPI 兼容，从而可以与许多现有的并行计算框架和库一起使用。这增加了 MCCL 的灵活性和可扩展性，使其几乎可以与任何多 GPU 并行模型兼容。无论是单线程、多线程（每个 GPU 使用一个线程）还是多进程（MPI 与 GPU 上的多线程操作相结合）模型，MCCL 都能提供强大的支持。这种灵活性使程序员能够根据应用需求选择最适合的并行模型，从而更好地利用多 GPU 资源。

总而言之，使用 MCCL 可以简化 MXMACA 编程工作，降低开发难度。更重要的是，由于 MCCL 的通用性和可扩展性，程序员无须针对特定机器进行应用程序优化，这为 MXMACA 应用程序的功能开发和性能优化提供了更大的便利性。通过使用 MCCL，程序员可以更加专注于实现应用程序的核心逻辑，而无须过多关注底层通信和并行处理的细节，这有助于加快开发速度，提高应用程序的性能和可靠性。

MCCL 的集合通信 API 采用异步调用的方式（内部通过流来实现），API 调用后立即返回，程序员需要调用函数 mcStreamSynchronize 等待聚合通信完成。针对不同的底层通信路径，MCCL 的软件实现方式如下。

- 在单节点多卡环境中，GPU 之间的通信链路主要利用服务器内部的 PCIe 链路或 MetaXLink 链路。在这种通信方式下，MCCL 软件通过调用 MXMACA 运行时库提供的函数（如 mcMemcpy 和 mcMemcpyPeer 等），来实现 GPU 之间的数据传输和通信。
- 在多节点多卡环境中，GPU 之间的通信链路则利用服务器之间的以太网或 Infiniband 链路。在这种场景下，MCCL 软件通过调用 socket API 或 libibverbs 库的 ibv_post_send/ibv_post_recv 等 API 来实现 GPU 之间的通信。这些 API 提供了对网络通信的底层访问，使 GPU 之间能够进行高效的数据传输和通信。

MCCL 支持的分布式通信方式如图 11-9 所示，其中不同颜色的方块代表不同的数据块。MCCL 提供了两类分布式通信功能和 API，以满足不同类型的数据传输和通信需求。

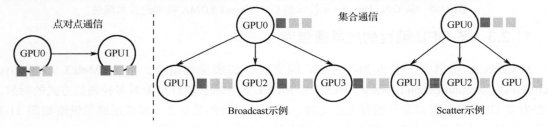

图 11-9 MCCL 支持的分布式通信方式

- 点对点（Peer-to-Peer，P2P）通信是一种直接的、一对一的通信方式。在 MCCL 中，点对点通信原语包括 Send 和 Receive。这两个通信原语需要配对使用，因为它们通常是一一对应的，一起完成把数据从一个 GPU 发送到另一个 GPU 的过程。如果只使用通信原语 Send 或 Receive，而没有对应的配对，可能会导致通信阻塞。这种通信方式适用于需要直接、快速通信的场景，例如计算密集型任务。
- 集合通信（Collective Communication，CC）是一种多对多的通信方式，涉及多个发送方或者多个接收方。集合通信原语包括 Broadcast、Gather、All-Gather、Scatter、Reduce、

All-Reduce、Reduce-Scatter 等。这些集合通信原语对应不同的数据传输和聚合操作。通过使用这些集合通信原语，可以实现数据在多个 GPU 之间的共享、聚合或分散等操作。集合通信适用于需要在多 GPU 之间进行协同处理或数据共享的场景，例如，在分布式计算任务中，需要将数据从多个节点聚合或分散到各个节点进行处理。

1. MCCL 初始化和点对点通信

使用 MCCL 进行编程时，需要掌握一些相关的基本概念和术语，以下是对这些关键概念的详细说明和解释。

- 通信器（Communicator）。通信器是 MCCL 中用于 GPU 间通信的实体，通常与单个 GPU 卡相对应。在分布式系统中，每个节点（或 GPU 卡）都会被赋予一个独一无二的等级标识（Rank），其用于在通信过程中明确数据发送和接收的目的地。
- 唯一标识符（mcclUniqueId）。每个 MCCL 进程都有一个独一无二的标识，被称为 mcclUniqueId。这个标识符由 MCCL 进程监听的 Socket 的 IP 地址和端口号构成，用于识别和区分不同的 MCCL 进程。通过这一唯一标识，进程间能够建立通信连接并交换数据。
- 世界（World）。在 MCCL 中，世界是指一个由多个可以相互通信的等级标识（Rank）组成的集合。属于同一世界（World）的等级标识可以进行通信，而不同世界中的等级标识则无法直接通信。世界的概念为程序员提供了一种有效的方式来组织和控制进程间的通信，使通信管理变得更加直观和方便。

MCCL 初始化函数见表 11-1。

表 11-1　MCCL 初始化函数

函　数　名	相关参数	说　　明
mcclGetUniqueId	mcclUniqueId* uniqueId	创建函数 mcclCommInitRank 使用的唯一标识符。该函数只能被调用一次（在整个分布式计算中只能被一个地方调用），调用后产生的唯一标识符需要分发给分布式任务中其他所有的任务，然后再启动函数 mcclCommInitRank 进行初始化（该初始化操作需要使用全局统一的唯一标识符）
mcclCommInitRank	mcclComm_t* comm, int nranks, mcclUniqueId commId, int rank	在多进程或多线程中创建一个新的通信器。这个函数为多 GPU 通信创建了上下文，允许不同的 GPU 之间进行通信，并返回一个指向 mcclComm_t 类型的指针，也就是返回通信器的句柄。函数的输入参数 rank 是当前 GPU 在其所属节点中的索引，必须在 0 到 nranks-1 之间，并且是唯一的
mcclCommInitAll	mcclComm_t* comms, int ndev, const int* devlist	进程中统一创建的通信器，需要预先分配通信器地址，并传入设备个数和设备列表（该函数在单机通信中使用较方便，在多机通信中不使用该函数）

点对点通信通常是指单个 GPU 之间的直接数据传输。虽然 MCCL 本身不提供传统的点对点通信 API，但它可以通过集合通信操作间接实现类似的效果，例如使用 mcclSend 和 mcclRecv 进行 GPU 之间的数据传输。MCCL 点对点通信函数见表 11-2。

表 11-2　MCCL 点对点通信函数

函 数 名	相 关 参 数	说 明
mcclSend	const void* sendbuff，size_t count，mcclDataType_t datatype，int peer，mcclComm_t comm，mcStream_t stream	函数 mcclSend 负责将数据从缓冲区 sendbuff 发送至等级标识（Rank）为 peer 的目标节点（peer）。函数 mcclRecv 则用于接收来自等级标识为 peer 的源节点发送的数据。为了成功接收数据，等级为 peer 的目标节点必须调用函数 mcclRecv，且该函数的数据类型和数据计数（count）必须与函数 mcclSend 调用中相应的参数相匹配。 函数 mcclSend 和 mcclRecv 的操作是阻塞性的，这意味着 GPU 会等待这些操作完成。如果需要在单个通信步骤中同时执行多个函数 mcclSend 和 mcclRecv 的调用，这些调用必须被包含在由函数 mcclGroupStart 和 mcclGroupEnd 定义的通信组内，以确保它们能够并行进行。这种做法可以提高通信效率，因为其允许多个发送和接收操作同时在 GPU 上执行，而不是顺序执行
mcclRecv	void* recvbuff，size_t count，mcclDataType_t datatype，int peer，mcclComm_t comm，mcStream_t stream	

2．MCCL 集合通信

利用 MCCL 点对点通信针对通信原语 Sender 和 Receiver 提供的函数 mcSend 和 mcRecv，可以实现集合通信的集合通信原语。此外 MCCL 针对集合通信原语也提供了相应的函数，下面一一进行介绍。

（1）集合通信原语 Gather 集合所有 GPU 上的数据，并将这些数据写到指定的 GPU 上，如图 11-10 所示。集合通信原语 Gather 使用范例见示例代码 11-1。

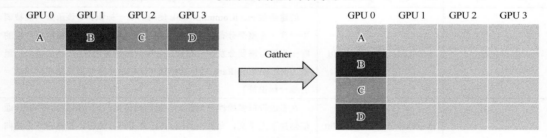

图 11-10　集合通信原语 Gather 示例

示例代码 11-1　集合通信原语 Gather 使用范例

```
mcclGroupStart();
if(rank==root){
  for(int i=0;i<nranks;i++) {
    mcclRecv(recvbuff[i],size,type,r,comm,stream);
  }
}
mcclSend(sendbuff,size,type,root,comm,stream);
mcclGroupEnd();
```

（2）集合通信原语 Reduce 对所有 GPU 的数据进行 reduce 操作（如 sum、max），并将结果写到指定的 GPU 上，如图 11-11 所示。集合通信原语 Reduce 使用范例见示例代码 11-2。

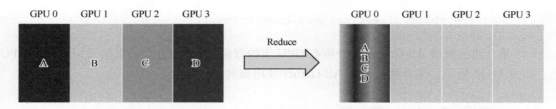

图 11-11　集合通信原语 Reduce 示例

示例代码 11-2　集合通信原语 Reduce 使用范例

```
mcclGroupStart();
if(rank==root){
  for(int i=0;i<nranks;i++) {
    mcclReduce(sendbuf[i], recvbuf[i], size, mcclFloat, mcclSum, 0,comms[i],
s[i]);
  }
}
  mcclGroupEnd();
```

（3）集合通信原语 Scatter 将根 GPU（Root GPU）上的数据切分发送到所有 GPU 上，如图 11-12 所示。其中根 GPU 指的是在特定的并行计算或通信原语中起主导作用的 GPU，例如以下应用场景中的 GPU 可以被视为根 GPU。

● 并行计算的启动点：在某些并行算法中，根 GPU 负责初始化操作，可能是分配任务、收集结果或执行特定的启动序列。

● 数据聚合点：在执行如全归约（All-Reduce）这样的集合通信原语时，根 GPU 通常是数据聚合的终点。来自其他 GPU 的数据会被汇总到根 GPU 上。

● 协调者：根 GPU 可能充当协调者，负责协调多 GPU 之间的通信和同步。

● 主设备：在分布式训练或数据并行处理中，根 GPU 可能被作为主设备，负责更新模型参数并广播给其他 GPU。

● 控制中心：根 GPU 可能被作为控制中心，负责监控整个系统的进度和性能。

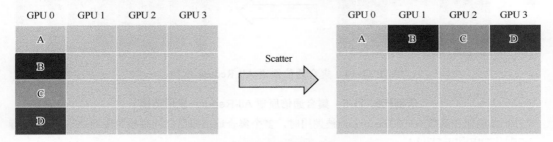

图 11-12　集合通信原语 Scatter 示例

集合通信原语 Scatter 使用范例见示例代码 11-3。

示例代码 11-3　集合通信原语 Scatter 使用范例

```
mcclGroupStart();
if(rank==root){
for(int i=0;i<nranks;i++)
   mcclSend(sendbuff[i],size,type,r,comm,stream);
}
```

```
mcclRecv(recvbuff,size,type,root,comm,stream);
mcclGroupEnd();
```

（4）集合通信原语 All-Gather 集合所有 GPU 上的数据，并将集合后的数据写到所有的 GPU 上，如图 11-13 所示。集合通信原语 All-Gather 使用范例见示例代码 11-4。

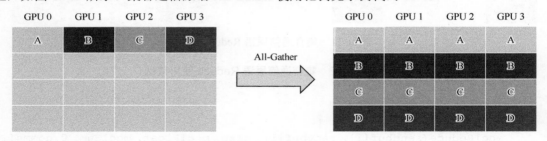

图 11-13　集合通信原语 All-Gather 示例

示例代码 11-4　集合通信原语 All-Gather 使用范例

```
mcclGroupStart();
if(rank==root){
    for(int i=0;i<nranks;i++) {
        mcclAllGather(sendbuf[i], recvbuf[i], size, mcclFloat, comms[i],
s[i]);
    }
}
mcclGroupEnd();
```

（5）集合通信原语 All-Reduce 对所有 GPU 上的目标数据进行 reduce 操作（如 sum、max），并将结果写到所有的 GPU 上，如图 11-14 所示。集合通信原语 All-Reduce 使用范例见示例代码 11-5。

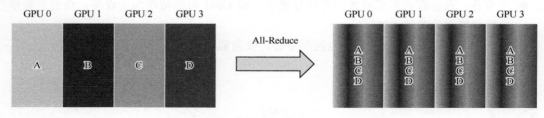

图 11-14　集合通信原语 All-Reduce 示例

示例代码 11-5　集合通信原语 All-Reduce 使用范例

```
//MCCL确保在函数mcclGroupEnd被调用时，多个集合通信原语能同时被调度到stream中执行
mcclGroupStart();
//在单进程多GPU中，nranks表示GPU的数量，须对每个GPU执行一次集合通信原语All-Reduce
for (int i = 0; i < nranks ; ++i) {
    mcclAllReduce(sendbuf[i], recvbuf[i], size, mcclFloat, mcclSum,
0,comms[i], s[i]);
}
mcclGroupEnd();
//调用stream同步方法等待每个GPU的集合通信原语Broadcast完成
for (int i = 0; i < nranks ; ++i) {
    mcSetDevice(i);
```

```
    mcStreamSynchronize(s[i]);
    }
```

（6）集合通信原语 Broadcast 将根 GPU 上的数据发送到所有的 GPU 上，其中根 GPU 可以由程序员指定，如图 11-15 所示。集合通信原语 Broadcast 使用范例见示例代码 11-6。

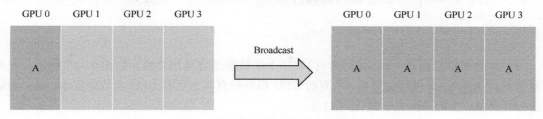

图 11-15　集合通信原语 Broadcast 示例

示例代码 11-6　集合通信原语 Broadcast 使用范例

```
//MCCL确保在函数mcclGroupEnd被调用时，多个集合通信原语能同时被调度到stream中执行
mcclGroupStart();
//在单进程多GPU方式中，从root节点发送sendbuff中的数据到所有GPU上的recvbuff中
for (int i = 0; i < nranks ; ++i) {
    mcclBroadcast(sendbuff[i], recvbuff[i], count, datatype, root, comm[i],
stream[i]);
    }
mcclGroupEnd();
//调用stream同步方法等待每个GPU的集合通信原语Broadcast完成
for (int i = 0; i < nranks ; ++i) {
    mcSetDevice(i);
    mcStreamSynchronize(s[i]);
    }
```

（7）集合通信原语 Reduce-Scatter 对所有 GPU 上的数据进行 reduce 操作（如 sum、max），然后将结果切分到所有的 GPU 上，如图 11-16 所示。集合通信原语 Reduce-Scatter 使用范例见示例代码 11-7。

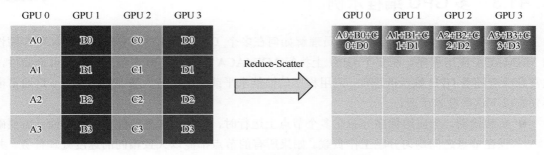

图 11-16　集合通信原语 Reduce-Scatter 示例

示例代码 11-7　集合通信原语 Reduce-Scatter 使用范例

```
//MCCL确保在函数mcclGroupEnd被调用时，多个集合通信原语能同时被调度到stream中执行
mcclGroupStart();
//在单进程多GPU中，nranks表示GPU数量，须对每个GPU执行集合通信原语Reduce-Scatter
for (int i = 0; i < nranks; ++i) {
    mcclReduceScatter(sendbuf[i], recvbuf[i], size, mcclFloat, mcclSum,
```

```
comms[i], s[i]);
    }
    mcclGroupEnd();
    //调用stream同步方法等待每个GPU的集合通信原语Reduce-Scatter完成
    for (int i = 0; i < nranks; ++i) {
        mcSetDevice(i);
        mcStreamSynchronize(s[i]);
    }
```

（8）集合通信原语 All-to-All 对所有 GPU 上的数据进行互相交换，如图 11-17 所示。在集合通信原语 All-to-All 使用完成后，所有的 GPU 都将拥有其他所有 GPU 的数据副本。集合通信原语 All-to-All 使用范例见示例代码 11-8。

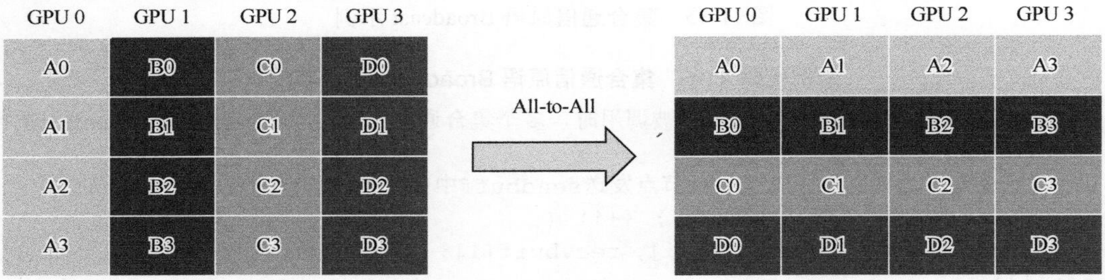

图 11-17　集合通信原语 All-to-All 示例

示例代码 11-8　集合通信原语 All-to-All 使用范例

```
mcclGroupStart();
for(int i=0;i<nranks;i++){
    mcclSend(sendbuff[i],sendcount,sendtype,r,comm,stream);
    mcclRecv(recvbuff[i],recvcount,recvtype,r,comm,stream);
}
mcclGroupEnd();
```

11.3　多 GPU 编程示例

本节通过具体的例子，帮助程序员理解如何在多个 GPU 上开发和实现近线性、可伸缩性的 MXMACA 应用程序。在多个 GPU 上执行 MXMACA 应用程序时实现近线性、可伸缩性，通常意味着随着 GPU 数量的增加，应用程序的性能水平或吞吐量应大致呈线性增长。这通常需要采取以下这些技术手段。

● 负载均衡。当应用程序分布在多个节点上运行时，为了实现近线性、可伸缩性，需要确保在节点之间均匀分配工作负载。如果所有的节点都能以大致相同的速度处理任务，并且可以把任务均匀地分配给这些节点，那么，整体性能将会接近线性增长。

● 并行处理。在多 GPU 环境中，并行处理可以显著地提高性能。如果每个 GPU 都能独立地处理一部分工作，并且这些部分可以被无缝地组合在一起，那么，应用程序就可以有效地利用增加的硬件资源来实现近线性、可伸缩性。

● 数据分片。对于大型数据集来说，将数据分成较小的片段并在多个节点上处理每个片段可以显著地提高性能。每个节点处理其分配的数据片段，然后将结果汇总以形成完整的解决方案。如果数据分片和汇总的开销相对较小，并且每个节点都能独立地处理其数据片段，那么，整体性能将呈线性增长。

● 流水线处理。流水线处理是一种将任务分解为一系列顺序步骤的方法，每个步骤都在不同的阶段完成。通过在多个 GPU 上并行执行这些步骤，可以显著地提高性能。其关键在于确保每个步骤都能独立地完成其任务，并且没有 GPU 会成为瓶颈。

● 分布式系统。在分布式系统中，应用程序的不同部分可以在不同的节点上运行。通过合理地分配任务和资源，可以实现近线性、可伸缩性。这需要仔细地设计系统架构，以便能够有效地协调各个节点的工作并避免瓶颈。

实现近线性、可伸缩性是优化计算密集型或数据密集型应用程序的关键，尤其是在处理大规模数据集或执行复杂计算任务时。

11.3.1 用于声学数值模拟的多 GPU 编程

基于 GPU 的声学并行计算和仿真应用于很多领域，如降低飞机噪声、分析音响设备、降低铁路噪声并优化声音屏障、船舶声学分析（水下声音传播及船体内部噪声计算）、仿真计算汽车通过噪声、计算发动机和齿轮传动系统噪声等。在声学数值模拟分析中，采用有限元方法对声学 Helmholtz 方程进行离散进而求解声学问题是一种广泛应用的方法，其声学数值仿真的精度非常依赖于 GPU 并行计算方案的加速。

实现声学方程数值模拟的常见方法包括有限差分法（Finite Difference Method，FDM）、伪谱法（Pseudo-Spectral Method，PSM）、有限单元法（Finite Element Method，FEM）等。本节以使用有限差分法求解二维波动方程为例，来讨论如何跨设备重叠计算和通信。此示例对前面介绍的向量加法和 ping-pong 例子进行了扩展，因为它同时包含了重要的计算和通信操作。请注意，本节将对该示例涉及的方程和术语进行阐释，但读者不需要从数学角度去理解，同时，本节将从 MXMACA 编程的角度去解释所有的概念，以便为有兴趣的读者提供的特定领域的信息。

1. 用有限差分法求解波动方程

二维波的传播规律可用波动方程（式 11-1）来描述。

$$\frac{\partial^2 u}{\partial x^2} + \frac{\partial^2 u}{\partial y^2} = v^{-2} \frac{\partial^2 u}{\partial t^2} \tag{11-1}$$

这是一个二阶偏微分方程，其中，$u(x, y, t)$ 是波场，$v(x, y)$ 是介质中的波速。求解这种偏微分方程的典型方法是使用规则的笛卡儿网格上的有限差分法。更简单地说，有限差分法近似于使用一个模板求导以计算规则网格中单一点的导数，具体方法是在围绕该点的多个局部点上应用一个函数。本节将以一个 17 点的二维模板（见图 11-18）为例来进行探讨。求解中心点的导数，则需要使用 16 个离中心点最近的局部点。

偏导数可以用一个泰勒展开式来表示，其在一个维度的实现用下面的伪代码来表示。这段伪代码使用一维数据 der_u 来累加当前的元素 u[i] 之前的 4 个元素（表示为 u[i+d]）和之后的四个元素（表示为 u[i-d]）的贡献。数

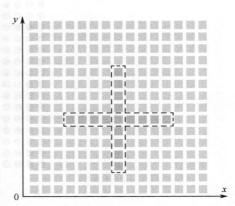

图 11-18　二维模板示例（17 点）

组 c 用于存储导数的稀疏性，u[i]是计算的中心点。der_u[i]将存储计算得到的中心点的偏导数值。

```
der_u[i] = c[0] * u[i]
for (int d = 1; d <= 4; d++)
    der_u[i] += c[d] * (u[i-d] + u[i+d]);
```

2. 多 GPU 程序的典型模式

为了准确地模拟在不同介质中的二维波传播，需要大量的数据，但单 GPU 的全局内存没有足够的空间存储模拟过程的状态，这就需要跨多个 GPU 的数据域分解。假设在二维数组中 z 轴是最内层的维度，那么，可以沿 y 轴分割数据使其分布在多个 GPU 上。因为对一个给定点的计算需要其两侧最近的 4 个点，所以需要为存储在每个 GPU 上的数据添加填充区域，如图 11-19 所示，此填充区域用于在二维波传播计算的每次循环中相邻 GPU 之间的数据交换。

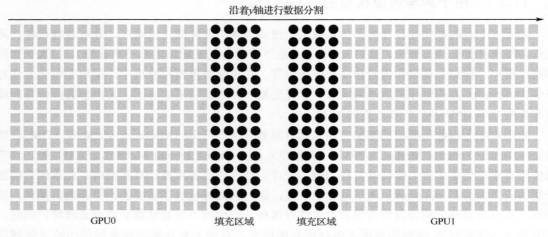

图 11-19　在 GPU 全局内存增加填充区域进行数据交换

用多 GPU 来求解波动方程可以使用如图 11-20 所示的域分解模式，在模拟过程中的每步都会使用以下的通用模式。

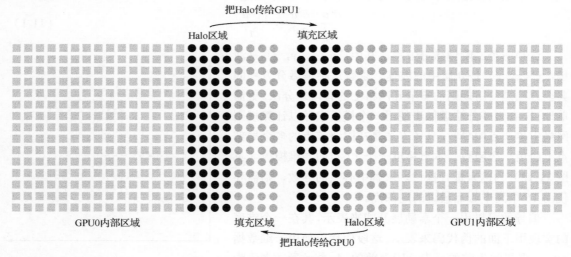

图 11-20　多 GPU 求解波动方程的思路

步骤 1：在一个流中使用相邻的 GPU 计算 Halo 区域的数据和交换 Halo 区域的数据。

步骤 2：在不同的流中计算内部区域。

步骤 3：在进行下一次循环之前，在所有 GPU 上进行同步计算。

如果使用两个不同的流，其中一个流专门负责 Halo 区域的数据计算和与相邻 GPU 之间的 Halo 区域的数据交换，另一个流则负责执行该 GPU 内部区域的数据计算。那么，步骤 1（Halo 区域的数据处理）与步骤 2（内部区域的数据计算）是可以重叠的。如果 GPU 内部区域的数据计算任务比 Halo 区域的数据处理任务更为耗时，通过利用多个 GPU，可以将 Halo 区域数据交换的通信延迟隐藏起来，从而提高程序的整体执行效率，实现计算加速。在两个 GPU 上进行模板计算的伪代码见示例代码 11-9。该伪代码假设该 GPU 架构支持统一寻址内存技术，所以不需要为复制操作设置当前设备，但是在启动核函数之前，必须指定当前设备。

示例代码 11-9 在两个 GPU 上进行模板计算的伪代码

```
for(int istep = 0; istep < nsteps; istep++)
    {
        for (int i = 0; i < 2; i++)
        {
            mcSetDevice(i);
            //compute halo (nx表示x方向的点数)
            kernel_2dfd<<<grid, block, 0, stream_halo[i]>>>(d_u1[i], d_u2[i],
                    nx, haloStart[i], haloEnd[i]);
        }

        //exchange halo
        mcMemcpyAsync(d_u1[1] + dst_skip[0], d_u1[0] + src_skip[0],
                    iexchange, mcMemcpyDefault, stream_halo[0]);
        mcMemcpyAsync(d_u1[0] + dst_skip[1], d_u1[1] + src_skip[1],
                    iexchange, mcMemcpyDefault, stream_halo[1]);

        for (int i = 0; i < 2; i++)
        {
            mcSetDevice(i);
            mcDeviceSynchronize();
        }
    }
}
```

3. 多 GPU 上的二维模板计算

在二维模板计算中使用两个设备数组，一个保存当前的波场，另一个保存更新后的波场。如果定义 x 为最内层的数组维度，y 为最外层的数组维度，那么可以沿着 y 轴跨设备均匀地分配计算。

因为每个点的更新需要获取与其相邻的 8 个点的信息，这导致多个点在处理过程中会重复使用相同的输入数据。因此，通过利用共享内存，可以显著地降低对全局内存的访问频率。共享内存的分配量与一个线程块所需要获取的相邻数据点的数量相对应，所以分配该线程块的共享内存需要包含相邻的 8 个点的信息，如图 11-21 所示。实现这种内存使用策略相应的代码片段是

```
__shared__ float line[4 + BDIMX + 4];
```

图 11-21　包含相邻的 8 个点信息的线程块共享内存分配

在核函数中，可以声明一个本地数组来存储 9 个用于 y 轴模板的浮点数值，这些值会被编译器优化后放到寄存器中。当沿 y 轴加载当前的元素及其前后的元素时，所使用的寄存器的作用类似于共享内存，但它们更高效，因为它们有助于减少对全局内存的重复访问。这种设计利用了寄存器的快速访问特性来提高内存访问的效率。

单线程中沿 x 轴存储模板值的共享内存和沿 y 轴存储模板值的 9 个寄存器如图 11-22 所示。

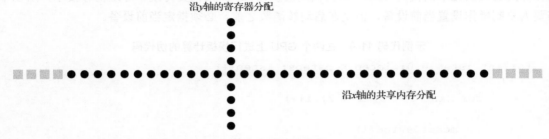

图 11-22　沿 x 轴的共享内存分配和沿 y 轴的寄存器分配

一旦输入数据被分配并初始化，在每个 GPU 线程上实现有限差分的模板计算可以参考示例代码 11-10。

示例代码 11-10　单个 GPU 线程上实现有限差分的模板计算

```
float tmp = coef[0] * tile[stx] * 2.0f;

for(int d = 1; d <= 4; d++)
{
    tmp += coef[d] * (tile[stx - d] + tile[stx + d]);
}

for(int d = 1; d <= 4; d++)
{
    tmp += coef[d] * (yval[4 - d] + yval[4 + d]);
}

//time dimension
g_u1[idx] = yval[4] + yval[4] - g_u1[idx] + alpha * tmp;
```

二维模板计算的完整核函数代码见示例代码 11-11。

示例代码 11-11　二维模板计算的完整核函数代码

```
__global__ void kernel_2dfd(float *g_u1, float *g_u2, const int nx,
                            const int iStart, const int iEnd)
{
    //global to line index
    unsigned int ix = blockIdx.x * blockDim.x + threadIdx.x;
```

```
        //smem idx for current point
        unsigned int stx = threadIdx.x + NPAD;
        unsigned int idx = ix + iStart * nx;

        //shared memory for x dimension
        __shared__ float line[BDIMX + NPAD2];

        //a coefficient related to physical properties
        const float alpha = 0.12f;

        //register for y value
        float yval[9];

        for (int i = 0; i < 8; i++) yval[i] = g_u2[idx + (i - 4) * nx];

        //skip for the bottom most y value
        int iskip = NPAD * nx;

#pragma unroll 9
        for (int iy = iStart; iy < iEnd; iy++)
        {
            //get yval[8] here
            yval[8] = g_u2[idx + iskip];

            //read halo part
            if(threadIdx.x < NPAD)
            {
                line[threadIdx.x]   = g_u2[idx - NPAD];
                line[stx + BDIMX]   = g_u2[idx + BDIMX];
            }

            line[stx] = yval[4];
            __syncthreads();

            //8rd fd operator
            if ( (ix >= NPAD) && (ix < nx - NPAD) )
            {
                //center point
                float tmp = coef[0] * line[stx] * 2.0f;

#pragma unroll
                for(int d = 1; d <= 4; d++)
                {
                    tmp += coef[d] * ( line[stx - d] + line[stx + d]);
                }

#pragma unroll
                for(int d = 1; d <= 4; d++)
                {
                    tmp += coef[d] * (yval[4 - d] + yval[4 + d]);
                }
```

```
        //time dimension
        g_u1[idx] = yval[4] + yval[4] - g_u1[idx] + alpha * tmp;
    }

#pragma unroll 8
    for (int i = 0; i < 8 ; i++)
    {
        yval[i] = yval[i + 1];
    }

    //advancd on global idx
    idx  += nx;
    __syncthreads();
    }
}
```

4. 重叠计算与通信

该二维模板的执行配置使用一个具有一维线程块的一维线程网格，其在主机上的声明如下，其中 nx 为 x 轴方向的点数。

```
dim3 block(BDIMX);
dim3 grid(nx / block.x);
```

在主机上，二维波的传播时间通过使用 nsteps 次迭代的时间循环来控制。在第一次时间步长中，核函数 kernel_add_wavelet 负责在 GPU0 介质中引入一个波纹扰动。随后，随着时间的变化，扰动通过迭代过程不断地传递。因为 Halo 区域的计算和数据交换被安排在每个设备的 stream_halo 流中，内部区域的计算被安排在每个设备的 stream_internal 流中，所以在此二维模板上计算和通信可以重叠，详细实现方式见示例代码 11-12。

示例代码 11-12　重叠二维模板上的计算和通信

```
//add wavelet only onto gpu0
if (istep == 0)
{
    CHECK(mcSetDevice(0));
    kernel_add_wavelet<<<grid, block>>>(d_u2[0], 20.0, nx, iny, ngpus);
}

//halo part
for (int i = 0; i < ngpus; i++)
{
    CHECK(mcSetDevice(i));

    //compute halo
    kernel_2dfd<<<grid, block, 0, stream_halo[i]>>>(d_u1[i], d_u2[i],
        nx, haloStart[i], haloEnd[i]);

    //compute internal
    kernel_2dfd<<<grid, block, 0, stream_body[i]>>>(d_u1[i], d_u2[i],
        nx, bodyStart[i], bodyEnd[i]);
}
```

```
//exchange halo
if (ngpus > 1)
{
    CHECK(mcMemcpyAsync(d_u1[1] + dst_skip[0], d_u1[0] + src_skip[0],
            iexchange, mcMemcpyDefault, stream_halo[0]));
    CHECK(mcMemcpyAsync(d_u1[0] + dst_skip[1], d_u1[1] + src_skip[1],
            iexchange, mcMemcpyDefault, stream_halo[1]));
}

for (int i = 0; i < ngpus; i++)
{
    CHECK(mcSetDevice(i));
    CHECK(mcDeviceSynchronize());

    float *tmpu0 = d_u1[i];
    d_u1[i] = d_u2[i];
    d_u2[i] = tmpu0;
}
```

5. 编译和执行

在沐曦官网的开发者社区中，找到本书示范代码项的相关链接并进行下载，可获得这个例子的文件 simple2DFD.cpp。通过以下命令进行编译，生成目标程序 simple2DFD。

```
$ mxcc -O3 -x maca simple2DFD.cpp -o simple2DFD
```

再来看一下在一个机器系统上运行后输出的例子。该机器系统有两个曦云系列 GPU，我们分别使用一次迭代和两次迭代运行，程序 simple2DFD 的运行结果如图 11-23 所示。

迭代一次　　　　　　　　　　　　迭代两次

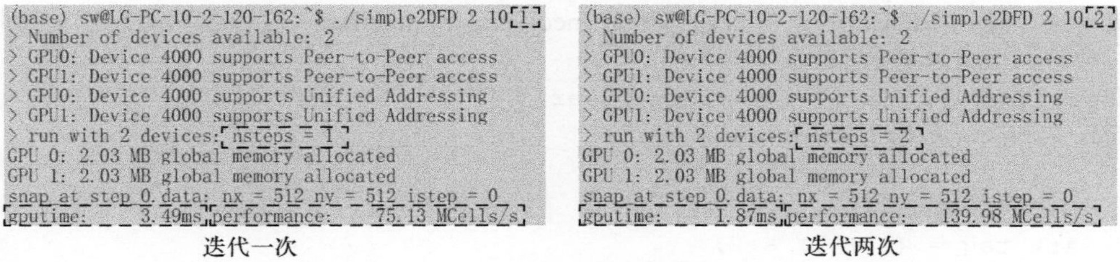

图 11-23　程序 simple2DFD 的运行结果

如图 11-23 所示，该程序的性能指标用 MCells/s 表示。对于二维情况，性能指标用 $\dfrac{nx \times ny \times 迭代次数}{总时间 \times 10^6}$ 来表示，其中 nx 是 x 轴方向的点数，ny 是 y 轴方向的点数，总时间的单位是秒。

程序 simple2DFD 的运行结果显示了从一个 GPU 移动到两个 GPU 的近似线性扩展（有效率为 96%），由此可以得出结论，转移 Halo 区域增加的通信开销可以用 MXMACA 流在多个 GPU 上有效地隐藏。

6. 使用 MCCL 修改 GPU 通信的部分

在沐曦官网的开发者社区中，找到本书示范代码项的相关链接并进行下载，可获得这个例子的文件 simple2DFD.cpp。

（1）使用运行时库函数进行数据交换。

在上面的 simple2DFD.cpp 源代码中，GPU 之间的通信是使用运行时库提供的函数 mcMemcpyAsync 来完成的。第一个函数 mcMemcpyAsync 调用负责将 GPU0 的 Halo 区域的数据复制到 GPU1 的填充区域，第二个函数 mcMemcpyAsync 调用执行反向操作，即将 GPU1 的 Halo 区域的数据复制到 GPU0 的填充区域。这样的函数调用确保了两个 GPU 之间的数据同步，为后续的计算提供了所需的数据。

```
if (ngpus > 1)
{
    //交换两个GPU的数据，注意都是d_u1的数据，即新的时间步上的数据
    //这里是将GPU0的Halo区域数据复制到GPU1的填充区域
    CHECK(mcMemcpyAsync(d_u1[1] + dst_skip[0], d_u1[0] + src_skip[0],
    iexchange, mcMemcpyDefault, stream_halo[0]));
    //这里是将GPU1的Halo区域数据复制到GPU0的填充区域
    CHECK(mcMemcpyAsync(d_u1[0] + dst_skip[1], d_u1[1] + src_skip[1],
    iexchange, mcMemcpyDefault, stream_halo[1]));
}
```

（2）使用 MCCL 库函数进行数据交换。

在上面的 simple2DFD.cpp 源代码中，也可以通过编译宏 _USE_MCCL 来切换为使用 MCCL 库函数进行数据交换。要使用 MCCL 库函数，首先是做好针对 MCCL 的准备工作。

```
int devs[2] = {0, 1}; //GPU编号
//MCCL的Communicator数量为2
mcclComm_t comms[2];
//对Communicator初始化，如使用何种通信方式、建立map等
assert(mcclSuccess==mcclCommInitAll(comms, ngpus, devs));
```

接下来，使用 MCCL 的点对点通信函数 mcclSend 和 mcclRecv 进行数据的发送与接收。

```
//使用MCCL发送填充区数据
assert(mcclSuccess == mcclGroupStart());
for (int i = 0; i < ngpus; ++i)
{
    mcSetDevice(i);
    int tag = (i + 1) % 2;
    mcclSend(d_u1[i] + src_skip[i], NPAD * nx, mcclFloat,
            tag, comms[i], stream_halo[i]);
    mcclRecv(d_u1[i] + dst_skip[tag], NPAD * nx, mcclFloat,
            tag, comms[i], stream_halo[i]);
}
assert(mcclSuccess == mcclGroupEnd());
for (int i = 0; i < ngpus; ++i)
{
    mcSetDevice(i);
    //it will stall host until all operations are done
    mcStreamSynchronize(stream_halo[i]);
}
```

函数 mcclSend 和 mcclRecv 的调用需要在函数 mcclGroupStart 和 mcclGroupEnd 之间，这样才能实现非阻塞式通信，以确保函数 mcclSend 和 mcclRecv 的行为类似于 MPI 库中的异步通

信函数 MPI_Isend 和 MPI_Irecv。如果删除上述代码片段中的 mcclGroupStart 和 mcclGroupEnd 两行代码，函数 mcclSend 和 mcclRecv 的行为将类似于 MPI 库中的函数 MPI_Send 和 MPI_Recv，这些都是阻塞式通信函数。

最后，在完成计算工作后销毁 MCCL 的 Communicator。

```
for (int i = 0; i < ngpus; ++i)
{
    assert(mcclSuccess == mcclCommDestroy(comms[i]));
}
```

（3）编译与执行方法。

为了编译代码，请按照以下的步骤进行操作。先从沐曦官网进入开发者社区，找到本书示范代码项的相关链接并下载，解压获得完整示例，即 simple2DFD.cpp 源代码。

首先，进入代码目录。

然后，使用命令 make MCCL=0 来编译使用运行时库进行通信的版本。

```
make MCCL=0
```

随后，使用命令 make MCCL=1 来编译使用 MCCL 库进行通信的版本。

```
make MCCL=1
```

若要以调试模式编译，可以在命令 make 后面添加 DEBUG=1 选项。

```
make DEBUG=1 MCCL=1
```

最后在编译完成后，使用以下命令执行程序。

```
./build/simple2DFD argv[1] argv[2] argv[3] argv[4]
```

其中，命令的输入参数定义如下：argv[1]指定 GPU 的数量；argv[2]是两次存储数据操作之间的时间步数；argv[3]是总的计算时间步数；argv[4]是每个方向上的线程网格数。

11.3.2　GPU 加速异构集群编程

同构集群系统通常指由具有相同的硬件和软件配置的节点组成的系统，所有的节点具有相同的处理能力和功能。而在 GPU 加速异构集群中，计算任务分布在多个节点上，每个节点通常包含一个或多个 GPU 来加速计算，设计这种集群的目的是通过并行处理来提高性能和效率。与同构集群系统相比，GPU 加速异构集群被公认为能极大地提升性能和降低计算密集型应用程序的功耗。

由于其并行处理能力的特性，GPU 加速异构集群通常在处理计算密集型任务时表现出更高的性能，并且可以显著地降低功耗。这是因为，GPU 架构是专门为并行处理设计的，适合大规模数据并行处理。在实际应用中，GPU 加速异构集群中的高性能计算框架通常结合 MPI 一起使用。作为高性能计算框架的一种 GPU 编程语言，MXMACA 编程也支持将 MPI 与 GPU 编程框架集成，帮助程序员编写高效的跨 GPU 集群应用程序。

MPI 是一个标准化和便携式的用于数据通信的 API，它通过分布式进程之间的消息进行数据通信。在大多数的 MPI 实现中，库例程是直接从 C 或其他语言中调用的。MPI 和 MXMACA 都是基于 C 语言的拓展，所以它们可以被写到同一个 C 语言文件里。通过结合 MPI 和 MXMACA，可以实现混合集群编程，其中，MPI 负责进程间的数据传输，MXMACA 负责 GPU 计算程序的设计。这种组合可以利用两者的优势，即 MPI 的通信功能和 MXMACA 的 GPU 计算能力，以实现高效的数据处理和分析。

混合使用 MPI 和 MXMACA 的 GPU 加速异构集群编程具有巨大的潜力，但其复杂性也不容忽视。作为沐曦 GPU 通用计算程序开发的入门教材，本书未对此进行深入的探讨。若您对这个领域具有浓厚的兴趣，推荐阅读 MXMACA 编程丛书中的《沐曦异构并行计算软件栈——MXMACA C/C++程序设计高级教程》，同时，建议您查阅沐曦 GPU 相关的专业书籍和官方资料，以获取更加全面、详细的信息。在本书的结尾，我们衷心地希望这本书能为您的学习和实践提供有益的帮助。若有任何的疑问或建议，欢迎您随时与我们联系。

附录 A MXMACA 编程技术术语

技 术 领 域	英 文 术 语	中 文 术 语
Memory（内存）	Constant Memory	全局常量内存
	Global Memory	全局动态内存
	Memory Transaction	内存事务
	Pageable Memory	可分页内存
	Page-locked Memory（Pinned Memory）	页锁定内存
	Private Memory	线程私有内存
	Work-group Shared Memory	工作组共享内存
Hardware Device（硬件设备）	Accelerator Processor	加速处理器
	Data Processor Cluster	数据处理器簇
	Graphic Processor Cluster	图形处理器簇
	Parallel Execute Unit	并行执行单元
	Wave	线程束
	Cooperative Group	协作组
Software Programming（软件编程）	Collective Communication	集合通信
	Collective Computing	集合计算
	Collective function	集合函数
	Grid	线程网格
	Inter-Process Communication	进程间通信
	Kernel	核函数
	Shader	着色器
	Shuffle Instruction	洗牌指令
	Thread/Work-group	线程/工作组
	Thread Block/Work-group	线程块/工作组
	Unified Addressing Memory	统一寻址内存
	Unified Virtual Addressing Memory	统一虚拟寻址内存
	Wave Shuffle Function	线程束洗牌函数
	Zero-copy Memory	零复制内存

附录 B　本书相关缩略语

缩　略　语	缩略语英文描述	缩略语中文描述
AI	Artificial Intelligence	人工智能
AP	Accelerated Processor	加速处理器
API	Application Programming Interface	应用程序编程接口，这是一套预先定义的函数、协议和工具，用于构建软件应用。API 作为软件组件之间的桥梁，允许不同的程序或服务之间进行交互
BLAS	Basic Linear Algebra Subprograms	一套标准化的数学库，用于执行基本的线性代数运算，如矢量和矩阵的乘法、加法、乘法以及其他操作
CE	Command Engine	命令引擎单元，GPU 硬件里负责软件任务队列接收及工作组创建和分发
CLK	Clock	PLL 及时钟控制管理
CMake	-	一个开源的跨平台安装（编译）工具，可以用简单的语句来描述所有平台的安装（编译）过程
CPU	Central Processing Unit	中央处理器
DAG	Directed Acyclic Graph	有向无环图
DMA	Direct Memory Access	直接存储器访问单元，在 GPU 硬件中负责可编程数据的处理和搬运
DNN	Deep Neural Network	深度神经网络，一种包含多个隐藏层的神经网络结构。深度学习是机器学习领域的一个重要分支，DNN 是深度学习中的核心组件之一
DNOC	Data Network on Chip	片上数据总线网络
DOT	-	一种图描述语言
DPC	Data Processor Cluster	数据处理器簇
DRAM	Dynamic Random Access Memory	动态随机访问存储器
ELF	Executable and Linkable Format	一种标准文件格式，用于在 UNIX 系统上表示可执行文件、可重定位的目标代码、共享库以及核心转储
GPU	Graphics Processing Unit	图形处理器
GPGPU	General-purpose Computing on Graphics Processing Units	基于图形处理单元的通用计算
HBM	High Bandwidth Memory	高带宽存储器
HDD	Hard Disk Drive	机械硬盘，一种传统的硬盘驱动器，使用旋转的磁盘（碟片）和移动的读写头来存储和检索数据
IB	InfiniBand	一种高性能的计算机网络通信标准，主要用于高性能计算（HPC）和数据中心。InfiniBand 由 InfiniBand Trade Association（IBTA）维护，用于提供低延迟、高吞吐量的点对点、组播和广播通信

缩　略　语	缩略语英文描述	缩略语中文描述
IDE	Integrated Developing Environment	集成开发环境
IPC	Inter-Process Communication	进程间通信
ISA	Instruction Set Architecture	指令集架构
ISU	InStruction Unit	指令单元，在 GPU 硬件中负责指令解码和分发调度
JIT	Just-In-Time	一种编译技术，在程序运行时将代码转换成机器语言
L2C	Level 2 data Cache	二级缓存单元，在 GPU 硬件中负责数据缓存
LLVM	Low Level Virtual Machine	一个强大的编译器基础设施项目，用于构建中间表示（IR）、优化程序代码及生成机器代码
MACA	MetaX Advanced Compute Architecture	沐曦 GPU 的 MACA 架构
Make	-	一个智能的批处理工具，用于解释 Makefile 中的指令
Makefile	-	Makefile 描述了整个代码工程中所有文件的编译顺序、编译规则。Makefile 有自己的书写格式、关键字、函数，可以使用系统 shell 所提供的任何命令来完成想要的工作
MCCL	MetaX Collective multi-GPU Communication Library	一套专为 MXMACA 多 GPU 编程设计的底层通信库，在软件层面对多种通信方式的封装，旨在为多 GPU 编程提供简单而强大的支持
MCRTC	MXMACA Realtime Compile	用于 MXMACA C++的运行时编译库
MCPTI	MXMACA Profiling Tools Interface	MXMACA 驱动程序提供的一个动态库（libmcpti.so），辅助程序员创建面向 MXMACA 应用程序的性能分析和追踪工具
MetaX	An Alternative Name of MUXI Integrated Circuit（Shanghai）Co., Ltd	沐曦公司
MetaXLink	A Bus and Its Communication Protocol Developed by MetaX GPU	沐曦 GPU 设备到设备之间直连的接口总线
MIMD	Multiple Instruction Multiple Data	多指令多数据
MISD	Multiple Instruction Single Data	多指令单数据
MLP	Memory-Level Parallelism	内存级并行
MP	Multi-Processor	多处理器
mxcc	MXMACA C/C++ Compiler	用于沐曦 GPU 的编译器
MXMACA	MetaX Brand of MetaX Advanced Compute Architecture	沐曦推出的 GPU 软件栈，包含沐曦 GPU 的底层驱动、编译器、数学库及整套软件工具套件
OpenAL	Open Audio Library	开放音频库，一个用于计算音频的开放标准 API，它能够处理三维空间中的音频播放任务，提供环绕声效果和声音定位
OpenCL	Open Computing Language	开放计算语言，一个开放标准，用于编写程序以利用多种处理器（如 CPU、GPU、DSP 或其他类型的处理器）进行并行计算
OpenGL	Open Graphics Library	开放图形库，一个跨语言、跨平台的应用程序编程接口（API），用于渲染二维和三维矢量图形
OS	Operating System	操作系统

缩 略 语	缩略语英文描述	缩略语中文描述
P2P	Peer-to-Peer	点对点
PCIe	Peripheral Component Interconnect Express	高速串行计算机扩展总线
PEU	Processing Element Unit	运算单元，GPU 硬件中负责 ALU 逻辑运算的核心单元
PyTorch	-	一个开源的机器学习库，由 Facebook 的 AI 研究团队开发，并得到许多其他贡献者的支持
RDMA	Remote Direct Memory Access	远程直接地址访问，一种专为解决网络传输中服务器端数据处理延迟而产生的技术
RST	Reset	系统复位管理
SIMD	Single Instruction Multiple Data	单指令多数据
SIMT	Single Instruction Multiple Thread	单指令多线程
SISD	Single Instruction Single Data	单指令单数据
SL1	Scalar L1 Cache	标量一级缓存单元，在 GPU 硬件中负责指令及 constant 数据缓存
SMI	System Management Interface	系统管理接口
SMP0	Symmetrical Multi-Processing 0	系统上电及初始化管理
SMP1	Symmetrical Multi-Processing 1	系统功耗/温度监控及管理
SoC	System-on-Chip	片上系统
SPMD	Single Program Multiple Data	单程序多数据
SRAM	Static Random Access Memory	静态随机存储器
SSD	Solid-State Drive	固态硬盘，一种使用闪存技术作为数据存储介质的硬盘驱动器
TensorFlow	-	张量流，其中，"张量"（Tensor）是机器学习中用于表示多维数据结构的术语，"流"（Flow）是指数据和模型训练过程中的动态流动
TPU	Tensor Processing Unit	张量处理单元，专门为加速机器学习工作负载而设计的定制硬件加速器
UA	Unified Addressing	统一寻址
UVA	Unified Virtual Addressing	统一虚拟寻址
WSM	Work-group Shared Memory	工作组共享内存